全国电力行业"十四五"规划教材

STATE GRID

电力企业土建施工员技能等级评价培训教材

（初级工、中级工、高级工）

国网黑龙江省电力有限公司经济技术研究院
国网黑龙江送变电工程有限公司　编著

中国电力出版社
CHINA ELECTRIC POWER PRESS

内 容 提 要

本书为全国电力行业"十四五"规划教材，是国家电网有限公司技能等级评价考试指导教材（土建施工员）。全书共三篇十五章，主要内容包括土建施工基础知识（建筑材料基础知识，建筑构造基础知识，建筑施工基础知识，建筑识、绘图基础知识，工程制图基础知识，工程力学基础知识，安全文明施工基础知识），土建施工专业知识（土方施工、钢筋施工、模板施工、混凝土施工、砌体砌筑、装饰装修工程施工），以及土建施工员考试习题及参考答案。全书内容精简实用，配有练习题题库供读者使用。

本书可作为电力行业从业人员参加国家电网有限公司技能等级评价考试的指导教材（土建施工员），也可供相关人员参考。

图书在版编目（CIP）数据

电力企业土建施工员技能等级评价培训教材：初级工、中级工、高级工/国网黑龙江省电力有限公司经济技术研究院，国网黑龙江送变电工程有限公司编著. --北京 ：中国电力出版社，2024.11. --ISBN 978-7-5198-9380-4

Ⅰ．TM7

中国国家版本馆 CIP 数据核字第 2024AN4687 号

出版发行：中国电力出版社
地　　址：北京市东城区北京站西街 19 号（邮政编码 100005）
网　　址：http://www. cepp. sgcc. com. cn
责任编辑：霍文婵
责任校对：黄　蓓　常燕昆
装帧设计：郝晓燕
责任印制：吴　迪

印　　刷：廊坊市文峰档案印务有限公司
版　　次：2024 年 11 月第一版
印　　次：2024 年 11 月北京第一次印刷
开　　本：787 毫米×1092 毫米　16 开本
印　　张：15.75
字　　数：400 千字
定　　价：79.80 元

《电力企业土建施工员技能等级评价培训教材》
（初级工、中级工、高级工）

编 委 会

主　任　王野藤

副主任　高秀云　杨静思　王开成

委　员　李　彧　李忠军　王　磊　郭跃男

　　　　王金龙　兰　森　岳士博

编 著 组

编　著　赵　雷　肖　尧　张改生　肖景瑞

　　　　徐　辉　刁学超　王　鑫　武　锐

　　　　路海宽　纪松涛　孙　东

前　言

在电力企业深入推进能源绿色转型，加快构建新型电力系统的过程中，作为电力设施建设的基础环节，土建施工的重要性不言而喻。当前，随着施工技术的不断进步和工程规模的不断扩大，对电力企业土建施工员的专业技能和综合素质提出了更高的要求。

本书主要面向备考电力企业土建施工员职业技能等级初级工、中级工、高级工考试的广大电网施工技术人员，为土建施工员职业技能等级考试中的专业知识考试、专业技能考核提供学习参考。全书旨在为电力企业土建施工员提供一个全面、系统、实用的学习指导，帮助读者掌握必要的理论知识，提升实际操作技能，并通过技能等级评价，实现个人职业能力的认证与提升。在编写过程中，编者充分考虑了电力企业土建施工的特点和需求，结合了最新的行业标准和规范，力求做到内容科学、结构合理、语言简洁、图文并茂。

本书的内容涵盖了电力企业土建施工员所需掌握的各个方面，包括但不限于土建施工基础知识、工程力学基础知识、施工技术与方法、质量控制与安全管理、相关法律法规与标准等。同时，书中特别注重实践技能的培养，通过案例分析、习题巩固等方式，使读者能够更直观地理解和掌握所学知识，提升解决实际问题的能力。电力企业土建施工员职业技能等级评价考试主要分为两个部分，为本书第一篇土建施工基础知识、第二篇土建施工专业知识，对于初级工、中级工、高级工三个技能等级，基础知识及专业知识所学习内容均应全部掌握，三个不同等级考试中仅专业知识部分难易程度有所变化。

本书由国网黑龙江省电力有限公司经济技术研究院和国网黑龙江送变电工程有限公司编著，编写团队包括电力行业土建施工领域的专家、学者和一线技术人员，他们凭借丰富的实践经验和深厚的理论功底，为本书提供了有力的技术支撑和智力支持。此外，编写团队广泛征求了相关企业和行业的意见与建议，确保本书的内容更加贴近实际、符合需求。

本书可作为电力企业土建施工员的技能等级评价指导教材，也可作为电力企业土建施工领域的教学、培训和技能等级评价工作的参考用书。

感谢所有参与本书编写、审稿和出版工作人员的辛勤付出和无私奉献使得本书得以顺利问世。限于编者水平，书中难免存在疏漏，期待广大读者对本书提出宝贵的意见和建议，以便不断完善和改进。

编著者

2024 年 10 月

目 录

扫一扫

本书拓展资源

130

第二篇

土建施工专业知识

210

第三篇

土建施工员考试习题及参考答案

第一篇
土 建 施 工 基 础 知 识

第一章　建筑材料基础知识

建筑材料是指电网工程建设中所使用的各种材料，是各项基本建设的物质基础，也是其质量保证的重要前提。在电网工程中，建筑材料的选择、使用及管理，对工程成本有较大影响。因此，掌握电网工程材料知识，可以优化选择和正确使用材料，充分利用材料的各种性能，显著降低电网工程投资成本，提高经济效益。

第一节　建筑材料的分类

建筑材料的种类繁多，为便于区分和应用，工程中常从不同角度对其分类。

一、按材料的化学成分分类

材料按照其化学成分的差异，主要可以分为三大类：无机材料、有机材料和复合材料，具体分类详见表1-1。

表1-1　　　　　　　　　　建筑材料按化学成分分类

分类	品种		举例	
无机材料	金属材料	黑色金属	钢、铁	
		有色金属	铝、铜、铅及其合金等	
	非金属材料	天然石材	花岗岩、石灰岩、大理岩等	
		烧土制品及玻璃	砖瓦、陶瓷、玻璃等	
		胶凝材料	气硬性胶凝材料	石灰、石膏、水玻璃等
			水硬性胶凝材料	各种水泥
		以胶凝材料为基料的人造石	混凝土、砂浆、石棉水泥制品、硫酸盐建筑制品	
有机材料	植物材料		木材、竹材等	
	合成高分子材料		塑料、涂料、胶结剂、合成橡胶等	
	沥青材料		石油沥青、煤沥青、沥青制品等	
复合材料	金属材料与非金属材料复合		钢筋混凝土、钢丝网混凝土等	
	无机材料与有机材料复合		聚合物混凝土、沥青混凝土、玻璃钢等	
	其他复合材料		水泥石棉制品、人造大理石、铝塑板等	

二、按材料适用的工程分类

材料按适用的工程可分为土建工程材料、装饰工程材料、水暖气工程材料和电气工程材料。

（1）土建工程材料是指土建工程所使用的建筑材料，主要包括砖、瓦、灰、砂、石、钢材。

（2）装饰工程材料是指建筑装饰工程所使用的建筑材料，主要包括板材（如石板、玻璃、陶水泥等。瓷、金属板、人造板、塑料板等）和涂料（油漆、涂料等）。

（3）水暖气工程材料是指给排水、消防、供热、通风、空调、供燃气等配套工程所需设备与器材。

（4）电气工程材料是指输电、变电及控制系统等配套工程建设所需设备与器材。

三、按材料的功能分类

根据材料的主要用途，它们可以被划分为结构材料和专用材料两大类。

（1）结构材料主要依据其优越的力学性能来制造承受载荷的构件，这些材料广泛应用于建筑物的各个关键部位，如基础、梁板、柱等，以确保结构的稳固和可靠性。

（2）专用材料是指用于防水、防潮、防腐、防火、阻燃、隔声、隔热、保温、密封等材料，如改性沥青、合成高分子防水材料、膨胀珍珠岩、防火涂料、聚氨酯建筑密封膏等。

第二节　建筑材料的基本性质

建筑材料的基本性质，简而言之，是指在不同使用条件和环境下，这些材料所展现出的最基础且共有的特性。这些特性是选择和应用建筑材料时必须考虑的关键因素。归纳起来有物理性质、力学性质、化学性质和耐久性等。

在电网工程的设计和施工中，只有了解和掌握了材料的有关性能指标，才能够最大限度地发挥材料的效能，做到正确地选择和合理使用材料。

一、材料的物理性质

1. 与质量有关的性质

与质量紧密相关的材料性质主要包括密度、表观密度、堆积密度、密实度、孔隙率、空隙率及压实度等。这些性质在评估材料的整体质量和性能时具有重要的作用。

（1）密度。密度是指材料在绝对密实状态下单位体积的质量，旧称比重，按下式计算

$$\rho = \frac{m}{V}$$

式中　ρ——材料的密度，g/cm^3 或 kg/m^3；

　　　m——材料的质量，g 或 kg；

　　　V——材料的密实体积，cm^3 或 m^3。

在绝对密实的状态下，材料的体积指的是不包含任何内部孔隙或空隙的纯净体积。对钢材、玻璃等绝对密实材料，可根据其外形尺寸求得体积，称出其干燥的质量，按公式计算密度。

对于一般的材料，为了测得准确的密度值，可将材料成细粉干燥后，再称取一定质量的粉末，利用密度瓶测量其绝对体积。

（2）表观密度。表观密度是指材料在自然状态下单位体积的质量，旧称容重，按下式计算

$$\rho_0 = \frac{m}{V_0}$$

式中　ρ_0——材料的表观密度，g/cm^3 或 kg/m^3；

　　　m——材料的质量，g 或 kg；

　　　V_0——材料在自然状态下的体积，或称表观体积，cm^3 或 m^3。

材料的表观体积指的是材料整体（包括其内部孔隙）的外部可见体积。对于外形规则的材料，其表观体积可以直接通过测量尺寸并计算得出；而对于外形不规则的材料，则需要使

用排水法或排油法等实验方法来确定其表观体积。

材料的表观密度除与材料的密度有关外，还与材料内部孔隙的体积有关。当材料孔隙体积内含有水分时，其质量、体积随含水率而变化，故测定表观密度时应注明含水情况，而未注明含水率时，是指烘干状态下的表观密度，即表观干密度。

（3）堆积密度。堆积密度是指粉状、颗粒状材料（水泥、砂、石等）在堆积状态下单位体积的质量，按下式计算

$$\rho'_0 = \frac{m}{V'_0}$$

式中　ρ'_0——堆积密度，kg/m^3；

　　　m——材料质量，kg；

　　　V'_0——材料的堆积体积，m^3。

材料的堆积体积是指散粒状材料在堆积状态下所占据的总体外部空间，这包括了材料固体部分的体积、材料颗粒内部的孔隙体积，以及颗粒之间的空隙体积。为了测量材料的堆积体积，通常会观察材料填充容器后所占用的容积大小。

在工程项目中，无论是计算材料的使用量、配料比例、构件的自重，还是确定材料储存空间的大小，上述三种密度——密度、表观密度和堆积密度，都是不可或缺的考量因素。

建筑常用材料的密度、表观密度、堆积密度见表 1-2。

表 1-2　　　　　　　　　建筑常用材料的密度、表观密度、堆积密度

材料	密度 $\rho(g/cm^3)$	表观密度 $\rho(g/cm^3)$	堆积密度 $\rho(g/cm^3)$
钢材	7.85	7800～7850	—
红松木	1.55～1.60	400～600	—
水泥	2.80～3.10	—	1600～1800
砂	2.50～2.60	—	1500～1700
碎石	2.48～2.76	2300～2700	1400～1700
花岗岩	2.60～2.90	2500～2800	—
普通黏土砖	2.50～2.80	1500～1800	—
普通混凝土	2.60	2100～2600	—
普通玻璃	2.45～2.55	2450～2550	—
铝合金	2.70～2.90	2700～2900	—

（4）密实度。密实度是指材料体积内被固体物质所充实的程度，按下式计算

$$D = \frac{V}{V_0} \times 100\% = \frac{\rho_0}{\rho} \times 100\%$$

式中　D——材料的密实度，%；

　　　V——材料中固体物质体积，cm^3 或 m^3；

　　　V_0——材料内部孔隙体积，cm^3 或 m^3；

　　　ρ_0——材料的表观密度，g/cm^3 或 kg/m^3；

　　　ρ——材料的密度，g/cm^3 或 kg/m^3。

（5）孔隙率。孔隙率是指材料中孔隙体积所占整个体积的百分率，按下式计算

$$P = \frac{V_0 - V}{V_0} \times 100\% = \left(1 - \frac{V}{V_0}\right) \times 100\% = \left(1 - \frac{\rho_0}{\rho}\right) \times 100\% = (1 - D) \times 100\%$$

孔隙率是一个重要指标，揭示了材料内部孔隙的占比，进而对材料的多种性能产生直接影响。当孔隙率增大时，材料的表观密度和强度会相应减小，同时其耐磨性、抗冻性、抗渗性、耐腐蚀性、耐水性和耐久性也会有所降低。然而，孔隙率的增大却会增强材料的保温性、吸声性、吸水性和吸湿性。

与材料孔隙率相对应的另一性质是材料的密实度。它反映了材料内部固体的含量，对于材料性质的影响正好与孔隙率的影响相反。

（6）空隙率。空隙率是指散粒状材料在堆积体积内颗粒之间的空隙体积所占的百分率，按下式计算

$$P' = \frac{V_0' - V_0}{V_0'} \times 100\% = \left(1 - \frac{V_0}{V_0'}\right) \times 100\% = \left(1 - \frac{\rho_0'}{\rho_0}\right) \times 100\%$$

式中　P'——散粒状材料在堆积状态下的空隙率，%。

空隙率关注的是材料颗粒之间的空间间隙，这在处理散粒材料如填充和黏结过程中尤为重要。了解散粒材料的空隙结构，并据此计算所需的胶结材料量，是确保材料有效结合和工程质量的关键。

（7）压实度。材料的压实度是指散粒状材料被压实的程度，即散粒状材料经压实后的干堆积密度 ρ' 值与该材料经充分压实后干堆积密度 ρ_m' 值的比率百分数，按下式计算

$$k_y = \frac{\rho'}{\rho_m} \times 100\%$$

式中　k_y——散粒状材料的压实度，%；

　　　　ρ'——散粒状材料经压实后的实测干堆积密度，kg/m^3；

　　　　ρ_m'——散粒状材料经充分压实后的最大干堆积密度，kg/m^3。

散粒状材料的堆积密度并非固定，其值会随着材料被压实的程度而变化。当散粒状材料被充分压实后，其堆积密度会达到一个峰值，这个峰值被称为最大干密度 ρ_m'，相应的空隙率 P' 值已达到最小值，此时的堆积体最为稳定。因此，散粒状材料的压实度 k_y 值越大，其构成的结构物就越稳定。

2. 与水有关的性质

与水相关的材料性质主要包括亲水性与憎水性、吸水与吸湿能力、耐水性、抗渗透性以及抗冻性能。这些性质在材料应用中具有重要意义。

（1）材料与水相互作用时，会出现不同的润湿特性。当材料表面能被水润湿时称这种材料为亲水性材料；而若材料表面不易被水润湿则称其为憎水性材料。

材料的亲水性或憎水性通常通过润湿角的大小来界定。润湿角是在水、空气和材料三相交汇点处，沿水滴表面的切线与材料表面之间形成的夹角，如图 1-1 所示。当这个夹角小于或等于 90° 时，材料表现出亲水性，如木材、砖、混凝土和天然石材等；而当夹角大于 90° 时，材料则表现出憎水性，例如沥青、油漆和石蜡等。

（2）吸水性与吸湿性。

1）吸水性。亲水性材料的特性之一是其在水中的水分吸收能力，这一性质被称为材料的吸水性。衡量这一性能的方式有两种主要的表达形式：一是通过质量吸水率来量化，二是通过体积吸水率来衡量。这两者共同描述了材料在接触水分时吸收水分的能力。

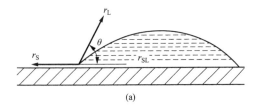
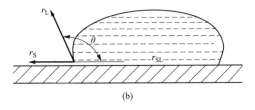

图 1-1 材料润湿示意图
（a）亲水性材料；（b）憎水性材料

质量吸水率是一个衡量材料吸水性能的指标，它计算的是材料在达到吸水饱和状态时，所吸收的水分质量与材料干燥状态下的质量之比，并以百分率的形式表示。按下式计算

$$W_{\mathrm{m}} = \frac{m_{\mathrm{b}} - m}{m} \times 100\%$$

式中　W_{m}——材料的质量吸水率，%；

m_{b}——材料吸水饱和状态下的质量，g 或 kg；

m——材料在干燥状态下的质量，g 或 kg。

体积吸水率描述的是材料在完全吸水饱和时，所吸收的水分的体积占材料自然状态下体积的百分比，按下式计算

$$W_{\mathrm{V}} = \frac{V_{\mathrm{b}}}{V_0} = \frac{m_{\mathrm{b}} - m}{V_0} \times \frac{1}{\rho_{\mathrm{w}}} \times 100\%$$

式中　W_{V}——材料的体积吸水率，%；

V_{b}——材料吸水饱和状态下的体积，cm^3；

V_0——材料在自然状态下的体积，cm^3；

ρ_{w}——水的密度，$\mathrm{g/cm}^3$ 或 $\mathrm{kg/cm}^3$。

虽然大多数情况下，材料的吸水性能是通过质量吸水率来评估的，但对于多孔材料而言，体积吸水率往往更为常用。这是因为材料的吸水率不仅与其孔隙率紧密相关，更受到孔隙特征的显著影响。

2）吸湿性。当材料暴露在潮湿的空气中时，具备吸收水分的能力，这被称为吸湿性。为了量化这一性质，采用含水率这一指标。它表示的是材料在特定条件下的含水质量与其在干燥状态下的质量之比，以百分比形式呈现，按下式计算

$$W_{\mathrm{b}} = \frac{m_{\mathrm{s}} - m_{\mathrm{g}}}{m_{\mathrm{g}}} \times 100\%$$

式中　W_{b}——材料的含水率，%；

m_{s}——材料在吸湿状态下的质量，g 或 kg；

m_{g}——材料在干燥状态下的质量，g 或 kg。

材料的含水率随着空气湿度大小而变化。材料的含水状态通常会给工程项目带来诸多不利影响。第一，水分的存在会导致材料的质量增加；第二，含水后材料的强度往往会显著降低，影响其承载能力；第三，含水材料的抗冻性能会变差，容易在低温环境下受损。此外，某些材料在吸水后会出现体积膨胀现象，这可能导致材料变形，严重时甚至会导致材料失效，从而降低其绝热性能。

（3）耐水性。耐水性是衡量材料在长时间浸泡于水中时，能否保持其原始功能且不易受

损的重要指标。对于结构材料来说，耐水性主要关注其强度的变化情况；而对于装饰性材料，则更侧重于其颜色、光泽、外形等是否发生变化，以及是否会出现起泡、分层等现象。由于材料种类各异，其耐水性的评估方法也各不相同。

结构材料的耐水性通常采用软化系数 K_R 这一指标来衡量。具体来说，软化系数是通过计算材料在完全吸水饱和状态下的抗压强度与其在干燥状态下的抗压强度之比得出的。这一比值可以直观地反映出材料在潮湿环境下保持其力学性能的能力，按下式计算

$$K_R = \frac{f_b}{f_g}$$

式中　K_R——材料的软化系数；

f_b——材料在吸水饱和状态下的抗压强度，MPa；

f_g——材料在干燥状态下的抗压强度，MPa。

软化系数是评估材料在吸水饱和后强度衰减程度的关键指标，揭示了材料吸水后性能变化的重要特点。在实际工程中，软化系数的大小常成为选择材料的重要参考。通常，当材料的软化系数达到 0.85 或以上时，被视为耐水性良好的材料，适用于水中或潮湿环境下的重要结构。即便在受潮程度较轻或次要结构中，材料的软化系数也应不低于 0.75。

耐水性的好坏，主要看成分是否在水中溶解，同时与材料的亲水性、孔隙率、孔特征等均有关，工程中常从这几个方面改善材料的耐水性。石膏制品耐水性差，主要成分会溶解在水里，有机材料不溶于水，可保证强度和使用功能。

（4）抗渗性。抗渗性描述的是材料在受到压力水作用时，其抵抗水分渗透的能力。为了量化这一性质，通常采用渗透系数 K 和抗渗等级 P_n 两个指标表示。渗透系数 K 按下式计算

$$K = \frac{Qd}{AtH}$$

式中　K——材料的渗透系数，cm/h 或 m/s；

Q——渗水量，cm 或 m³；

d——试件厚度，cm 或 m；

A——渗水面积，cm² 或 m²；

t——渗水时间，h 或 s；

H——水位差，cm 或 m。

材料的渗透系数 K 值若较低，则表明其抗渗能力更为出色。在工程项目中，某些材料的防水性能通过其渗透系数评估和表示。

除了渗透系数，材料的抗渗性还可以通过抗渗等级来评估。这一等级是在标准透水试验中，材料试件在发生渗水前所能承受的最大水压力值（以 0.1MPa 为单位）。例如，防水混凝土的抗渗等级可表示为 P6、P12、P20，分别意味着它们能在 0.6MPa、1.2MPa、2.0MPa 的水压下保持不渗水。显然，材料的抗渗等级越高，其抵抗水分渗透的能力就越强。

材料的抗渗性直接受其孔隙率和孔隙特征的影响。具体来说，孔隙率较小且孔隙为封闭状态的材料，往往展现出较好的抗渗性；孔隙率较大且孔隙相互连通的材料，抗渗性则相对较差。

（5）抗冻性。抗冻性是指材料在吸水饱和状态下，能经受多次冻融循环而不破坏，强度及质量无显著变化的性质。材料的抗冻性用抗冻等级 F_n 表示，如 F_{25} 表示能经受 25 次冻融

循环而不破坏。

冰冻对材料的破坏作用是由于材料孔隙内的水结冰时体积膨胀而引起的。材料的抗冻性能越好，对抵抗温度变化、干湿交替、风化作用的能力越强。它也是衡量建筑物耐久性的重要指标之一。

3. 与热有关的性质

与热有关的性质主要有导热性、热容量与比热、温度变形性、耐燃性与耐火性、耐急冷急热性。

（1）导热性。导热性是指材料将热量由温度高的一侧向温度低的一侧传导的性质。通常用导热系数λ表示，按下式计算

$$\lambda = \frac{Q\delta}{At(T_2 - T_1)}$$

式中　λ——材料导热系数，W/(m·K)；

　　　Q——传导的热量，J；

　　　δ——材料厚度，m；

　　　A——材料的传热面积，m³；

　　　t——传热的时间，s；

$T_2 - T_1$——材料两侧的温度差，K。

材料的导热系数越低，其导热性能越不理想，从而展现出更佳的保温隔热效果。建筑材料的导热系数差别很大，工程上通常把λ≤0.23W/(m·K)的材料作为保温隔热材料。通常所说的材料导热系数是指干燥状态下的导热系数，材料一旦吸水或受潮，导热系数会显著增大，绝热性变差。

金属的导热系数通常高于非金属，晶体则普遍高于非晶体，而无机材料的导热系数往往大于有机材料。此外，多孔材料的导热系数随着孔隙率的增大而减小，这是由于空气本身的导热系数较小所导致的。

（2）热容量与比热容。热容量是指材料受热时吸收热量或冷却时放出热量的性质。热容量Q按下式计算

$$Q = cm(T_2 - T_1)$$

式中　Q——材料的热容量，J；

　　　c——材料的比热容，J/(g·K)；

　　　m——材料的质量，g；

$T_2 - T_1$——材料受热或冷却前后的温度差，K。

其中比热容c值是真正反映不同材料热容性差别的差数，它可由上式导出为

$$c = \frac{Q}{m(T_2 - T_1)}$$

比热容表示质量为1g的材料，在温度每改变1K时所吸收或放出热量的大小。通常所说材料比热值是指其干燥状态下的比热值。

选择高热容材料作为墙体、屋面、内装饰，在热流变化较大时，对稳定建筑物内部温度变化有很大意义。

（3）温度变形性。当材料的温度发生升高或降低时，其体积会随之发生变化，这种现象

被称为温度变形。如果这种变化仅体现在单一方向上，称之为线膨胀或线收缩。为了量化这种温度变形性，通常使用线膨胀系数 α 来表示。材料的单向线膨胀量或线收缩量按下式计算

$$\Delta L = (t_2 - t_1)\alpha L$$

式中　ΔL——线膨胀或线收缩量，mm，cm；

$t_2 - t_1$——材料升（降）温前后的温度差，K；

　　α——材料在常温下的平均线膨胀系数，1/K；

　　L——材料原来的长度，mm，cm。

在电网工程领域，温度变化引发的材料单向尺寸变形对结构完整性和工程质量具有显著影响。因此，深入研究材料的平均线膨胀系数显得尤为重要。材料的线膨胀系数与其内在组成和微观结构紧密相关，工程实践中常需精选材料以确保其适应特定的温度变形需求。

（4）耐燃性与耐火性。

1）耐燃性。材料的耐燃性，即其抵抗燃烧的能力，是评估建筑物防火和耐火性能的关键指标。根据《建筑内部装修设计防火规范》（GB 50222—2017）的标准，建筑材料按其燃烧性质被明确划分为四个等级：A级代表非燃烧材料，B1级为难燃材料，B2级为可燃材料，而B3级则为易燃材料。这一分类为选择适当的建筑材料提供了明确指导。材料在燃烧时放出的烟气和毒气对人体的危害极大，远远超过火灾本身。因此，建筑内部装修时，应尽量避免使用燃烧时放出大量浓烟和有毒气体的装饰材料。

2）耐火性。耐火性描述的是材料在高温或火焰作用下，仍能保持其原有性能和结构完整性的能力。钢铁、铝、玻璃等材料受到火烧或高热作用会发生变形、熔融，它们是非燃烧材料，但不是耐火材料。建筑材料或构件的耐火极限通常用时间来表示。

（5）耐急冷急热性。材料在经历急冷急热的快速温度变化时，其保持原始性质的能力称为热震稳定性。多种无机非金属材料，如玻璃、瓷砖和釉面砖等，在经历这种快速温度变化时，由于内部产生的巨大温度应力，容易引发开裂或炸裂现象。

4. 与声学有关的性质

（1）吸声性。吸声性是指声能穿透材料和被材料消耗的性质，通常用吸声系数 α 表示，按下式计算

$$\alpha = \frac{E}{E_0} \times 100\%$$

式中　α——材料的吸声系数；

　　E_0——传递给材料的全部入射声能；

　　E——被材料吸收（包括透过）的声能。

材料的吸声特性不仅受其表观密度、孔隙结构、厚度以及表面条件（包括无空气层时和有空气层时空气层的厚度）的影响，还与声波的入射角度和频率密切相关。为了准确评估材料的吸声性能，通常采用125Hz、250Hz、500Hz、1000Hz、2000Hz和4000Hz这六个频率的平均吸声系数来衡量其频率特性。这些系数值介于0到1之间，其中平均吸声系数达到或超过0.2的材料被定义为吸声材料。

（2）隔声性。隔声性描述的是材料减弱或阻止声波传递的能力。在建筑中，声波主要通过空气和固体进行传播，因此隔声可以分为隔绝空气声和隔绝固体声两种类型。空气声的隔绝主要依赖于声学中的质量定律，即材料的单位面积质量或密度越大，其隔声效果通常越

佳。相比之下，轻质材料由于质量较小，其隔声性能往往逊于密实材料。固体声则是由于振源撞击固体材料引发的受迫振动而产生的声音，并向四周传播声能。为了有效隔绝固体声，关键是中断声波的传播路径。通过在能产生和传递固体声波的结构层中或表面放置具有一定弹性的衬垫材料，如软木、橡胶、毛毡、地毯等，可以有效阻止或减弱固体声波的继续传播。

二、材料的力学性质

材料的力学性质反映了其在受到外力作用时的响应和抵抗能力，这些性质主要包括强度及其与密度之比（比强度）、材料的弹性与塑性行为、脆性与韧性之间的对比，以及材料的硬度和耐磨性。

1. 强度与比强度

（1）强度。材料的强度是指其在承受外部作用力时，抵抗结构破坏或断裂的能力。根据不同的受力方式，材料的强度主要可细分为抗拉强度、抗压强度、抗剪强度以及抗弯（折）强度，如图 1-2 所示。

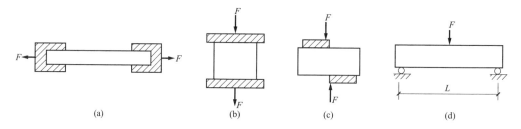

图 1-2　材料受力示意图
（a）拉伸；（b）压缩；（c）剪切；（d）弯曲

材料的抗拉、抗压及抗剪强度按下式计算

$$f = \frac{F}{A}$$

式中　f——抗拉、抗压、抗剪强度，MPa；

F——材料受拉、压、剪破坏时的荷载，N；

A——材料受力面积，mm^2。

材料的抗弯（折）强度按下式计算

$$f_m = \frac{3FL}{2bh^2}$$

式中　f_m——材料的抗弯（折）强度，MPa；

F——受弯时的破坏荷载，N；

L——两支点间距，mm；

b、h——材料截面宽度、高度，mm。

材料的强度与其内在的组成和结构紧密相关。不同种类的材料展现出各异的强度特性；即便是相同种类的材料，其组成、结构特征、孔隙率、试件的形状与尺寸、表面状态、含水率、环境温度以及加载速度等因素，也都会对其强度产生显著影响。

针对那些以强度作为核心评价指标的材料，通常根据其强度值的高低将其分为不同的等级，这些等级被称为强度等级。例如混凝土和砂浆等材料是使用强度等级进行标识。

（2）比强度。比强度是用来描述单位体积质量下材料的强度，其计算方式是材料的强度除以其表观密度。比强度是衡量材料轻质且高强度性能的关键指标。具体而言，比强度值越大，表示该材料在轻质的同时具备更高的强度性能。因此，在高层建筑和大跨度结构工程中，为了获得更好的结构性能，通常会选用具有较高比强度的材料。

2. 弹性与塑性

（1）弹性。当材料受到外力作用而发生变形时，如果这种变形在外力消失后能够完全恢复，那么这种性质就被称为弹性，对应的变形称为弹性变形。弹性变形的大小直接与其所受到的外力大小成正比，而这两者之间的比例关系则通过材料的弹性模量来衡量，这一模量通常用 E 来表示，按下式计算

$$E = \frac{\sigma}{\varepsilon}$$

式中　　E——材料的弹性模量，MPa；

　　　　σ——材料所受的应力，MPa；

　　　　ε——在应力 α 作用下的应变。

弹性模量 E 是衡量材料抵抗变形能力的重要参数。当 E 值较高时，表明材料的刚度更强，这意味着在外力作用下，材料产生的变形会更小。因此，在建筑工程的结构设计和变形验算中，E 值成为了不可或缺的关键依据。

（2）塑性。当材料受到外力作用并发生变形时，如果这种变形在外力消除后仍然保持，且不会引发裂缝，这种性质被称为塑性。这种变形一旦产生便不可恢复，因此被称为塑性变形。

工程建设中，大多数材料的力学变形既有弹性变形，也有塑性变形。弹性材料或塑性材料的主要区别就是变形能否恢复。

3. 脆性与韧性

（1）脆性。材料在受到外力作用时，若未经历显著的塑性变形就突然发生破坏，这种性质被称为脆性，具备这种性质的材料则被称为脆性材料。脆性材料的特点是其抗压强度通常远高于其抗拉或抗弯（折）强度，但它们在抵抗冲击或振动方面的能力相对较弱。在实际工程中，天然石材、混凝土、砂浆、普通砖和玻璃等材料都是常见的脆性材料。

（2）韧性。材料在承受动力荷载时，能够发生显著变形而不立即破坏的性质被定义为韧性，具备这种性质的材料则被称为韧性材料。韧性材料的主要特征是在受力时能够产生较大的变形，并在破坏过程中吸收大量能量。在工程中，钢材、木材、沥青和建筑塑料等都是广泛使用的韧性材料。

4. 硬度与耐磨性

（1）硬度。硬度是材料表面抵抗外部刻画、腐蚀、切削或压入的能力的度量。在工程实践中，有多种指标被用于量化材料的硬度。为确保建筑结构的稳定性和美观性，建筑材料必须满足特定的硬度要求。例如预应力钢筋混凝土锚具、外墙柱面以及地面装饰等都需要具备足够的硬度。

（2）耐磨性。耐磨性是指材料表面抵抗磨损的能力。通常用磨损率 B 表示，按下式计算

$$B = \frac{m_1 - m_2}{A}$$

式中　B——材料的磨损率，g/cm^2；

m_1-m_2——材料磨损前后的质量损失，g；

　　A——材料试件受磨面积，cm^2。

材料的磨损率 B 值越低，该材料的耐磨性越好，反之越差。电网工程建设中有些部位经常受到磨损的作用，其耐磨性应满足工程使用寿命的要求，如楼地面、楼梯、台阶等。

三、材料的化学性质和耐久性

1. 化学性质

化学性质描述的是材料在生产、施工或使用过程中，由于化学反应导致其内部组成和结构发生变化的特性。在电网工程建设中，主要关注的是材料在实际使用中的化学变化及其稳定性。化学稳定性特指材料在工程环境中，其化学组成和结构能否维持不变的性质，这对于保证电网的安全稳定运行至关重要。

为确保材料具备出色的化学稳定性，众多材料标准都对特定的成分和组成结构设定了限制条件。

2. 耐久性

耐久性指的是材料在各种外界环境影响下，能够长期保持其使用性能的能力。它是一个综合性的指标，涵盖了抗冻性、抗渗性、抗风化性、抗老化性和耐化学侵蚀性等多方面的性能。同时，材料的强度和耐磨性等属性也与其耐久性密切相关。

为提高材料的耐久性，可根据使用情况和材料特点采取相应的措施，设法减轻大气或周围介质对材料的破坏作用（降低湿度、排除侵蚀性的介质等）；提高材料本身对外界作用的抵抗性（提高材料的密实度、采取防腐措施等）；对材料表面进行处理，使其免受破坏（覆面、抹灰、油漆涂料等）。

第三节　规程、规范相关要求

为方便学习和查找，本节内容均摘自相关规范部分原文。

一、《混凝土结构通用规范》（GB 55008—2021）

3.1.1 结构混凝土用水泥主要控制指标应包括凝结时间、安定性、胶砂强度和氯离子含量。水泥中使用的混合材料品种和掺量应在出厂文件中明示。

3.1.4 结构混凝土用外加剂应符合下列规定：

（1）含有六价铬、亚硝酸盐和硫氰酸盐成分的混凝土外加剂，不应用于饮水工程中建成后与饮用水直接接触的混凝土。

（2）含有强电解质无机盐的早强型普通减水剂、早强剂、防冻剂和防水剂，严禁用于下列混凝土结构。

1）与镀锌钢材或铝材相接触部位的混凝土结构。

2）有外露钢筋、预埋件而无防护措施的混凝土结构。

3）使用直流电源的混凝土结构。

4）距离高压直流电源 100m 以内的混凝土结构。

（3）含有氯盐的早强型普通减水剂、早强剂、防水剂和氯盐类防冻剂，不应用于预应力混凝土、钢筋混凝土和钢纤维混凝土结构。

3.1.5 混凝土拌和用水应控制 pH、硫酸根离子含量、氯离子含量、不溶物含量、可溶物含量；当混凝土骨料具有活性时，还应控制碱含量；地表水、地下水、再生水在首次使用前应检测放射性。

3.1.6 结构混凝土配合比设计应按照混凝土的力学性能、工作性能和耐久性要求确定各组成材料的种类、性能及用量要求。当混凝土用砂的氯离子含量大于 0.003％时，水泥的氯离子含量不应大于 0.025％，拌和用水的氯离子含量不应大于 250mg/L。

3.2.3 对按一、二、三级抗震等级设计的房屋建筑框架和斜撑构件，其纵向受力普通钢筋性能应符合下列规定：

（1）抗拉强度实测值与屈服强度实测值的比值不应小于 1.25。

（2）屈服强度实测值与屈服强度标准值的比值不应大于 1.30。

（3）最大力总延伸率实测值不应小于 9％。

3.3.2 钢筋机械连接接头的实测极限抗拉强度应符合表 1-3 的规定。

表 1-3　　　　　　　　　　接头的实测极限抗拉强度

接头等级	I 级		II 级	III 级
接头的实测极限抗拉强度 f_{mst}^0	$f_{mst}^0 \geq f_{stk}$ 钢筋拉断；或 $f_{mst}^0 \geq 1.10 f_{stk}$ 连接件破坏		$f_{mst}^0 \geq f_{stk}$	$f_{mst}^0 \geq 1.25 f_{yk}$

注　1. 表中 f_{stk} 为钢筋极限抗拉强度标准值，f_{yk} 为钢筋屈服强度标准值；
　　2. 连接件破坏指断于套筒、套筒纵向开裂或钢筋从套筒中拔出，以及其他形式的连接组件破坏。

3.3.3 钢筋套筒灌浆连接接头的实测极限抗拉强度不应小于连接钢筋的抗拉强度标准值，且接头破坏应位于套筒外的连接钢筋。

二、《砌体结构通用规范》（GB 55007—2021）

3.1.1 砌体结构材料应依据其承载性能、节能环保性能、使用环境条件合理选用。

3.1.2 砌体结构选用材料应符合下列规定：

（1）所用的材料应有产品出厂合格证书、产品性能型式检验报告。

（2）应对块材、水泥、钢筋、外加剂、预拌砂浆、预拌混凝土的主要性能进行检验，证明质量合格并符合设计要求。

（3）应根据块材类别和性能，选用与其匹配的砌筑砂浆。

3.1.5 砌体结构中的钢筋应采用热轧钢筋或余热处理钢筋。

3.2.2 选用的块体材料应满足抗压强度等级和变异系数的要求，对用于承重墙体的多孔砖和蒸压普通砖尚应满足抗折指标的要求。

3.2.3 选用的非烧结含孔块材应满足最小壁厚及最小肋厚的要求，选用承重多孔砖和小砌块时尚应满足孔洞率的上限要求。

3.3.1 砌筑砂浆的最低强度等级应符合下列规定：

（1）设计工作年限大于和等于 25 年的烧结普通砖和烧结多孔砖砌体应为 M5，设计工作年限小于 25 年的烧结普通砖和烧结多孔砖砌体应为 M2.5。

（2）蒸压加气混凝土砌块砌体应为 Ma5，蒸压灰砂普通砖和蒸压粉煤灰普通砖砌体应为 Ms5。

（3）混凝土普通砖、混凝土多孔砖砌体应为 Mb5。

（4）混凝土砌块、煤矸石混凝土砌块砌体应为 Mb7.5。

（5）配筋砌块砌体应为 Mb10。

（6）毛料石、毛石砌体应为 M5。

3.3.2 混凝土砌块砌体的灌孔混凝土强度等级不应低于 C20，且不应低于 1.5 倍的块体强度等级。

三、《钢结构通用规范》（GB 55006—2021）

3.0.1 钢结构工程所选用钢材的牌号、技术条件、性能指标均应符合国家现行有关标准的规定。

3.0.2 钢结构承重构件所用的钢材应具有屈服强度，断后伸长率，抗拉强度和硫、磷含量的合格保证，在低温使用环境下尚应具有冲击韧性的合格保证；对焊接结构尚应具有碳或碳当量的合格保证。铸钢件和要求抗层状撕裂（Z 向）性能的钢材尚应具有断面收缩率的合格保证。焊接承重结构以及重要的非焊接承重结构所用的钢材，应具有弯曲试验的合格保证；对直接承受动力荷载或需进行疲劳验算的构件，其所用钢材尚应具有冲击韧性的合格保证。

3.0.4 工程用钢材与连接材料应规范管理，钢材与连接材料应按设计文件的选材要求订货。

四、《组合结构通用规范》（GB 55004—2021）

3.1.1 组合结构用钢材应符合下列规定：

（1）钢材应具有抗拉强度、屈服强度、伸长率和碳、硫、磷含量的合格保证。

（2）主体结构用钢材应具有碳当量和冷弯性能的合格保证。

（3）需要验算疲劳的焊接结构用钢材应具有冲击韧性合格保证。

（4）设计要求厚度方向抗层状撕裂性能的钢材应具有断面收缩率合格保证。

（5）在罕遇地震作用下发生塑性变形的构件或节点部位的钢材，其屈服强度实测值与其标准值之比不应大于 1.35。

3.1.2 组合结构用钢筋应符合下列规定：

（1）钢筋应具有抗拉强度、屈报强度的合格保证。

（2）纵向受力钢筋及其箍筋应具有延性和可焊性的合格保证。

3.2.1 组合结构用混凝土应符合下列规定：

（1）混凝土应具有强度等级及性能的合格保证。

（2）组合结构用混凝土的强度等级不应低于 C30。

3.4.1 组合结构用纤维增强复合材料应符合下列规定：

（1）纤维应采用碳纤维、玻璃纤维、芳纶和玄武岩纤维等高性能纤维；玻璃纤维复合材料应选用无碱或耐碱玻璃纤维。

（2）基体树脂应采用环氧树脂、乙烯基酯树脂、聚氨酯树脂酚醛树脂和不饱和聚酯树脂等。

（3）基体树脂的玻璃化转变温度（T）应保证在 60℃以上，且应高于结构环境最高平均温度 10℃以上。

（4）在腐蚀环境下，应选用耐腐蚀性树脂材料。

（5）有防火要求时应采用阻燃树脂材料。

第二章 建筑构造基础知识

第一节 建 筑 概 述

一、建筑的含义

建筑，通常认为是建筑物和构筑物的总称。通常人们用来居住、工作、学习、娱乐或进行生产的构筑物被称作建筑物。在电网工程中，如主控通信楼、消防水泵房、独立警卫室、各电压等级 GIS 配电装置楼等；而将雨水泵池、独立消防水池、事故油池、构架之类的建筑称为构筑物。

二、建筑的构成要素

1. 建筑功能

建筑功能主要指的是建筑的实用性，即满足人们居住、工作或进行其他活动的需求。这体现了建筑的根本目的，即其必须具备为人所用的功能。建筑功能应满足以下几点要求：

（1）满足人体尺度和人体活动所需的空间尺度。人们日常生活中的各种活动，如存取、厨房操作、厕浴以及站立坐卧等所需的空间尺寸，是确定建筑内部各种空间尺度的核心参考。

（2）为了满足人的生理需求，建筑应确保良好的朝向、高效的保温隔热性能、优质的隔声效果、卓越的防潮防水能力，以及充足的采光和通风。这些都是人们进行生产和生活所不可或缺的基本条件。

（3）不同建筑物因其使用特性而有所区别，这就要求建筑设计要满足各自独特的使用要求。例如，变电站需要确保检修人员和设备的顺畅通行；电力工业厂房则需确保电气设备稳定运行的环境；而某些电气设备控制室对温度、湿度的特定需求等。这些特定需求直接决定了建筑物的使用功能，因此，满足功能要求是建筑设计的核心目的，并在其构成要素中占据主导地位。

建筑功能的需求并非固定不变，而是随着社会生产力的发展、经济的繁荣以及物质文化生活水平的提高而不断演变。因此，人们对建筑物功能的要求也将逐渐提升，进而催生满足新功能的建筑不断问世。

2. 建筑技术

建筑技术涵盖了建造房屋所需的物质条件，这些条件主要包括建筑材料、结构类型、施工技术以及建筑设备。建筑材料是房屋建设不可或缺的基石，结构则是支撑和塑造建筑空间环境的框架。施工技术是实现建筑从无到有的过程和方法，而建筑设备用于提升和改善建筑环境的各种技术条件。

3. 建筑标准

在建筑构造设计过程中，建筑标准是必须考虑的重要因素。高标准建筑通常意味着卓越的装修质量、完备的设施配置，以及高端的档次，相应地，其造价也会较高。相反，若建筑标准较低，其构造做法可能会相对简化。因此，无论是选材、选型还是细部做法，建筑构造的各个环节都会根据建筑标准的高低做出合适的决策。在电网工程建设中，应严格遵守《电网工程通用设计》建设原则。

三、建筑构造设计原则

在建筑构造设计中，应首先明确建筑的类型特征、使用功能的实际需求，并充分考虑影响建筑构造的各种因素。在决策过程中，要分清主次、权衡利弊，遵循以下设计原则，以确保设计方案的妥善处理。

1. 满足建筑物的各项功能要求

建筑物的位置和使用性质各异，因此在建筑设计时，必须根据它们各自独特的使用功能需求，采取相应的构造处理措施。在电网工程建设中，变电站内不同的建筑有相应的使用需求，需要满足电气设备运行要求。

2. 结构坚固、耐久

除了根据荷载大小和结构要求来确定构件的基本尺寸外，对于阳台、楼梯栏杆、顶棚、门窗与墙体的连接等构造设计，也必须确保建筑构件和配件在使用中的安全性。尤其对于电气设备位于二楼的建筑，结构计算时还需充分考虑设备运行所产生的荷载。

3. 技术先进

建筑构造设计中，在应用改进传统的建筑方法的同时，应大力开发对新材料、新技术、新构造的应用，因地制宜地发展适用的工业化建筑体系。

4. 合理降低造价

在进行各种构造设计时，必须全面考虑建筑物的经济、社会和环境效益，追求综合效益的最大化。从经济角度看，应努力降低建筑成本，减少材料消耗，同时确保工程质量不受影响。不能为了降低成本而牺牲质量，而是要合理降低造价，实现经济效益和质量的双重提升。

5. 节约能源

建筑构造设计中，应尽可能地改进节点构造，提高外墙的保温隔热性能，改善外门窗气密性。充分利用自然光和采用自然通风换气，达到节约能源的目的。

6. 安全适用

在进行主要承重结构设计的同时，应确定构造方案。在构造方案上首先应考虑安全适用，以确保房屋使用安全，经久耐用。

7. 保护环境

建筑构造设计应选用无毒、无害、无污染、有益于人体健康的材料和产品，采用取得国家环境认证的标志产品。

8. 美观大方

建筑的美观主要是通过其平面空间组合、建筑体型和立面、材料的色彩和质感、细部的处理及刻画来体现的。建筑要做到美观大方，构造设计是非常重要的一环。

第二节　建筑的构造组成

一般电网工程建筑通常是由基础、墙或柱、楼地面、楼梯、屋面、门窗六个主要部分组成。下面以图 2-1 层尾构造组成为例，将建筑各组成部分的作用及其构造要求简述如下。

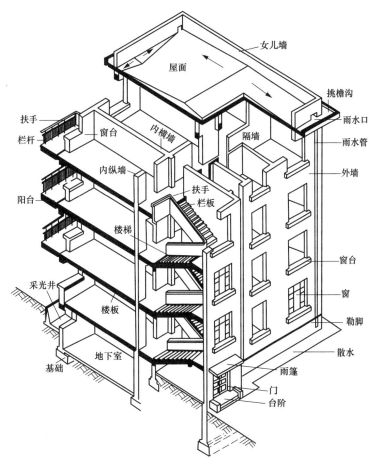

图 2-1　房屋的构造组成

一、基础

基础作为建筑物的承重根基，承载着整个建筑物的重量，并将这些荷载有效地传递给地基。因此，基础的设计需要确保具有足够的承载能力、刚度，以及良好的耐水、耐腐蚀和耐冰冻性能，从而防止因不均匀沉降导致的损害，并延长建筑的使用寿命。

二、墙或柱

建筑物的承重方式多样，有的依赖于墙体，有的依赖于柱子，这些垂直承重构件支撑着建筑物的结构。它们不仅承受来自屋面和楼地面的各类荷载，并将这些荷载传递至基础，而且外墙还担任着抵御外界环境侵袭的围护职责，内墙则用于分隔不同的房间。因此，作为承重构件的墙或柱，必须具备足够的承载能力和稳定性；而作为围护和分隔功能的墙体，则要求其具备良好的热工性能、防火性能，以及隔声、防水和耐久性能。

三、楼地面

楼地面包括楼层地面（楼面）和底层地面（地面），是楼房建筑中水平方向的承重构件。楼面通过分隔房间的层高将建筑物划分为不同部分，并将楼面承受的荷载传递给墙或柱，同时还为墙体提供水平支撑。因此，楼面设计需确保其具有足够的承载能力和刚度，同时满足防火、防水和隔声的要求。而地面则直接与土壤接触，承载着首层房间的荷载，因此地面设计应强调其耐磨、防潮、防水和保温的性能。

四、楼梯

楼梯是楼房建筑中不可或缺的垂直交通设施，用于人们日常上下楼层和紧急疏散。因此，楼梯的设计必须确保其具备足够的通行能力、承载能力、稳定性，以及良好的防火和防滑性能。

五、屋面

屋面既是建筑物的顶部承重构件，也是重要的围护结构。作为承重部分，它承受着来自顶部的各种荷载，如自重、雪荷载和风荷载等，并将这些荷载传递给墙或柱。同时，作为围护部分，它有效地抵御了自然界的风、雨、雪侵袭以及太阳辐射热对顶层房间的不利影响。因此，屋面设计需确保其具备足够的承载能力和刚度，以及出色的保温、隔热、隔气和防水性能。

六、门窗

门主要服务于人们的内外通行以及空间的分隔，而窗则主要起到采光和通风的作用，同时它们也具备分隔和围护的功能。这两者均属于非承重构件。因此，门窗的设计应着重考虑其隔声、保温以及防风沙等性能，以满足使用的实际需求。在电网工程建设中，站内建筑物依据防火等级的不同需要采取相应等级防火门，对于蓄电池室等电气设备室，也可采用防爆窗。

除上述六部分以外，在一幢建筑中，还有许多为人们使用服务和建筑物本身所必需的附属部分，如阳台、散水、勒脚、踢脚、墙裙、台阶、烟囱等。它们各处在不同的部位，发挥着各自的作用。

在设计工作中，建筑的各组成部分被细分为建筑构件和建筑配件两类。其中，建筑构件主要包括墙、柱、梁、楼板和屋架等承重结构；而建筑配件则涵盖了门窗、栏杆、花格以及细部装修等元素。在建筑构造设计中，设计师通常会更多地关注建筑配件的设计，以实现建筑的整体美观和实用性。

第三节　规程、规范相关要求

为方便学习和查找，本节内容均摘自相关规范部分原文。

一、《混凝土结构通用规范》（GB 55008—2021）

5.2 模板工程

5.2.1 模板及支架应根据施工过程中的各种控制工况进行设计，并应满足承载力、刚度和整体稳固性要求。

5.2.2 模板及支架应保证混凝土结构和构件各部分形状、尺寸和位置准确。

5.3 钢筋及预应力工程

5.3.1 钢筋机械连接或焊接连接接头试件应从完成的实体中截取，并应按规定进行性能检验。

5.3.2 锚具或连接器进场时，应检验其静载锚固性能。由锚具或连接器、锚垫板和局部加强钢筋组成的锚固系统，在规定的结构实体中，应能可靠传递预加力。

5.3.3 钢筋和预应力筋应安装牢固、位置准确。

5.3.4 预应力筋张拉后应可靠锚固，且不应有断丝或滑丝。

5.3.5 后张预应力孔道灌浆应密实饱满，并应具有规定的强度。

5.4 混凝土工程

5.4.1 混凝土运输、输送、浇筑过程中严禁加水；运输、输送、浇筑过程中散落的混凝土严禁用于结构浇筑。

5.4.2 应对结构混凝土强度等级进行检验评定，试件应在浇筑地点随机抽取。

5.4.3 结构混凝土浇筑应密实，浇筑后应及时进行养护。

5.4.4 大体积混凝土施工应采取混凝土内外温差控制措施。

5.5 装配式结构工程

5.5.1 预制构件连接应符合设计要求，并应符合下列规定：

（1）套筒灌浆连接接头应进行工艺检验和现场平行加工试件性能检验；灌浆应饱满密实。

（2）浆锚搭接连接的钢筋搭接长度应符合设计要求，灌浆应饱满密实。

（3）螺栓连接应进行工艺检验和安装质量检验。

（4）钢筋机械连接应制作平行加工试件，并进行性能检验。

5.5.2 预制叠合构件的接合面、预制构件连接节点的接合面，应按设计要求做好界面处理并清理干净，后浇混凝土应饱满、密实。

二、《砌体结构通用规范》（GB 55007—2021）

5.1.1 非烧结块材砌筑时，应满足块材砌筑上墙后的收缩性控制要求。

5.1.2 砌筑前需要湿润的块材应对其进行适当浇（喷）水，不得采用干砖或吸水饱和状态的砖砌筑。

5.1.3 砌体砌筑时，墙体转角处和纵横交接处应同时咬槎砌筑；砖柱不得采用包心砌法；带壁柱墙的壁柱应与墙身同时咬槎砌筑；临时间断处应留槎砌筑；块材应内外搭砌、上下错缝砌筑。

5.1.4 砌体中的洞口、沟槽和管道等应按照设计要求留出和预埋。

5.1.5 砌筑砂浆应进行配合比设计和试配。当砌筑砂浆的组成材料有变更时，其配合比应重新确定。

5.1.6 砌筑砂浆用水泥、预拌砂浆及其他专用砂浆，应考虑其储存期限对材料强度的影响。

5.1.7 现场拌制砂浆时，各组分材料应采用质量计量。砌筑砂浆拌制后在使用中不得随意掺入其他粘结剂、骨料、混合物。

5.1.8 冬期施工所用的石灰膏、电石膏、砂、砂浆、块材等应防止冻结。

5.1.9 砌体与构造柱的连接处以及砌体抗震墙与框架柱的连接处均应采用先砌墙后浇柱的施工顺序，并应按要求设置拉结钢筋；砖砌体与构造柱的连接处应砌成马牙槎。

5.1.10 承重墙体使用的小砌块应完整、无破损、无裂缝。

5.1.11 采用小砌块砌筑时，应将小砌块生产时的底面朝上反砌于墙上。施工洞口预留直槎时，应对直槎上下搭砌的小砌块孔洞采用混凝土灌实。

5.1.12 砌体结构的芯柱混凝土应分段浇筑并振捣密实。并应对芯柱混凝土浇灌的密实程度进行检测，检测结果应满足设计，要求。

5.1.13 砌体挡土墙泄水孔应满足泄排水要求。

5.1.14 填充墙的连接构造施工应符合设计要求。

三、《钢结构通用规范》（GB 55006—2021）

7.1.1 构件工厂加工制作应采用机械化与自动化等工业化方式，并应采用信息化管理。

7.1.2 高强度大六角头螺栓连接副和扭剪型高强度螺栓连接副出厂时应分别随箱带有扭矩系数和紧固轴力（预拉力）的检验报告，并应附有出厂质量保证书。高强度螺栓连接副应按批配套进场并在同批内配套使用。

7.1.3 高强度螺栓连接处的钢板表面处理方法与除锈等级应符合设计文件要求。摩擦型高强度螺栓连接摩擦面处理后应分别进行抗滑移系数试验和复验，其结果应达到设计文件中关于抗滑移系数的指标要求。

7.1.4 钢结构安装方法和顺序应根据结构特点、施工现场情况等确定，安装时应形成稳固的空间刚度单元。测量、校正时应考虑温度、日照和焊接变形等对结构变形的影响。

7.1.5 钢结构吊装作业必须在起重设备的额定起重量范围内进行。用于吊装的钢丝绳、吊装带、卸扣、吊钩等吊具应经检验合格，并应在其额定许用荷载范围内使用。

7.1.6 对于大型复杂钢结构，应进行施工成形过程计算，并应进行施工过程监测；索膜结构或预应力钢结构施工张拉时应遵循分级、对称、匀速、同步的原则。

7.1.7 钢结构施工方案应包含专门的防护施工内容，或编制防护施工专项方案，应明确现场防护施工的操作方法和环境保护措施。

第三章 建筑施工基础知识

第一节 土的工程分类及其工程物理性质

一、土的工程分类

在变电站建（构）工程中常分为土方开挖、土方回填、土方堆放。

土石方施工前根据设计图纸及现场环境对土石方工程量、运输距离、施工顺序、地质条件等因素，进行土方平衡、土方调配，确定土方施工方案。在土方开挖完成后，基底土性作为土方开挖工程的主控项目应进行全数检查。同时还应对基坑的坡率、标高、长度、宽度进行检查。

土方回填时应清除基底杂物，严禁在边坡范围内取土，同时要对称均匀回填。回填时应对基坑基底处理全数检查同时对压实系数、坡率、标高、回填土料、分层厚度、含水量、表面平整度、有机质含量、辗迹重叠长度等进行检查。

土方堆放时应符合设计及施工方案要求，同时对总高度、堆放安全距离、长度、宽度、坡率、防扬尘等进行检查。

二、土工程物理性质

在变电站建（构）工程施工过程作为建（构）筑地基的岩土可分为岩石、碎石土、砂土、粉土、黏性土和人工填土。

1. 岩石

岩石按照坚硬程度分类可分为硬质岩、软质岩、极软岩。硬质岩包括坚硬岩）、较硬岩。软质岩包括较软岩、软岩。极软岩代表性岩石有风化的软岩、全风化的各种岩石、各种半成岩。

2. 碎石土

碎石土为粒径大于 2mm 的颗粒含量超过全重 50％的土。碎石土可分为漂石、块石、卵石、碎石、圆砾和角砾。其中漂石、块石颗粒形状以圆形及亚圆形为主棱角形为主。卵石、碎石颗粒形状以圆形及亚圆形为主棱角形为主。圆砾和角砾颗粒形状圆形及亚圆形为主棱角形为主。碎石土的密实度可分为松散、稍密、中密、密实。

3. 砂土

砂土为粒径大于 2mm 的颗粒含量不超过全重 50％、粒径大于 0.075mm 的颗粒超过全重 50％的土。砂土可根据粒组含量，分为砾砂、粗砂、中砂、细砂和粉砂，按标准贯入试验锤击数 N，其密实度分为松散（$N \leqslant 10$）、稍密（$10 < N \leqslant 15$）、中密（$15 < N \leqslant 30$）、密实（$N > 30$）。

4. 黏性土

黏性土为塑性指数 I_P（塑性指数由相应于 76g 圆锥体沉入土样中深度为 10mm 时测定的

液限计算面得），大于 10 的土。根据塑性指数 I_P 的大小，分为黏土（$I_P > 17$）、粉质黏土（$10 < I_P \leq 17$）。

5. 粉土

介于砂土与黏性土之间，塑性指数（塑性指数 I_P 由相应于 76g 圆锥体沉入土样中深度为 10mm 时测定的液限计算面得）$I_P \leq 10$ 且粒径大于 0.075mm 的颗粒含量不超过全重 50％ 的土。

6. 淤泥

在静水或缓设的流水环境中沉积，并经生物化学作用形成，其天然含水量大于液限、天然孔隙比大于或等于 1.5 的黏性土。

7. 人工填土

人工填土包含素填土和压实填土。素填土由碎石土、砂土、粉土、黏性土等组成的填土。压实填土是经过压实或夯实的素填土。

8. 膨胀土

土中黏粒成分主要由亲水性矿物组成，同时具有显著的吸水膨胀和失水收缩特性，其自由膨胀率大于或等于 40％ 的黏性土。

9. 湿陷性黄土

浸水后产生附加沉降，其湿陷系数大于或等于 0.015 的土。

第二节　基坑（槽）的土方开挖与回填技术要求

一、浅基坑的开挖

（1）在进行浅基坑开挖之前，必须首先完成测量放线工作，依据开挖方案，采取分块（段）分层挖土的方式进行，保证施工操作安全。

（2）在进行相邻基坑的开挖过程中，须遵循先深后浅或同时进行的施工原则。挖掘作业应从上至下，按水平分段分层进行。在挖掘过程中，需持续检查坑底宽度和坡度，如发现不足之处，应及时进行修整。直至达到设计标高后，再统一进行一次修坡清底，以确保坑底宽度和标高符合要求。

（3）在进行基坑开挖的过程中，务必尽可能减少对地基土的干扰。当采用人工挖土方式，若在完成基坑挖掘后无法立即展开下一道工序，应保留 150～300mm 厚的土层不予挖掘，待下一道工序启动时再继续挖至设计标高。若采用机械设备进行基坑开挖，为防止对基底土造成破坏，应在基底标高上方预留 200～300mm 厚的土层，随后采用人工方式挖除。

（4）在地下水位以下进行挖土作业时，须在基坑四周设置临时排水沟和集水井，或采用井点降水方式，将水位降低至坑底以下 500mm 以上，以便挖掘工作顺利进行。降水作业应持续至基础（包括地下水位下回填土）施工完毕。

（5）在雨期进行施工时，基坑的开挖应采取分段方式，每挖好一段便浇筑一段垫层。同时，为确保施工安全，坑顶和坑底应实施有效的截排水措施。此外，还需定期检查边坡及支撑状况，防止坑壁因水浸泡而导致塌方事故。

（6）在进行基坑开挖过程中，对平面控制桩、水准点、平面位置、水平标高、边坡坡度以及排水降水系统等关键要素，需持续进行复测与检查。

（7）基坑挖掘完毕后，须进行验槽工作并做好相关记录。若发现地基土质与地质勘察报告或设计要求存在不符之处，应及时与相关人员沟通，共同研究并妥善处理。

二、深基坑的土方开挖

（1）在进行深基坑土方开挖前，必须制定针对性的土方工程专项方案，并经过专家论证。同时，对支护结构、地下水位，以及周边环境实施必要的监测与保护措施。

（2）在深基坑工程的挖土方案中，主要包括放坡挖土、中心岛式（又称墩式）挖土、盆式挖土，以及逆作法挖土。放坡挖土无需支护结构，而中心岛式、盆式和逆作法挖土均需采用支护结构。

（3）分层厚度宜控制在 3m 以内。

三、土方回填

1. 土料要求

填充土料需满足设计规定，确保填充物的强度和稳定性。填充土应尽可能选择同类土壤。

2. 基底处理

（1）针对基底进行清理，消除垃圾、草皮、树根、杂物，并排除积水、淤泥及种植土，使基底经过夯实和碾压达到密实状态。

（2）针对地表滞水流入填方区，导致地基浸泡和基上下陷的问题，应当采取相应的防治措施。

（3）当填土场地地面陡于 1/5 时，应先将斜坡挖成阶梯形，阶高 0.2～0.3m，阶宽大于 1m，然后分层填土，以利接合和防止滑动。

3. 土方填筑与压实

（1）在确定填方边坡坡度时，应充分考虑填方高度、土壤类型及其重要性。对于长期使用的临时性填方边坡，在填方高度不超过 10m 的情况下，可设定坡度为 1∶1.5；若超过 10m，则可设计为折线形边坡，上部坡度为 1∶1.5，下部坡度为 1∶1.75。

（2）土壤填充应从场地的最低部位起始，自下而上进行全面且分层的铺填。各层的虚铺厚度应依据所使用的夯实机械来确定。

（3）填方应在相对两侧或周围同时进行回填。

第三节　钢筋混凝土施工技术要求

一、钢筋下料长度计算

钢筋在弯曲或形成弯钩时，其长度会发生改变，因此在配料过程中无法直接依据图纸中的尺寸进行切割。必须熟知混凝土保护层、钢筋弯曲及弯钩等相关规定，然后根据图纸所示尺寸计算出合理的下料长度。

各种钢筋下料长度计算如下：

直钢筋下料长度＝构件长度－保护层厚度＋弯钩增加长度

弯起钢筋下料长度＝直段长度＋斜段长度－弯曲调整值＋弯钩增加长度

箍筋下料长度＝箍筋周长＋箍筋调整值

上述钢筋如需搭接，应增加钢筋搭接长度。

二、钢筋代换

钢筋的代换可参照以下原则进行：

（1）等强度代换：当构件受强度控制时，钢筋可按强度相等的原则进行代换。

（2）等面积代换：当构件按最小配筋率配筋时，钢筋可按面积相等的原则进行代换。

三、钢筋加工

（一）钢筋除锈

钢筋表面须保持清洁，油污、漆渍，以及易于剥落之浮皮、铁锈等，应在使用前彻底清除。在焊接前，焊点处的水锈需清理干净。钢筋除锈可通过机械除锈与手工除锈两种方式。机械除锈包括使用钢筋除锈机或在冷拉、调直过程中进行除锈。对于直径较小的盘条钢筋可通过冷拉与调直过程实现自动去锈；对于粗钢筋可采用圆盘铁丝刷除锈机进行除锈。

手动除锈可选用钢丝刷、砂盘、喷砂等方法，或采用酸洗除锈。在工作任务较轻或在工地临时工棚内操作时，可用麻袋布进行擦拭，或使用钢刷进行刷洗；针对直径较大的钢筋，可选用砂盘除锈法，具体操作如下：制作钢槽或木槽，槽内填充干燥的粗砂和细石子，将带锈的钢筋插入砂盘中反复抽拉。

对于存在起层锈片的钢筋，首先采用小锤进行敲击，以便使锈片得以彻底剥离，随后运用砂盘或除锈机进行除锈处理。针对因麻坑、斑点或锈皮剥落导致钢筋截面受损的情况，在使用前需进行鉴定，判断是否适宜降级使用或采取其他处理措施。

（二）钢筋调直

钢筋应保持平直，避免出现局部曲折。在使用盘条钢筋前，需进行调直处理。调直方法包括采用调直机进行调直和通过卷扬机进行冷拉调直两种。

（三）钢筋切断

钢筋切割设备包括断线钳、手动切断器、液压手动切断器以及钢筋切断机等。在切割过程中，若发现钢筋存在劈裂、缩头或严重弯头等情况，需及时切除。针对同一规格的钢筋，需根据实际需求进行长短搭配，全面规划材料使用；通常情况下，优先切割长料，再切割短料，以降低短头接头数量和损耗。切割过程中，应避免使用短尺测量长料，防止产生累积误差。建议在工作台面上标注尺寸刻度，并设置控制切割尺寸的挡板。

（四）钢筋弯曲

在进行钢筋弯曲前，对于形状复杂的钢筋（例如弯起钢筋），需根据钢筋料牌上标注的尺寸，使用石笔标出各弯曲点的位置。在划线过程中，需注意以下几点：

（1）根据弯曲角度的不同，从相邻两段长度中各扣除一半的弯曲调整值。

（2）当钢筋端部带有半圆弯钩时，该段长度的画线应增加 $0.5d$（d 为钢筋直径）；画线工作应从钢筋的中线开始，向两侧进行。

（3）对于两侧不对称的钢筋，也可从钢筋的一端开始画线，如画至另一端有出入，则需重新调整。

（五）钢筋安装

钢筋现场绑扎如下：

（1）钢筋绑扎搭接接头。钢筋的绑扎接头应确保在接头中心及两端部位，采用铁丝进行稳固扎牢。在同一构件中，相邻的纵向受力钢筋绑扎搭接接头应呈现错开布置。在绑扎搭接接头中，钢筋的横向净距离应不低于钢筋直径，且最小值不得小于 25mm。

（2）基础钢筋绑扎。

1）在基础施工中，首先需依据标准尺寸精确布置基础钢筋的位置，并使用石笔（或粉笔）清晰标记在垫层之上。随后，按照标记的位置，精确放置主筋和次筋。

2）当存在基础底板和基础梁时，基础底板的下部钢筋应被放置在梁筋之下。对于基础底板的钢筋布局，主筋应位于下部，分布筋则在上部。而基础底板的上部钢筋布局则相反，主筋在上，分布筋在下。

3）基础底板的钢筋连接方式可采用八字扣或顺扣，而基础梁的钢筋则应使用八字口连接，以确保其稳定性和防止倾斜变形。所有用于固定的铁丝，其端部必须弯曲并隐藏在基础内部，不得伸入保护层内。

4）按照设计要求的保护层厚度，合理布置保护层垫块，垫块的间距通常设定为 1～1.5m。在完成下部钢筋的绑扎后，应穿插进行预留和预埋的管道安装工作。

5）钢筋马凳的制作，可采用钢筋弯制或焊制。当上部钢筋规格较大且密集时，也可选择型钢等材料进行制作。马凳的规格及间距应通过详细的计算确定，以确保施工质量和安全。

（3）柱钢筋绑扎。

1）针对柱边线，对钢筋位置进行调整，以确保其满足绑扎规范。计算本层柱所需的箍筋数量，并将所有箍筋均安装在柱主筋上。对柱主筋进行接长处理，并将主筋顶部与脚手架进行临时固定，保证柱主筋垂直。随后自上而下进行箍筋绑扎。

2）柱箍筋应与主筋相互垂直，矩形柱箍筋端头与模板面呈 135°角。柱角部主筋弯钩平面与模板面的夹角，针对矩形柱为 45°角；针对多边形柱为模板内角的平分角；针对圆形柱钢筋弯钩平面应与模板切平面垂直；中间钢筋弯钩平面与模板面垂直；当采用插入式振捣时，弯钩与模板面的夹角不得小于 15°。

3）柱箍筋弯钩叠合处，应沿受力钢筋方向错开设置，避免在同一位置。完成后，将保护层垫块或塑料支架固定在柱主筋上。

（4）墙钢筋绑扎。

1）根据墙边线调整墙插筋的位置，使其满足绑扎要求。

2）每隔 2～3m 绑扎一根竖向钢筋，在高度 1.5m 左右的位置绑扎一根水平钢筋。然后将其余竖向钢筋与插筋连接，将竖向钢筋的上端与脚手架作临时固定并校正垂直。

3）在竖向钢筋上画出水平钢筋的间距，从下往上绑扎水平钢筋。墙的钢筋网，除靠近外围两行钢筋的相交点全部扎牢外，中间部分交叉点可间隔交错扎牢，但应保证受力钢筋不产生位置偏移；双向受力的钢筋，必须全部扎牢。绑扎应采用八字扣，绑扎丝的多余部分应弯入墙内（有防水要求的钢筋混凝土墙、板等结构，更应注意这一点）。

4）应根据设计要求确定水平钢筋是在竖向钢筋的内侧还是外侧，当设计无要求时按竖向钢筋在里水平钢筋在外布置。

5）墙筋的拉结筋应勾在竖向钢筋和水平钢筋的交叉点上，并绑扎牢固。为方便绑扎，拉结筋一般做成一端 135°弯钩，另一端 90°弯钩的形状，所以在绑扎完后还要用钢筋扳子把 90°弯钩弯成 135°弯钩。

6）在钢筋外侧绑上保护层垫块或塑料支架。

（5）梁板钢筋绑扎。

1）梁钢筋的绑扎可在梁侧模安装前或安装完毕后在梁底模板上进行，形成钢筋笼后整体放入梁模板内。次梁或梁高较小的梁常采用第二种绑扎方法。在进行梁钢筋绑扎前，需明确主次梁钢筋的位置关系，次梁主筋应置于主梁主筋之上，楼板钢筋则应位于主次梁主筋之上。

2）首先穿入梁上部钢筋，接着穿下部钢筋，最后穿弯起钢筋。依据预先标注的箍筋控制点，将箍筋分开，间隔一定距离后，先将几个箍筋与主筋绑扎固定，然后逐个绑扎其他箍筋。

3）梁箍筋接头部位应位于梁上部，除非设计有特殊要求，否则应与受力钢筋垂直设置。箍筋弯钩叠合处应沿受力钢筋方向错开设置。梁端第一个箍筋距支座边缘应为50mm。

4）当梁主筋为双排或多排时，各排主筋间的净距不宜小于25mm，且不小于主筋直径。现场可用短钢筋垫在两排主筋之间，以控制间距，短钢筋方向与主筋垂直。梁主筋最大直径不大于25mm时，采用25mm短钢筋作垫铁；直径大于25mm时，采用与梁主筋规格相同的短钢筋作垫铁。短钢筋长度为梁宽减两个保护层厚度，且不应伸入混凝土保护层内。

5）板钢筋绑扎前，先在模板上标注钢筋位置，将主筋与分布筋摆放在模板上，主筋在下，分布筋在上。调整好间距后，依次进行绑扎。对于单向板钢筋，除靠近外围两行钢筋的相交点全部扎牢外，中间部分交叉点可间隔交错绑扎牢固，确保受力钢筋不发生位置偏移。双向受力钢筋必须全部扎牢。相邻绑扎扣应呈八字形，以防钢筋变形。

6）板底层钢筋绑扎完成后，穿插进行预留管线施工，然后绑扎上层钢筋。两层钢筋间应设置马凳，以控制两层钢筋间的距离。

四、模板安装

混凝土结构成型依赖于模板系统。与混凝土直接接触的部分为模板面板，通常将模板面板、主次龙骨（包括肋、背楞、钢楞、托梁）、连接撑拉锁固件以及支撑结构等统一视为模板。另外，模板与其支架、立柱等支撑系统的施工环节也可称为模架工程。

（一）模板配置

模板的配置应以节约为原则，并考虑可持续使用，提高转使用率。

在设定定制模板尺寸时，需兼顾模板拼装结合的需求，根据实际情况适宜地调整模板长度的增减。在进行拼装模板的过程中，需确保板边平整且垂直，接缝严密无浆。同时，禁止将木料表面存在节疤、缺口等瑕疵的部位直接接触混凝土面，应将其置于反面或予以截除。

预先制备的模板应在背面进行编号并标明规格，按照类别进行分类存放，以防止误用。备用模板应妥善遮盖，以免发生变形。

（二）模板安装

木模板常用于基础、墙、柱、梁板、楼梯等部位。

1. 基础模板

（1）阶形基础模板。根据图纸尺寸，制作各阶模板，并按从下至上的顺序逐层安装。首先，安装底阶模板，确保斜撑和水平撑稳固固定。核对模板墨线及标高，同时配合绑扎钢筋和混凝土（或砂浆）垫块，然后进行上一阶模板的安装。再次核对各部位墨线尺寸和标高，并对斜撑、水平支撑以及拉杆进行稳固固定。最后，检查斜撑及拉杆的稳定性，并校核基础模板的几何尺寸、标高及轴线位置。

（2）杯形基础模板。杯形基础模板与阶形基础模板在基本结构上相似，其主要区别在于前者在顶部中央设有杯芯模板。杯芯模板可分为整体式和装配式，针对尺寸较小的模板，通常采用整体式设计。

2. 柱模板

（1）安装顺序：放线→设置定位基准→第一块模板安装就位→安装支撑→邻侧模板安装就位→连接第二块模板→安装第二块模板支撑→安装第三、四块模板及支撑→调直纠偏→安装柱箍→全面检查校正→柱模群体固定→清除柱模内杂物、封闭清扫口。

（2）根据图纸尺寸制作柱侧模板之后，精准测放柱的位置线，安装柱模板前先钉好压脚板，并采取两垂直向加斜拉顶撑的措施。柱模板安装完成后，需全面复核模板的垂直度、对角线长度差以及截面尺寸等相关项目。柱模板支撑应确保稳固，预埋件和预留孔洞的设置严禁不稳定或不准确。

安装柱箍：柱箍的安装应自下而上进行，柱箍应根据柱模尺寸。柱箍的安装需遵循自下而上的原则，其设计选择需考虑柱模尺寸、柱高以及侧压力大小等因素（可选用木箍、钢箍等），柱箍间距通常控制在 40～60cm。当柱截面较大时，应设置柱中穿心螺栓，并根据计算结果确定螺栓直径与间距。

3. 梁模板

（1）安装顺序：放线→搭设支模架→安装梁底模→梁模起拱→绑扎钢筋与垫块→安装两侧模板→固定梁夹→安装梁柱节点模板→检查校正→安梁口卡→相邻梁模固定。

（2）弹出轴线、梁位置线和水平标高线，钉柱头模板。

（3）按照设计要求或规范要求起拱，先主梁起拱，后次梁起拱。

（4）梁侧模板：根据墨线安装梁侧模板、压脚板、斜撑等。

（5）当梁高超过 700mm 时，梁侧模板应加穿梁螺栓加固。

（6）展开轴线、梁位置线及水平标高线，固定柱头模板。遵循设计要求或规范要求进行拱度设置，先为主梁起拱，后再为次梁起拱。梁侧模板的安装：依据墨线安装梁侧模板、压脚板、斜撑等。当梁高超过 70cm 时，梁侧模板应增设穿梁螺栓进行加固。

4. 顶板

（1）安装顺序：复核板底标高→搭设支模架一安放龙骨一安装模板（铺放密肋楼板模板）→安装柱、梁、板节点模板→安放预埋件及预留孔模板等→检查校正→交付验收。

（2）在模板排列图的基础上，精确地设置支柱与龙骨的位置。支柱与龙骨之间的间距，应依据模板所承受的混凝土重量和施工荷载的大小，经过细致的模板设计来确定，以确保整个结构的稳固与安全。

（3）底层地面应进行分层夯实，并铺设木垫板。在采用多层支顶支模的过程中，确保支柱垂直，且上下层支柱位于同一竖向中心线上。同时，各层支柱之间的水平拉杆和剪刀撑应认真加强。

（4）调整通线以调节支柱高度，拉平大龙骨，并架设小龙骨。在铺设模板时，可以从四周开始并向中间收口。当压制梁（墙）侧模板时，角部模板应保持通线并予以固定。楼面模板铺设完成后，应重新检查模板面标高和板面平整度，确保预埋件和预留孔洞设置齐全且位置准确。支模顶架必须保持稳定和牢固，同时对模板梁面和板面进行清扫干净。

第四节　砌体施工技术要求

砌体结构是一种建筑结构，主要受力构件为墙体和柱子，由块体和砂浆砌筑而成。砌体结构可分为砖砌体、砌块砌体和石砌体结构。砌体的强度计算指标取决于块体和砂浆的强度等级。

一、砌体结构材料

砌体结构的组成要素主要包括块材、砂浆，以及在特定情况下所需的混凝土与钢筋。混凝土的一般强度等级为 C20，钢筋则通常选用 HPB300、HRB335 和 HRB400 强度等级，或采用冷拔低碳钢丝。

（一）块材

砌体结构中所使用的块材包括但不限于天然石材和人工制造的砖与砌块。当前常见的类型包括烧结普通砖、烧结多孔砖、蒸压灰砂砖、蒸压粉煤灰砖、普通混凝土小型空心砌块、轻骨料混凝土小型空心砌块、毛石以及料石等。

烧结普通砖与烧结多孔砖主要由黏土、页岩、煤矸石等原料经焙烧而成，其中烧结多孔砖的孔洞率小于 30%。蒸压灰砂砖与蒸压粉煤灰砖则为非烧结硅酸盐砖，不适合在长期受热 200℃以上、受急冷急热以及存在酸性介质侵蚀的建筑部位使用。MU15 及 MU15 以上的蒸压灰砂砖可用于基础及其他建筑部位。若蒸压粉煤灰砖用于基础或受冻融和干湿交替作用的建筑部位，必须选用一等砖。

混凝土小型空心砌块的主规格为 190mm×190mm×390mm，包括单排孔和多排孔普通混凝土砌块。轻骨料混凝土小型空心砌块的材料常见于水泥煤渣混凝土、煤矸石混凝土、陶粒混凝土、火山灰混凝土和浮石混凝土等，其承重多排孔砌块的空洞率不得大于 35%。

石材可根据形状和加工程度划分为毛石和料石（六面体）两大类，其中料石还可细分为细料石、半细料石、粗料石和毛料石。

（二）砂浆

砌体结构中常见的砂浆类型根据配合比可分为：水泥砂浆（由水泥和砂组成）、混合砂浆（由水泥、石灰和砂混合）、石灰砂浆（由石灰和砂混合）、石膏砂浆等。无塑性掺合料的纯水泥砂浆硬化速度较快，通常应用于含水量较高的地下砌体；混合砂浆强度较高，适用于地上砌体的砌筑；石灰砂浆强度较低，但具有气硬性（仅在空气中硬化），故仅用于地上砌体；石膏砂浆硬化速度较快，适用于不受潮湿影响的地上砌体。

（三）砌体材料的强度等级

砌体材料的主要强度等级依据块体和砂浆类型进行分类，其中，块体强度等级以符号 MU 表示，砂浆强度等级则以符号 M 表示。

规范规定，烧结普通砖和烧结多孔砖砌体砂浆强度的最低等级为 M2.5，而蒸压灰砂砖、蒸压粉煤灰砖砌体砂浆强度的最低等级为 M5。

在确定蒸压粉煤灰砖块体以及掺有粉煤灰 15% 以上的混凝土砌块强度等级时，需将块体抗压强度乘以自然碳化系数。若无自然碳化系数，则取人工碳化系数的 1.15 倍。

此外，专用砌筑砂浆强度等级以"Mb"表示，砌块灌孔混凝土的强度等级则以"Cb"表示。

二、影响砌体结构强度的主要因素

（一）块材和砂浆的强度

块材与砂浆的强度是砌体抗压强度的主要决定因素。实验证明，以砖砌体为例，当砖的强度等级提升一倍时，砌体的抗压强度大约可提高 50%；砂浆强度等级提升一倍，砌体抗压强度约可提高 20%，但需增加水泥用量约 50%。通常情况下，砖本身的抗压强度高于砌体，随着块体和砂浆强度等级的提升，砌体强度相应增大。然而，提高块体和砂浆强度等级并不能按相同比例提升砌体的强度。

（二）砂浆的性能

砂浆的变形性能、流动性及保水性对砌体抗压强度产生影响。砂浆强度等级较低时，其变形程度较大，进而导致砌体强度降低。良好的砂浆流动性（即和易性）与保水性能使砌体易于铺砌出均匀厚度和密实性的水平灰缝，从而提升砌体强度。然而，若流动性过大（如添加过多塑化剂），砂浆在硬化后变形率将提高，反而降低砌体强度。因此，优质砂浆应具备良好的流动性与较高的密实性。

（三）块体的形状和灰缝厚度

块体形状对砌体强度具有重要影响。当块体形状规则且平整时，砌体强度较高。例如，细料石砌体的抗压强度相较于毛料石砌体可提高约 50%；灰砂砖具有较整齐的形状，相同强度等级的砖，灰砂砖砌体的强度高于塑压黏土砖砌体。此外，砂浆灰缝厚度也会影响砌体强度，越厚则均匀性和密实性越难保证，进而降低砌体强度。因此，在块体表面平整的情况下，应尽量减少灰缝厚度。通常砖和小型砌块砌体的灰缝厚度应控制在 8~12mm，而料石砌体不宜超过 20mm。

第五节　装饰装修工程技术要求

一、抹灰工程

抹灰工程是指将抹面砂浆施加于基底材料表面，兼具保护基层、提升美观度，以及为建筑物提供特定功能的施工过程。

（一）室内墙面抹灰施工

1. 施工准备

（1）建筑物的主体结构必须经过建设单位、设计单位、监理单位和施工单位的联合验收，确保合格。在进行抹灰作业前，需仔细检查门窗框的安装位置是否准确无误，以及需埋设的接线盒、电箱、管线、管道套管等是否稳固。对于连接处的缝隙，应采用 1:3 水泥砂浆或 1:1:6 水泥混合砂浆进行分层嵌塞，确保密实。若缝隙较大，可在砂浆中加入适量麻刀进行嵌塞，或使用豆石混凝土进行填塞，并用塑料贴膜或铁皮对门窗框进行保护。

（2）对于混凝土蜂窝、麻面、露筋、疏松等部分，应将其剔除至实心，并刷上胶粘性素水泥浆或界面剂，随后采用 1:3 的水泥砂浆进行分层抹平。同时，应严密堵塞脚手眼和废弃的孔洞，清除外露的钢筋头、铅丝头和木头等，补齐窗台砖，并在墙与楼板、梁底等交接处使用斜砖砌严补齐。

（3）在加钉镀锌钢丝网的部位，应涂刷一层胶粘性素水泥浆或界面剂，确保钢丝网与最小边的搭接尺寸不小于 100mm。此外，还需对抹灰基层表面的油渍、灰尘、污垢等进行彻底清除，以保证施工质量。

2. 施工工艺流程

基层清理→做护角抹水泥窗台→浇水湿润→墙面充筋→吊垂直、套方、找规矩、抹灰饼→抹底灰→修补预留孔洞、电箱槽、盒等→抹水泥踢脚或墙裙→抹罩面灰。

（二）室外墙面抹灰施工

施工工艺流程如下：

墙面基层清理浇水湿润→堵门窗口缝及脚手眼、孔洞→吊垂直、套方、找规矩→抹灰饼、充筋→抹底层灰、中层灰→嵌分格条、抹面层灰→抹滴水线、起分格条→养护。

二、室内给排水工程

（一）材料设备管理

（1）建筑给水、排水及采暖工程所采用的主要材料、成品、半成品、配件、器具和设备，必须具备中文质量合格证明文件，其规格、型号及性能检测报告需符合国家技术标准或设计要求。进场时应进行验收检查，并经监理工程师审核确认。

（2）进场之时的所有物料，均需对品种、规格及外观等方面进行严格验收。包装须保持完整，表面不得有划痕或因外力冲击导致的破损。

（3）关键设备与仪器必须配备详尽的安装与应用指南。在运输、储存及施工全过程中，应实施有效措施，确保避免损坏或引发腐蚀。

（4）在进行阀门安装前，必须对其进行强度和严密性试验。此类试验应在每批（同牌号、同型号、同规格）中抽查10％，且最少包含一个样本。对于安装在主干管上，具有切断功能的闭路阀门，需逐个进行强度和严密性试验。

（5）阀门的强度和严密性试验，需遵循以下规定：强度试验的压力为公称压力的1.5倍；严密性试验的压力为公称压力的1.1倍；试验过程中，压力保持恒定，且壳体填料及阀瓣密封面无渗漏现象。

（6）在管道安装中采用冲压弯头时，务必确保所选用的冲压弯头外径与管道外径保持一致。

（7）材料、设备、配件等在搬运、堆放存储、安装的过程中应符合下列要求：在运输、装卸和搬动过程中，应确保轻拿轻放，剧烈撞击或与尖锐物品碰撞的行为严格禁止。抛、摔、滚、拖等不当操作也不可取，并需采取有效措施防止设备损坏或引发腐蚀。

（8）管材应平稳地水平堆放在平整的地面或管架上，避免不规则堆放导致的受力弯曲。若使用支垫物支撑，支垫宽度不得小于75mm，间距不得超过1m，端部外悬部分不得超过500mm，且高度适中，不超过1.5m。

（9）针对塑料、复合管材、管件及橡胶制品，需防止阳光直射，储存于温度不超过40℃的库房内。库房应远离油污，距离热源不小于1m，并具备良好的通风条件。

（10）管件的存放应按照品种、规格、型号等进行分类。而易燃物品如胶粘剂、丙酮、机油、汽油、防腐漆及油漆等，则在存放和运输过程中，必须远离火源，进行封闭式保存。存放地点应确保安全可靠、阴凉干燥，并便于随用随取。

（二）室内排水系统安装

管道布置和安装技术要求如下：

（1）卫生器具的布置和敷设原则。卫生器具的布置应依据卫生间及公共厕所的平面尺寸，选择适宜的卫生器具类型及尺寸进行配置。当前，卫生间排水管线方案主要分为四种：穿板下排式、后排式、卫生间下沉式以及卫生间垫高式。

（2）室内排水立管的布置和敷设。

1）排水立管应稳妥安装于厨卫间的墙边或墙角处，采取明装方式；同时，亦可沿外墙外侧进行明装布置，或将其置于管道井内进行暗装处理。

2）立管应优先布置于杂质较多、卫生状况较差及排水量显著的卫生器具附近，以简化管路走向，减少不必要的转角与弯曲，力求实现直线连接。

3）此外，立管应避免穿越对卫生条件与安静环境要求较高的房间，如卧室、病房等，不宜紧邻与卧室相邻的内墙。为减少埋地管道长度，便于日后的清理与维护工作，立管应尽量靠近外墙进行设置。

4）为确保排水系统的正常运行与维护，立管应设置检查口，且检查口之间的间距不得超过 10m，同时底层与最高层亦必须设置检查口。

5）检查口的中心位置应距离地面 1.0m，且需确保高于该楼层最高卫生器具上边缘 0.15m，以满足使用与维护的便捷性。

6）对于塑料材质的立管，在明装且管径不小于 110mm 的情况下，于立管穿越楼层的部位应采取有效的防火措施，如设置防火套管或阻火圈，以防止火灾的蔓延与扩大。

（3）室内排水横支管道的布置和敷设原则。

1）排水横支管的长度应适度，转弯次数尽量减少，一根支管所连接的卫生器具应有所限制。横支管不得穿越沉降缝、伸缩缝、烟道、风道，若必须穿越，需采取相应的技术措施。

2）悬挂式横支管的布置应遵循一定原则：不应位于休息室、食堂以及厨房烹调区域的上方；不允许布置在食品储藏间、大厅以及特定卫生要求的车间或房间内；且不得位于遇水可能引发燃烧、爆炸或损坏原料、产品和设备的区域。

3）当横支管悬挂在楼板下，并连接有 2 个或 2 个以上大便器，或 3 个或 3 个以上卫生器具时，横支管顶端应升至地面设置清扫口。排水管道的横管与横管、横管与立管的连接，宜采用 45°斜三（四）通或 90°斜三（四）通。

三、照明装置安装工程

电气照明装置工程涵盖了变电（换流）站建筑物内部的灯具（包括普通、专用、重型类型）安装，以及插座、开关和风扇（换气扇）的安装工程。

（一）一般规定

（1）在建筑施工过程中，为确保施工品质及室内（外）环境照度达标，必须严格遵循我国现行设计规范、施工技术标准以及工程设计图纸，进行灯具的选型与施工。

（2）所选用的灯具及控制器件（包括开关、插座等）应确保符合现行国家标准，所有设备须具备合格证、3C 认证及检测报告。

（3）专业灯具的生产与销售，必须具备相应领域的资质认证，以确保产品质量和安全性。例如消防用灯具必须获得消防认证证书，以满足特定场景下的使用要求。

（二）作业条件

（1）土建工程与电气照明装置安装之间需保持紧密协同，以确保预埋件的预埋工作得以妥善进行，从而保障工程质量。在安装前，务必对预埋件及预留孔洞的位置和几何尺寸进行检查，确认其是否满足设计规范。同时，还需将盒内杂物彻底清理，以保证安装过程的顺利进行。

（2）预埋件的固定应当稳定、端正、合理且整齐；盒口应妥善修整，木台及木板的防火涂料应已涂抹完毕。在进行电气照明装置施工前，土建工程应全面完成，确保不会对电气施工造成任何阻碍，同时精装修工程的精装修部分也应全部施工完毕。

第六节　规程、规范相关要求

为方便学习或查找，本节内容均摘自相关规范部分原文。

一、《建筑地基基础工程施工质量验收标准》（GB 50202—2018）

4.2 素土、灰土地基

4.2.1 施工前应检查素土、灰土土料、石灰或水泥等配合比及灰土的拌和均匀性。

4.2.2 施工中应检查分层铺设的厚度、夯实时的加水量、夯压遍数及压实系数。

4.2.3 施工结束后，应进行地基承载力检验。

4.3 砂和砂石地基

4.3.1 施工前应检查砂、石等原材料质量和配合比及砂、石拌和的均匀性。

4.3.2 施工中应检查分层厚度、分段施工时搭接部分的压实情况、加水量、压实遍数、压实系数。

4.3.3 施工结束后，应进行地基承载力检验。

二、《混凝土结构通用规范》（GB 55008—2021）

5 施工及验收

5.1.1 混凝土结构工程施工应确保实现设计要求，并应符合下列规定：

（1）应编制施工组织设计、施工方案并实施；

（2）应制定资源节约和环境保护措施并实施；

（3）应对已完成的实体进行保护，且作用在已完成实体上的荷载不应超过规定值。

5.1.2 材料、构配件、器具和半成品应进行进场验收，合格后方可使用。

5.1.3 应对隐蔽工程进行验收并做好记录。

5.1.4 模板拆除、预制构件起吊、预应力筋张拉和放张时，同条件养护的混凝土试件应达到规定强度。

5.1.5 混凝土结构的外观质量不应有严重缺陷及影响结构性能和使用功能的尺寸偏差。

5.1.6 应对涉及混凝土结构安全的代表性部位进行实体质量检验。

三、《砌体结构通用规范》（GB 55007—2021）

3 材料

3.1.3 砌体结构不应采用非蒸压硅酸盐砖、非蒸压硅酸盐砌块及非蒸压加气混凝土制品。

3.1.4 长期处于200℃以上或急热急冷的部位，以及有酸性介质的部位，不得采用非烧结墙体材料。

3.1.5 砌体结构中的钢筋应采用热轧钢筋或余热处理钢筋。

5.1.1 非烧结块材砌筑时，应满足块材砌筑上墙后的收缩性控制要求。

5.1.3 砌体砌筑时，墙体转角处和纵横交接处应同时咬槎砌筑；砖柱不得采用包心砌法；带壁柱墙的壁柱应与墙身同时咬槎砌筑；临时间断处应留槎砌筑；块材应内外搭砌、上下错缝砌筑。

5.1.4 砌体中的洞口、沟槽和管道等应按照设计要求留出和预埋。

5.1.5 砌筑砂浆应进行配合比设计和试配。当砌筑砂浆的组成材料有变更时，其配合比应重新确定。

四、《建筑装饰装修工程质量验收标准》（GB 50210—2018）

3.3.12 隐蔽工程验收应有记录，记录应包含隐蔽部位照片。施工质量的检验批验收应有现场检查原始记录。

4.1.7 外墙抹灰工程施工前应先安装钢木门窗框、护栏等，应将墙上的施工孔洞堵塞密实，并对基层进行处理。

4.1.8 室内墙面、柱面和门洞口的阳角做法应符合设计要求，设计无要求时，应采用不低于 M20 水泥砂浆做护角，其高度不应低于 2m，每侧宽度不应小于 50mm。

4.1.9 当要求抹灰层具有防水、防潮功能时，应采用防水砂浆。

4.1.10 各种砂浆抹灰层，在凝结前应防止快干、水冲、击振动和受冻，在凝结后应采取措施防止沾污和损坏。水泥砂浆抹灰层应在湿润条件下养护。

4.1.11 外墙和顶棚的抹灰层与基层之间及各抹灰层之间应黏结牢固。

五、《建筑给水排水及采暖工程施工质量验收规范》（GB 50242—2002）

3.2.1 建筑给水、排水及采暖工程所使用的主要材料、成品、半成品、配件、器具和设备必须具有中文质量合格证明文件，规格、型号及性能检测报告应符合国家技术标准或设计要求。进场时应做检查验收，并经监理工程师核查确认。

3.2.2 所有材料进场时应对品种、规格、外观等进行验收。包装应完好，表面无划痕及外力冲击破损。

3.2.3 主要器具和设备必须有完整的安装使用说明书。在运输、保管和施工过程中，应采取有效措施防止损坏或腐蚀。

六、《建筑电气工程施工质量验收规范》（GB 50303—2015）

3.3.15 照明灯具安装应符合下列规定：

（1）灯具安装前，应确认安装灯具的预埋螺栓及吊杆、吊顶上安装嵌入式灯具用的专用支架等已完成，对需做承载试验的预埋件或吊杆经试验应合格；

（2）影响灯具安装的模板、脚手架应拆除，顶棚和墙面喷浆油漆或壁纸等及地面清理工作应已完成；

（3）灯具接线前，导线的绝缘电阻测试应合格；

（4）高空安装的灯具，应先在地面进行通断电试验合格。

3.3.16 照明开关、插座、风扇安装前，应检查吊扇的吊钩已预埋完成、导线绝缘电阻测试应合格，顶棚和墙面的喷浆、油漆或壁纸等已完工。

第四章　建筑识、绘图基础知识

第一节　常用土建图形符号识别

一、定位轴线及编号

1. 定位轴线的概念

定位轴线是房屋结构设计和施工中的关键参考线，它明确了承重构件的精确位置，并为尺寸标注提供了基准。这条线不仅是施工放线的重要参考，也是设备安装时不可或缺的依据。

在电网工程建筑图的设计中，承重结构如墙、柱、梁、屋架等均需明确其位置，因此需绘制并编号定位轴线。对于非承重结构，如分隔墙和次要构件，则可采用附加轴线（或称为分轴线）来表示其位置，或者通过标注与邻近轴线的相对尺寸来精确定位。定位轴线的编号方式如图 4-1 所示，这种编号方法旨在确保所有结构元素在图纸上的准确位置。

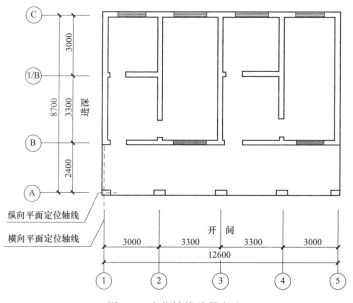

图 4-1　定位轴线编号方法

2. 定位轴线的分类

依定位轴线的位置不同，可分为横向定位轴线和纵向定位轴线。通常把垂直于房屋长度方向的定位轴线称为横向定位轴线，把平行于房屋长度方向的定位轴线称为纵向定位轴线。

3. 定位轴线的绘制

（1）定位轴线的编号：横向定位轴线的编号使用阿拉伯数字从左到右依次编写为 1、2、3…；纵向定位轴线的编号采用大写拉丁字母从下往上依次标记为 A、B、C…。编写时应避开 I、O、Z 三个字母，以防与阿拉伯数字 1、0、2 混淆。

（2）附加轴线的编号：附加轴线的编号可用分数表示。分母表示前一轴线的编号，分子表示附加轴线的编号，用阿拉伯数字顺序编写，如图 4-2 所示。

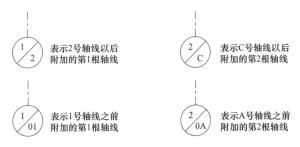

图 4-2 附加定位轴线的编号

（3）详图中轴线的编号。当在绘制详图时，如果一个详图适用于多个轴线，应同时注明各相关轴线的编号，如图 4-3 所示。

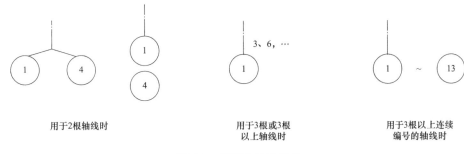

图 4-3 详图中轴线编号

（4）在圆形与弧形平面图中，对于定位轴线的编号，径向轴线通常采用角度来明确其位置。这些编号建议采用阿拉伯数字，起始点可以从左下角或 $-90°$（在径向轴线密集、角度间隔较小的情况下）开始，并按照逆时针的顺序依次编排。而对于环向轴线，建议使用大写拉丁字母来表示，并按照从外到内的顺序进行编号，如图 4-4(a)、（b）所示。这样的编号系统有助于清晰识别和定位平面图中的各个轴线。

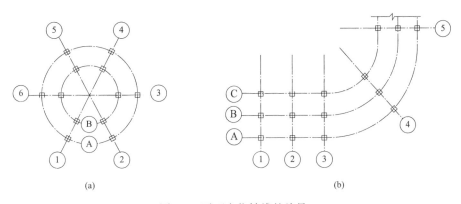

图 4-4 平面定位轴线的编号

二、索引符号和详图符号

为了方便土建施工时查看图纸，会将施工图中无法清晰表达的部位或构件用较大比例放大并绘制详图。详图需在图纸上标注编号、位置和所在图纸的编号，以便索引。

1. 索引符号

（1）索引符号的表示。索引符号由直径为 10mm 的圆和其水平直径组成，要用细实线绘制圆和水平直径。引出线要对准圆心，并在圆内过圆心画一条水平线。

（2）索引符号的编号。在索引符号的圆形标识中，上半部分用阿拉伯数字清晰标示出详图的编号，而下半部分则用同样的数字指出该详图所属图纸的图纸号，如图 4-5（a）所展现的那样。如果详图与它所索引的图纸恰好位于同一张图纸上，则在下半部分的圆形中会以一条水平细实线作为标记，如图 4-5（b）所示。而当详图是基于某个标准图集时，应在索引符号水平直径的延长线上明确注明该标准图册的编号，如图 4-5（c）中的示例所示。

（3）剖切详图的索引。当索引符号用于指示剖面详图的位置时，被剖切的特定部位应明确绘制出剖切位置线。此外，引出线的方向指示了剖切后的投影方向。具体来说，如图 4-6（a）所示，当引出线朝下时，表示投影方向是向下的；如图 4-6（b）所示，当引出线朝上时，表示投影方向是向上的；而如图 4-6（c）所示，当引出线朝左时，则代表投影方向是向左的。

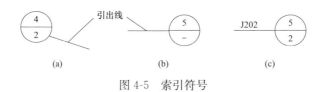

图 4-5　索引符号

2. 详图符号

（1）详图符号的绘制。在表示详图的索引时，图纸和编号通常使用直径为 14mm 的粗实线圆进行绘制，以明确标注和识别。

（2）详图符号的表示。当详图与它所索引的图纸位于同一张图纸上时，通常会在索引符号内用阿拉伯数字直接标注详图的编号，如图 4-7（a）所示。然而，如果详图与索引的图纸分布在不同的图纸上，则会在索引符号内用细实线绘制一条水平直径，上半圆中标注详图的编号，而下半圆中则注明被索引图纸的编号，如图 4-7（b）所示。根据实际需要，也可以选择不在下半圆中标注被索引图纸的编号。

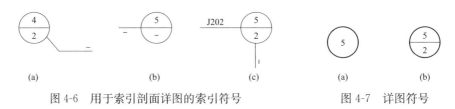

图 4-6　用于索引剖面详图的索引符号　　　　图 4-7　详图符号

三、标高

在建筑设计中，为了表示建筑物各个部分的竖向高度，通常使用标高这一术语。其中，首层室内地面常被设定为相对标高的基准面，其高度标记为±0.000，作为整个建筑高度测量的起点。

1. 标高的分类

标高的表示方式根据基准面的选择分为相对标高和绝对标高两种。相对标高是基于工程实际需求而自行选定的一个基准面来确定的，它根据项目的具体情况灵活设定。而绝对标高则是依据我国统一规定，以青岛附近黄海平均海平面为基准面所确定的，这一标准被广泛应用于各类工程项目中。

从标注部位的角度来看，标高又可以分为建筑标高和结构标高。建筑标高特指在建筑物最终完成面的高度标记，通常用于标识门窗洞口、楼层等建筑元素的相对位置。而结构标高则是指建筑结构部分（如梁底、板底等）的标高，用于指导建筑施工和结构设计的精确高度要求，如图 4-8 所示。

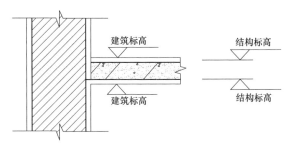

图 4-8　建筑标高与结构标高

2. 标高符号的表示

标高符号的绘制采用细实线，其中短横线界定了需要标注的具体高度范围，而在长横线的上方或下方，我们会明确标注出相应的标高数字，以清晰表达高度信息。

在总平面图上，标高符号通常以涂黑的三角形形式来表示，如图 4-9（a）所示，这种方式能够直观且清晰地展示不同位置的高度信息。

3. 标高数值的标注

标高数值通常精确到小数点后三位，并以米为单位进行标注。如果标高数字前带有"—"号，这表示该位置的最终高度位于零点以下，如图 4-9（d）所示。反之，若标高数字前无特定符号，则表明该位置的高度位于零点以上，如图 4-9（c）所示。当同一位置需要标注多个不同标高时，可以采用如图 4-9（e）所示的方式进行标注，以便清晰区分。

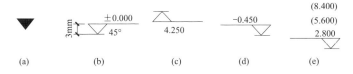

图 4-9　标高数字的注写

（a）总平面图标高；（b）零点标高；（c）正数标高；（d）负数标高；（e）一个标高符号标注多个标高数字

四、引出线

当施工图中某些区域因图形比例受限，无法直接标注详细内容或特定要求时，通常会借助引出线来添加文字说明或指向详图索引符号。

索引详图的引出线应精确指向索引符号的圆心，如图 4-10（a）所示。这些引出线使用细实线绘制，通常与水平方向成 30°、45°、60°或 90°角，或经过这些角度后再转折为水平线，如图 4-10（b）的示例。当需要同时引出多个相同部分的引出线时，建议它们保持相互平行，以便于阅读和识别，如图 4-10（c）所示。

图 4-10　引出线

对于多层构造的部分，如屋面、楼（地）面等，其文字说明应当采用逐层解析的方式，清晰地阐述从底层到表层的材料使用、施工方法以及具体要求。这种说明的编排顺序应当与实际的构造层次保持一致，以便于理解和应用，如图 4-11 所示。

五、对称符号

当房屋施工图中的图形完全呈现对称特点时，为提高图纸的使用效率，通常只需绘制图形的一半，并在对称中心线的两端添加对称符号。这一对称符号由两段平行线（细实线）构成，其长度通常为 6～10mm，平行线之间的距离约为 2～3mm。重要的是，对称线两侧的长度必须保持相等，以确保图形的对称性和准确性，如图 4-12 所示。

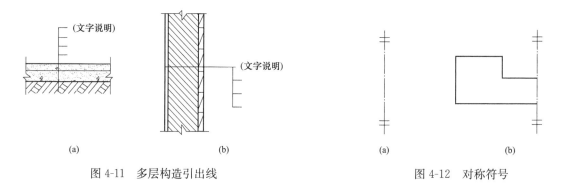

图 4-11　多层构造引出线　　　　　　　　图 4-12　对称符号

六、图形折断符号

1. 直线折断

当图形在绘制过程中采用直线方式表示折断或省略部分时，这种表示方法被称为折断线。这种折断线会直接穿越并经过被折断或省略的图面部分，以便清晰地展示图形的连续性和折断位置，如图 4-13（a）所示。

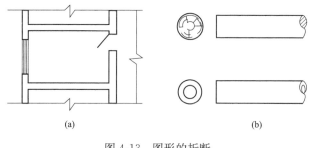

图 4-13　图形的折断
（a）直线折断；（b）曲线折断

2. 曲线折断

对于圆形构件的图形折断表示，其折断符号通常采用曲线形式，以更贴合圆形构件的形状特性，如图 4-13（b）所示。

七、坡度标注

在房屋施工图中，倾斜部分一般会附加坡度符号进行标注，这些符号通常以单面箭头为表现形式。箭头指向下坡的方向，而坡度的具体数值则直接标注在箭头的上方，如图 4-14（a）和（b）所示。当面对坡度较大的坡屋面或屋架等结构时，为了更直观地展示坡度，可以采用直角三角形的形式进行标注，如图 4-14(c) 所示。

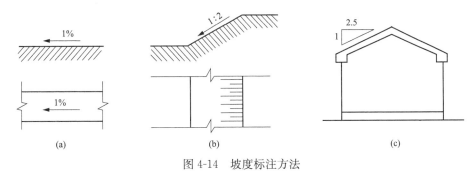

图 4-14　坡度标注方法

八、连接符号

当构件长度较长且其长度方向的形状保持相同或遵循某种规律变化时，为了简化图纸表示，可以采用断开绘制的方式。在断开处，应使用连接符号进行标识，该符号通常为折断线（细实线）。如果两部分相距较远，为了明确标识其连接关系，折断线靠近图纸的一侧应标注大写字母作为连接编号。重要的是，两张相互连接的图纸必须使用相同的字母编号，以确保信息的连贯性和准确性，如图 4-15 所示。

九、指北针

指北针是图纸中用于指示建筑平面布置方位的重要标识。它通常使用直径为 24mm 的细实线圆绘制而成。指北针的指针尾部宽度设定为 3mm，而在指针的头部，会明确标注"北"或"N"以指示方向。对于尺寸较大的图纸，指北针的尺寸也可以相应放大。放大后的指北针，其尾部宽度通常设定为圆直径的 1/8，以确保清晰度和比例的一致性，如图 4-16 所示。

十、风玫瑰图

基于该地区多年的平均统计数据，可以绘制出反映各个方位吹风次数百分率的图形。具体绘制方法是：根据一定比例，以端点到中心的距离来表示吹风次数的多少。其中，粗实线所围成的区域代表了全年的风向频率，而细线所围成的区域则专门表示夏季的风向频率。这种图形化的展示方式可以直观地反映出风向的分布情况，如图 4-17 所示。

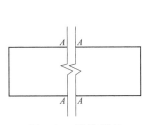

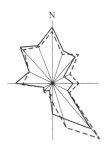

图 4-15　连接符号　　　　图 4-16　指北针示意图　　　　图 4-17　风玫瑰图

第二节　土建工程标注方法

一、平面图形的标注方法

在电网工程设计中，为平面图形标注尺寸的首要步骤是明确长度和高度方向的尺寸基准，这一基准点通常被称为尺寸基准。在平面图绘制中，常用的基准点包括对称图形的对称线、大型圆的中心线或显著的直线段，这些都被视为确定尺寸起点的关键参照。平面图形的尺寸按其作用分为定形尺寸和定位尺寸。

定形尺寸是确定各部分形状大小的尺寸，如图 4-18 中直线的长度 40 和 100、圆的直径 $2 \times \phi 14$ 及半径 $R5$ 和 $R8$。

定位尺寸是确定图形各部分之间相对位置的尺寸，如图 4-18 中圆心的定位尺寸 70 和 25、5。

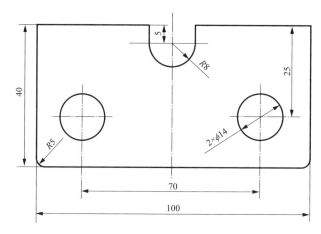

图 4-18　平面图形尺寸的分析

标注尺寸要求正确、完整、清晰。正确是指尺寸要按照国家标准的规定标注，尺寸数值不能写错或出现矛盾。完整是指尺寸要注写齐全，也就是不遗漏各组成部分的定形尺寸和定位尺寸；在一般情况下，不标注重复尺寸，即不标注按已标注的尺寸计算或作图所画出图线的尺寸。这样按照图上所注的尺寸，既能完整地画出这个图形，又没有多余的尺寸。清晰是指尺寸要安排在图形中明显的位置处，标注清楚，布局整齐。

二、基本体的标注方法

组合体是由基本体组成的，所以要掌握组合体的尺寸标注，必须首先掌握基本体的尺寸标注。

（1）基本体的尺寸标注。常见的基本体有棱柱、棱锥、棱台、圆柱、圆锥、圆台和球等。基本体的尺寸标注主要集中在其长、宽、高三个方向的关键尺寸。图 4-19 给出了一些基本体尺寸标注的典型案例。对于柱体和锥体，应注出确定底面形状的尺寸和高度尺寸。对于台和圆台，应注出确定底面和顶面形状的尺寸和锥台的高度尺寸。对于球体规定在标注球的直径之前加注字母 "S"，有些基本体在标注尺寸后可以减少投影的数量。例如球，只需一个投影和标注直径尺寸就可表达清楚。又例如圆柱、圆锥，在正面投影中标注了底面圆直径和高度尺寸，也只用一个投影表达即可。

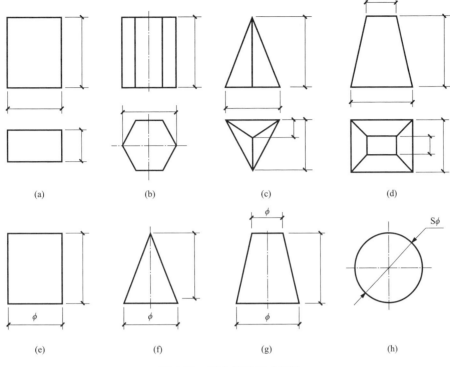

图 4-19　基本体的尺寸标注

（2）截切体和相贯体的尺寸标注。至于截切体，在标注基本体的定形尺寸基础上，还需特别标明用于确定截平面位置的具体定位尺寸。当截平面与立体的位置确定后，截交线随之确定，所以不需标出截交线的尺寸，如图 4-20(a)、（b）、（c）所示。

对于相贯体，首先标注两基本体的定形尺寸，然后标注两基本体间的定位尺寸，相贯线的尺寸不需标注，如图 4-20(d) 所示。

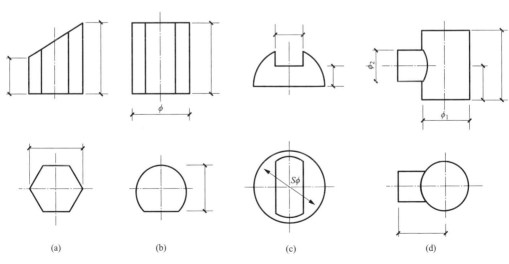

图 4-20　截切立体和相贯体的尺寸标注

三、组合体的标注方法

组合体的形状可以用一组视图表示，而组合体的大小则通过视图上标注的尺寸来确定。在生产中，视图上标注的尺寸是加工制造机件的重要依据，因此注写尺寸必须认真严谨。

1. 组合体尺寸标注的总要求

在标注组合体尺寸时，首要追求的是准确性、全面性和明确性。准确性体现在尺寸标注需严格遵循国家标准的各项规定；全面性则要求尺寸注写需完整无遗漏，确保每个关键部分都被准确标注；明确性则强调标注应清晰易读，避免混淆或歧义；清晰就是尺寸布置恰当、排列整齐、清楚，注写在最明显的地方，便于查找、阅读。

2. 常见底板的尺寸标注

常见底板的尺寸主要标注在反映底板特征的视图中，如图 4-21 所示。

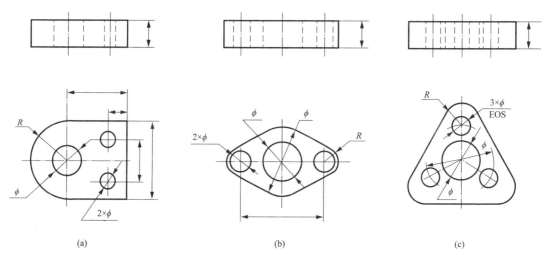

(a)　　　　　　　　　　(b)　　　　　　　　　　(c)

图 4-21　常见底板的尺寸标注

3. 组合体的尺寸标注

形体分析法是标注组合体尺寸的基本方法，通常可在形体分析的基础上，先确定这个组合体的长、宽、高三个方向的尺寸基准。接下来，逐个明确标注组成组合体的各基本形体的定形尺寸，以及它们之间的定位尺寸。最后，进行总体尺寸的标注，即包括总长、总宽和总高。在标注总体尺寸时，需要注意以下几点：如果在标注各基本形体的定位尺寸和定形尺寸时，已经间接包含了总体尺寸，且这些尺寸在图纸上已足够清晰，那么可以不必重复标注；若因标注总体尺寸而导致尺寸重复，应调整标注方式，去除冗余尺寸，或在相对次要的尺寸上添加括号，表明其作为参考尺寸，以确保图纸的整洁性和可读性。根据上述步骤，按照国家标准规定标注尺寸，就能做到不遗漏、不重复，从而达到正确、完整的要求。在标注尺寸时还应注意，要力求做到尺寸布置清楚、整齐，便于看图，同时达到标注清晰的要求。

下面以图 4-22（a）所示的轴承座为例，说明标注组合体尺寸的步骤和方法。

（1）标注组合体尺寸的步骤和方法。

1）形体分析。轴承座可看成由 4 个部分构成，如图 4-22（b）所示。

2）确定尺寸基准。尺寸基准就是标注尺寸的起点，三维的空间形体有长、宽、高三个

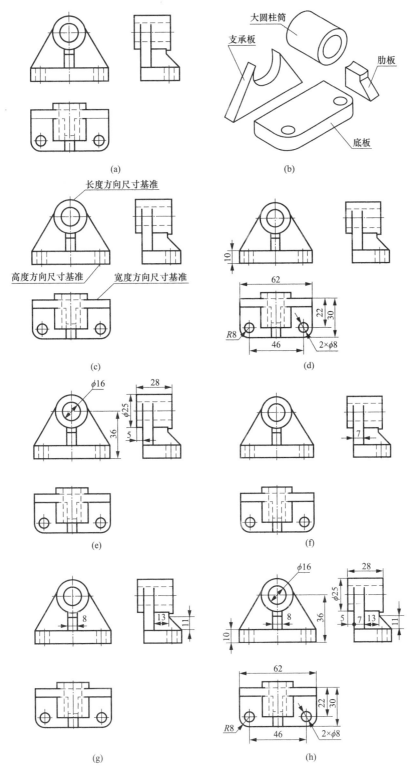

图 4-22 标注轴承座的尺寸

（a）题目；（b）形体分析；（c）确定尺寸基准；（d）标注底板尺寸；（e）标注大圆柱筒尺寸；

（f）标注支承板尺寸；（g）标注肋板尺寸；（h）调整后的全部尺寸

方向的尺寸基准。常采用组合体的底面、较大的端面、对称面或主要回转体的轴线作为尺寸基准。轴承座底板的底面为安装面，可作为高度方向的尺寸基准；轴承座左右对称，对称面可作为长度方向的尺寸基准；底板和支承板的后端面共面，且后端面是轴承座前后方向较大的一个平面，可作为宽度方向的尺寸基准，如图4-22(c) 所示。

3）标注定形尺寸和定位尺寸。用于明确各基本形体形状大小的尺寸被称为定形尺寸，它们提供了每个基本形体的具体尺寸信息。而定位尺寸则用于确定这些基本形体之间的相对位置，确保它们在空间中的准确布局。一个形体相对于其他形体或基准的位置应该由三个方向的定位尺寸确定，当形体之间在某一方向处于叠加、对称、共面等位置时，该方向的定位尺寸应省略。标注时可以先标注各基本形体之间的全部定位尺寸，再分别标注各基本形体的定形尺寸；也可以逐个标注各基本形体的定形尺寸、定位尺寸。本例采用后一种方式，如图4-22(d)～(g) 所示。

4）调整总体尺寸。组合体三个方向的总长、总宽、总高，称为总体尺寸。总体尺寸从整体上反映了组合体的大小，应尽量直接标注。轴承座的总长尺寸即为底板的长度尺寸62；由于轴承座顶部为圆柱面，故不直接标注总高尺寸，而应标注该圆柱面轴线至高度基准即底板底面的尺寸36；在宽度方向，考虑到制作的需要，直接注定位尺寸5和定形尺寸30较为合适，故也未注总宽尺寸。调整后的全部尺寸如图4-22(h) 所示。

5）检查。检查的重点是尺寸标注是否正确、完整，其次尽量兼顾到尺寸布置清晰的要求。

（2）标注尺寸在正确、完整的前提下应力求清晰。在保证尺寸完整、正确的前提下，还应该综合考虑尺寸在视图中的布置。只有布置清晰才能够便于阅读和查找。要使尺寸标注清晰，一般要注意以下几点：

1）标注尺寸时，应优先考虑在形体特征最为显著的视图上进行。例如，在图4-22 (h) 中，肋板的定形尺寸11和13在左视图上标注会更为突出。

2）同一形体的定位和定形尺寸应尽量集中标注。如图4-22(h) 中底板的尺寸除厚度尺寸外均标注在俯视图上。

3）对于回转体的直径尺寸，建议优先标注在投影非圆形的视图上，以提供更清晰的尺寸信息。而圆弧的半径尺寸则适宜标注在投影为圆形的视图上，以确保尺寸的准确性。例如在图4-22 (h) 中，大圆柱筒的外径$\phi25$标注在左视图上，而底板的圆角半径$R8$则标注在俯视图上。

4）尽量避免在虚线上注尺寸。如图4-22 (h) 中大圆柱筒孔径16标注主视图上，这样是为了避免在虚线上标注尺寸。

5）尺寸应尽量注在视图的外边及两个视图之间，保持图面清晰。

6）尺寸的布置应遵循整齐、有序的原则，避免分散和杂乱。当标注同一方向的多个尺寸时，建议按照尺寸大小进行排列，小尺寸置于内侧，大尺寸置于外侧，可以有效避免尺寸线和尺寸界线之间的交叉干扰，提高图纸的可读性。

7）尺寸要标注在靠近所要标注的部位。如图4-22 (h) 所标注的尺寸，基本都标注在靠近所要标注的部位。

第三节　规程、规范相关要求

为方便学习和查找，本节内容均摘自相关规范部分原文。

一、《房屋建筑制图统一标准》(GB/T 50001—2017)

4 图线

4.0.1 图线的基本线宽 b，宜按照图纸比例及图纸性质从 1.4、1.0、0.7、0.5mm 线宽系列中选取。每个图样，应根据复杂程度与比例大小，先选定基本线宽 b，再选用表 4.0.1 中相应的线宽组。

6 比例

6.0.1 图样的比例，应为图形与实物相对应的线性尺寸之比。

表 4.0.1	线 宽 组			mm
线宽比	线宽组			
b	1.4	1.0	0.7	0.5
$0.7b$	1.0	0.7	0.5	0.35
$0.5b$	0.7	0.5	0.35	0.25
$0.25b$	0.35	0.25	0.18	0.13

6.0.2 比例的符号应为 "："，比例应以阿拉伯数字表示。

6.0.3 比例宜注写在图名的右侧，字的基准线应取平；比例的字高宜比图名的字高小一号或二号（图 6.0.3）。

图 6.0.3 比例的注写

7.1 剖切符号

7.1.2 剖切符号标注的位置应符合下列规定：

(1) 建（构）筑物剖面图的剖切符号应注在 ±0.000 标高的平面图或首层平面图上；

(2) 局部剖切图（不含首层）、断面图的剖切符号应注在包含剖切部位的最下面一层的平面图上。

7.1.3 采用国际通用剖视表示方法时，剖面及断面的剖切符号应符合下列规定：

(1) 剖面剖切索引符号应由直径为 8～10mm 的圆和水平直径以及两条相互垂直且外切圆的线段组成，水平直径上方应为索引编号，下方应为图纸编号，详细规定见本标准图 7.1.3，线段与圆之间应填充黑色并形成箭头表示剖视方向，索引符号应位于剖线两端；断面及剖视详图剖切符号的索引符号应位于平面图外侧一端，另一端为剖视方向线，长度宜为 7～9mm，宽度宜为 2mm。

(2) 剖切线与符号线线宽应为 $0.25b$。

(3) 需要转折的剖切位置线应连续绘制。

(4) 剖号的编号宜由左至右、右下向上连续编排。

8 定位轴线

8.0.1 定位轴线应用 $0.25b$ 线宽的单点长画线绘制。

8.0.2 定位轴线应编号，编号应注写在轴线端部的圆内。圆应用 $0.25b$ 线宽的实线绘制，直径宜为 8～10mm。定位轴线圆的圆心应在定位轴线的延长线上或延长线的折线上。

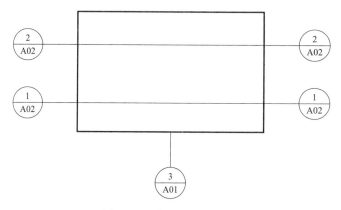

图 7.1.3　剖视的剖切符号

8.0.3 除较复杂需采用分区编号或圆形、折线形外，平面图上定位轴线的编号，宜标注在图样的下方及左侧，或在图样的四面标注。横向编号应用阿拉伯数字，从左至右顺序编写；竖向编号应用大写英文字母，从下至上顺序编写，如图 8.0.3 所示。

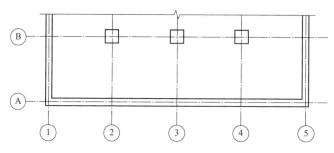

图 8.0.3　定位轴线的编号顺序

第五章　工程制图基础知识

第一节　建筑制图基本要求

工程图样是工程界的技术语言。为了便于技术交流，满足设计、施工、存档的需要，必须对图样的内容、格式、画法等作出统一规定，这就是制图标准。现行制图标准为住房和城乡建设部发布的《房屋建筑制图统一标准》（GB/T 50001—2017），在绘制建筑工程图样时，应遵照执行。

一、图纸幅面与格式

1. 图纸幅面与图框

图纸的幅面是指该图纸的物理尺寸大小，是确定图纸实际面积的基础。而图框则是界定在图纸上可用于绘图的具体区域边界，它限定了绘图内容的展示范围。图纸的面和图框尺寸应符合表 5-1 的规定。从表 5-1 中可以看出，A1 幅面是 A0 幅面的对裁，A2 幅面是 A1 幅面的对裁，其余类推。图纸短边不应加长，长边可以加长，但加长的尺寸必须符合国标《房屋建筑制图统一标准》（GB/T 50001—2017）的规定，见表 5-2。

表 5-1　　　　　　　　　　　　　　　**幅面及图框尺寸**　　　　　　　　　　　　　　　mm

尺寸代号	幅面代号				
	A0	A1	A2	A3	A4
$b \times l$	841×1189	594×841	420×594	297×420	210×297
c	10			5	
a	25				

表 5-2　　　　　　　　　　　　　　　**图纸长边加长尺寸**　　　　　　　　　　　　　　　mm

幅面代号	长边尺寸	长边加长后尺寸
A0	1189	1486、1783、2080、2378
A1	841	1051、1261、1471、1682、1892、2102
A2	594	743、891、1041、1189、1338、1486、1635、1783、1932、2080
A3	420	630、841、1051、1261、1471、1682、1892

注　有特殊需要的图纸，可采用 $b \times l$ 为 841mm×891mm 与 1189mm×1261mm 的幅面。

2. 标题栏与会签栏

图纸的标题栏，通常简称为图标，及其装订边的布局需严格遵循国家标准的规定。当标题栏设计为通栏时，它应位于图纸的下方或右侧。尤其当 A0 至 A1 尺寸的图纸横向使用，或 A0 至 A2 尺寸的图纸纵向使用时，标题栏应放置在图纸的右下角。

关于标题栏的具体格式，其设计在图纸幅面右侧时，宽度应为 40～70mm。在实际工程中，建议制图作业的标题栏采用标准格式和尺寸，其中外框线使用粗实线绘制，分格线则使用细实线，并置于图框线的右下角。

会签栏的尺寸应固定为 100mm×20mm。在此栏内，应明确填写会签人员所代表的专业、个人姓名以及签署日期等信息。对于无须会签的图纸，则可以省略设置会签栏。

二、图线

1. 线型与线宽

建筑工程图中的各类图线的线型、线宽和用途见表 5-3。

表 5-3 图 线

名称		线型	线宽	一般用途
实线	粗		b	螺栓、钢筋线、结构平面图中的单线结构构件线，钢木支撑及系杆线，图名下横线、剖切线
	中粗		$0.7b$	结构平面图及详图中剖到或可见的墙身轮廓线，基础轮廓线，钢、木结构轮廓线，钢筋线
	中		$0.5b$	结构平面图及详图中剖到或可见的墙身轮廓线，基础轮廓线，可见的钢筋混凝土构件轮廓线，钢筋线
	细		$0.25b$	标注引出线、标高符号线、索引符号线、尺寸线
虚线	粗		b	不可见的钢筋线、螺栓线、结构平面图中不可见的单线结构构件线及钢、木支撑线
	中粗		$0.7b$	结构平面图中的不可见构件、墙身轮廓及不可见钢、木结构构件线，不可见的钢筋线
	中		$0.5b$	结构平面图中的不可见构件、墙身轮廓及不可见钢、木结构构件线，不可见的钢筋线
	细		$0.25b$	基础平面图中的管沟轮廓线、不可见的钢筋混凝土构件轮廓线
单点长画线	粗		b	柱间支撑、垂直支撑、设备基础轴线图中的中心线
	细		$0.25b$	定位轴线、对称线、中心线、重心线
双点长画线	粗		b	预应力钢筋线
	细		$0.25b$	原有结构轮廓线
折断线			$0.25b$	断开界线
波浪线			$0.25b$	断开界线

表中的线宽 b，应根据图样的复杂程度与比例大小确定。常见的线宽 b（mm）值为 1.4、1.0、0.7、0.5。

2. 图线的画法

图幅内的图框和标题栏线可采用表 5-4 中的线宽。

表 5-4 图框和标题栏线的线宽 mm

幅面代号	图框线	标题栏线	
		外框线	分格线
A0、A1	b	0.5b	0.25b
A2、A3、A4	b	0.7b	0.35b

绘制图样时应注意以下几点：

（1）在同一张图纸上，若多个图样的比例相同，建议采用统一的线宽组合来保持一致性。

（2）为了确保图纸的清晰度和准确性，两条平行线之间的最小间隔距离应不小于 0.2mm。

（3）无论是虚线、单点长画线还是双点长画线，其线段长度和间距都应保持恒定，以确保图纸的规范性和可读性。

（4）图线交接的画法。

三、字体

在工程图样上，所有的文字、数字和符号都应确保笔画清晰、字体端正且排列整齐，同时标点符号的使用也应准确无误。汉字、数字、字母等字体的大小以字号来表示。字号就是字体的高度。图样中字体的大小应根据图纸幅面、比例等情况从国标规定表 5-5 中选用。对于字高超过 10mm 的文字，推荐使用 Truetype 字体（即全真字体）以保证清晰度。当需要书写更大字体时，其高度应按 $\sqrt{2}$ 的倍数递增，并且确保数值为毫米单位的整数，以保持图样的整体协调性和易读性。

表 5-5 文 字 的 字 高 mm

字体种类	汉字矢量字体	Truetype 字体及非汉字矢量字体
字高	3.5、5、7、10、14、20	3、4、6、8、10、14、20

1. 汉字

在工程图样及其说明中，对于汉字的使用，优先选择 Truetype 字体中的宋体字型，若采用矢量字体，则推荐使用长仿宋体字型。为确保图纸的整洁与一致，同一张图纸上的字体种类不应超过两种。长仿宋体的高宽比建议设置为 0.7，并需遵循表 5-6 的相关规定。在书写长仿宋字时，应注意横平竖直、起落分明、填满方格、结构匀称，以确保字体的清晰可读，如图 5-1 所示。

表 5-6 长 仿 宋 字 高 宽 关 系 mm

字高	20	14	10	7	5	3.5
字宽	14	10	7	5	3.5	2.5

2. 字母和数字

图样及说明中的字母、数字，宜优先采用 Truetype 字体中的 Roman 字型。在需要书写斜体字的情况下，斜度应设定为从文字底线出发，逆时针方向倾斜75°。斜体字的尺寸，即高度和宽度，应与同等的直体字保持一致。此外，字母和数字的字高至少应达到 2.5mm，以确保清晰可读。各种字母和数字的示例如图 5-2 所示。

图 5-1　长仿宋字示例

图 5-2　字母和数字示例
（a）拉丁字母；（b）罗马字母；（c）阿拉伯数字

四、比例

图样中的比例是指图纸上的图形与实际物体之间线性尺寸的比例关系。在选择绘图比例时，应综合考虑图样的具体用途和所绘对象的复杂程度，并参照表 5-7 中的推荐比例进行选取。在可行的情况下，应优先采用表中列出的常用比例。

表 5-7　　　　　　　　　　　　　　绘 图 所 用 的 比 例

常用比例	1∶1、1∶2、1∶5、1∶10、1∶20、1∶30、1∶50、1∶100、1∶150、1∶200、1∶500、1∶1000、1∶2000
可用比例	1∶3、1∶4、1∶6、1∶15、1∶25、1∶40、1∶60、1∶80、1∶250、1∶300、1∶400、1∶600、1∶500、1∶10000、1∶20000、1∶50000、1∶100000、1∶200000

比例宜注写在图名的右侧，字的底线应取平，比例的字高应比图名的字高小一号或二号，如图 5-3 所示。

图 5-3　比例的注写

五、尺寸标注

尺寸是图样的重要组成部分，是施工的依据。因此，标注尺寸必须做到认真细致、注写清楚、完整正确。图上所注的尺寸数值是形体的真实大小，与画图所用比例无关。除标高和总平面图使用米（m）作为单位外，其余所有图纸尺寸均采用毫米（mm）为单位，无须在图中额外标注单位。本书正文和习题集中的数字，如没有特别注明，也按上述规定。

1. 尺寸的组成

尺寸通常由四个基本元素组成：尺寸线、尺寸界线、尺寸起止符号和尺寸数字，如图 5-4（a）

所示。

（1）尺寸界线以细实线绘制，通常与被标注的边缘垂直。一端与图样轮廓线保持不小于2mm 的间距，另一端则超出尺寸线 2～3mm。在特定情况下，轮廓线、轴线和中心线也可以直接用作尺寸界线，如图 5-4（b）所示。

（2）尺寸线同样使用细实线绘制，其方向与被标注的边缘平行。尺寸线的两端通常与尺寸界线相交，但也可略微超出尺寸界线 2～3mm。需要注意的是，图样中的其他图线不得作为尺寸线使用。

（3）尺寸起止符号一般采用中粗斜短划绘制，其倾斜角度与尺寸界线呈顺时针 45°。该符号的长度通常为 2～3mm。对于半径、直径、角度和弧长的尺寸标注，起止符号更推荐使用箭头表示，箭头的绘制方法如图 5-4（c）所示。

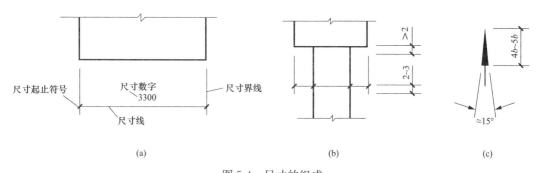

图 5-4 尺寸的组成

（a）尺寸的组成；（b）与被注边的距离；（c）箭头的画法

（4）尺寸数字应尽量标注在尺寸线中部。其注写方向见表 5-8。

2. 尺寸的排列与布置

（1）尺寸标注应优先选择在图样轮廓线外部，以避免与图线、文字及符号等相交，保证图纸清晰可读，如图 5-5（a）所示。

（2）图线不应直接穿过尺寸数字，以确保数字的清晰显示。若确实无法避免，应将图线在尺寸数字处断开，如图 5-5（b）所示。

（3）当需要平行排列尺寸线时，应从被标注的图样轮廓线开始，由近及远整齐地排列，并确保小尺寸在内侧，大尺寸在外侧。其中，离轮廓线最近的小尺寸与轮廓线之间的距离应不小于 10mm。同时，平行排列的尺寸线之间的间距建议为 7～10mm，并保持一致性，以提高图纸的整体美观和可读性，如图 5-6 所示。

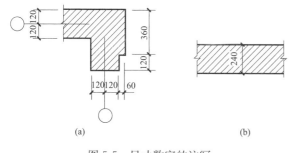

图 5-5 尺寸数字的注写

（a）注写在轮廓线外；（b）断开图线注写

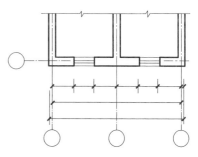

图 5-6 尺寸的排列

3. 尺寸的注法

尺寸标注的其他规定，可参阅表 5-8 中的示例。

表 5-8　　　　　　　　　　　尺　寸　注　法　示　例

项目	注法示例	说明
尺寸数字	(a)　　　(b)	线性尺寸的注写方向如图（a）所示，尽量避免在画有阴影线的 30° 范围内标注尺寸，必要时按图（b）所示形式标注
尺寸数字的注写位置	60　460　90　50　50　50　50　30　150　50	尺寸数字应根据其读数方向注写在靠近尺寸线的上方中部。如没有足够的注写位置。最外边的尺寸数字可注写在尺寸界线的外边，中间相邻的尺寸数字可错开注写，也可引出注写
圆弧的尺寸注法	R7　R5　R4　R2 (a)　R150 (b)	标注半圆或小于半圆的圆弧应标注半径。注在反映圆弧的投影上。尺寸线一端从圆心开始。另一端画箭头指向圆弧，半径尺寸数字前加注符号"R"。标注形式如图（a）所示。半径较大的圆弧可按图（b）的形式标注
圆的尺寸注法	$\phi60$　$\phi32$　$\phi30$　$\phi16$　$\phi16$　$\phi16$　$\phi4$　$\phi60$	圆及大于半圆的圆弧应标注直径，直径尺寸线应通过圆心，两端指到圆弧。直径数字前加注符号"ϕ"，其注写形式如左图所示
球的尺寸注法	$S\phi20$　$SR10$	标注球的直径或半径尺寸时，应在尺寸数字前加注"$S\phi$"或"SR"

续表

项目	注法示例	说明
角度、弧度与弦长的尺寸注法	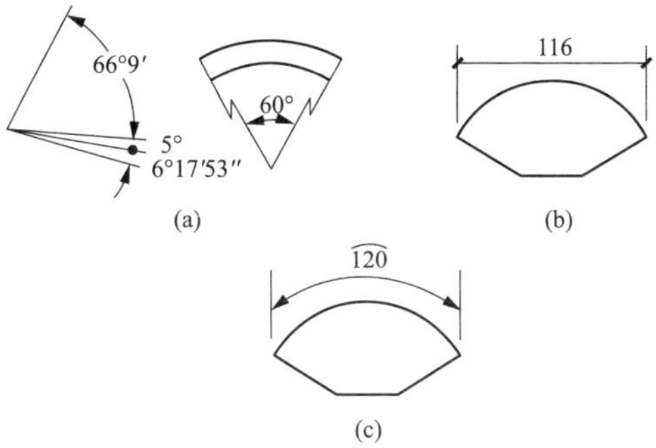	角度的尺寸线是以角顶为圆心的圆弧，角度数字一般水平书写在尺寸线之外。如图（a）所示。标注弦长或弧长时，尺寸界线应垂直于该圆弧的弦。弦长的尺寸线平行于该弦。弧长的尺寸线是该弧的同心圆，尺寸数字上加注符号"⌒"，如图（b）、(c) 所示
坡度的注法	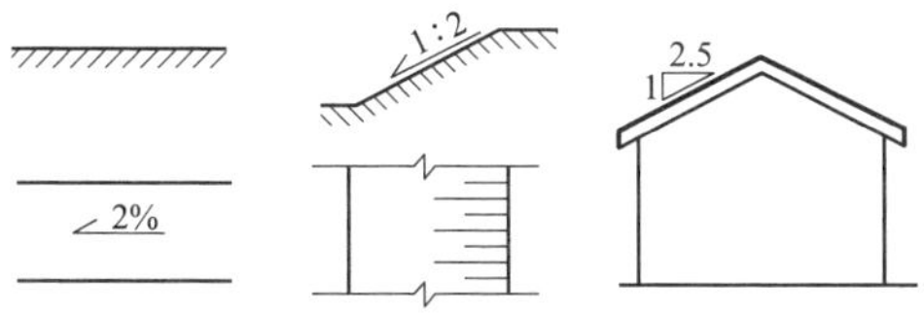	在坡度数字下应加注坡度符号，坡度符号的箭头一般应指向下坡方向，标注形式如示例所示
等长尺寸简化注法	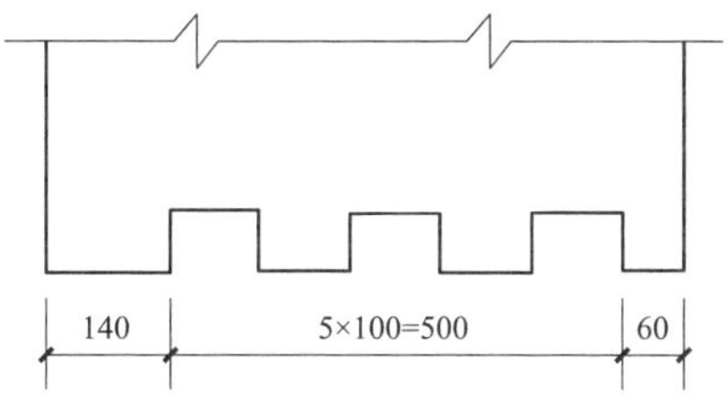	连续排列的等长尺寸，可用"个数×等长＝总长"的形式标注
薄板厚度注法	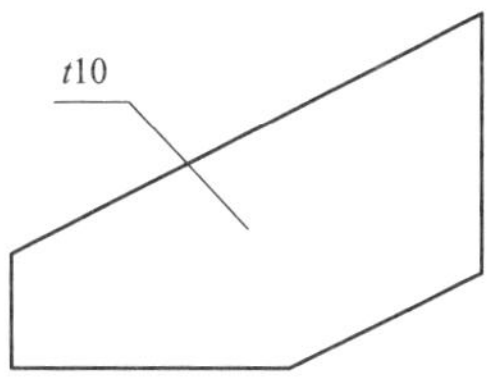	在厚度数字前加注符号"t"
杆件尺寸注法	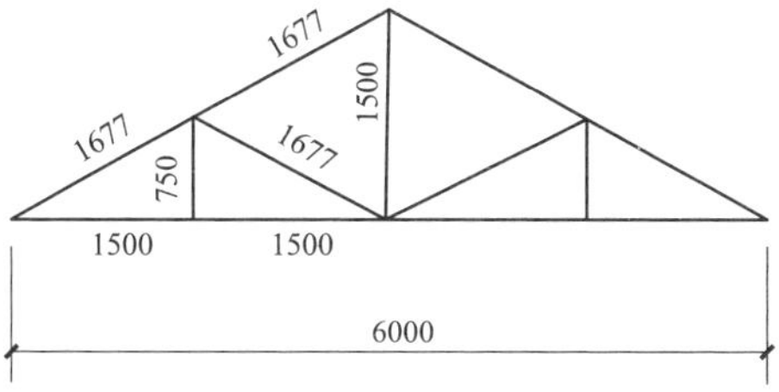	杆件的长度在单线图上，可直接标注，尺寸沿杆件的一侧注写

六、常用材料图例

为了作图便利，建筑图纸中常采用各种图例来标示所使用的建筑材料，表5-9列出了建筑工程图中常见的材料图例。

表 5-9　　　　　　　　　　　　常 用 建 筑 材 料 图 例

材料名称	图例	说明
自然土壤		包括各种自然土壤
夯实土壤		靠近轮廓线点较密
砂、灰土		
砂砾石、碎砖三合土		
石材		
实心砖、多孔砖		包括普通砖、多孔砖、混凝土砖等砌体
混凝土		1. 包括各种强度等级、骨料、添加剂的混凝土。 2. 在剖面图上画出钢筋时，不画图例线。 3. 断面较小，不易画出图例线时，可涂黑
钢筋混凝土		
多孔材料		包括水泥珍珠岩、沥青珍珠岩、泡沫混凝土、软木蛭石制品等
木材		1. 上图为横断面，左上图为垫木、木砖、木龙骨。 2. 下图为纵断面
金属		1. 包括各种金属。 2. 图形较小时，可涂黑

第二节　平、立、剖面图

一、建筑平面图

1. 建筑平面图的形成

建筑平面图是通过一个假设的水平切割面，在略高于窗台的位置对建筑进行切割，然后移去切割面以上的部分，将剩余部分向下投影得到的水平视图，这种视图通常被简称为平面图。它实际上展示了房屋各层的水平截面情况。一般而言，建筑的每一层都需要绘制相应的平面图，并在图纸下方注明相应的图层名称、比例尺等信息。沿房屋底层窗洞口剖切所得到的平面图称为底层平面图（或首层平面图），最上面一层的平面图称为顶层平面图，若中间各层平面布置相同，可只画一个平面图表示，称为标准层平面图。

除了上述的平面图之外，还有屋面平面图，这是通过从房屋的顶部向下进行投影，以捕捉屋顶外形的轮廓，从而得到的一种水平投影图。一般可适当缩小比例绘制。

2. 建筑平面图的用途

建筑平面图详细展现了房屋的平面布局、尺寸以及房间的具体安排，包括墙体的位置、其厚度与建筑材料选择，还有门窗的种类与布局等信息。这些平面图对于施工过程中的放线、墙体砌筑、门窗安装、室内装修以及预算编制等关键环节，均起着至关重要的参考和指导作用。

3. 建筑平面图的图示内容

（1）承重和非承重墙、柱（壁柱），轴线和轴线编号；内外门窗位置和编号；门的开启方向，注明房间名称或编号。

（2）柱距（开间）、跨度（进深）尺寸、墙身厚度、柱（壁柱）宽、深和与轴线关系尺寸。

（3）轴线间尺寸、门窗洞口尺寸、分段尺寸、外包总尺寸。

（4）变形缝位置尺寸。

（5）卫生器具、水池、台、橱、柜、隔断等位置。

（6）电梯（并注明规格）、楼梯位置和楼梯上下方向示意及主要尺寸。

（7）平面图还需详细标明地下室、地沟、地坑的位置与尺寸，以及必要的机座、各种平台、夹层、人孔、墙上预留洞和关键设备的位置、尺寸与标高等信息。

（8）平面图同样应包含阳台、雨篷、台阶、坡道、散水、明沟、通风道、垃圾道、消防梯等的位置及详细尺寸。

（9）室内外地面标高、楼层标高（底层地面为±0.000）。

（10）剖切线及编号（一般只注在底层平面）。

（11）有关平面节点详图或详图索引号。

（12）指北针（画在底层平面）。

（13）平面图尺寸和轴线，如系对称平面可省略重复部分的分尺寸；楼层平面除开间、跨度等主要尺寸及轴线编号外，与底层相同的尺寸可省略；楼层标准层可共用一平面，但需注明层次范围及标高。

（14）根据工程性质及复杂程度，应绘制复杂部分的局部放大平面图。

（15）建筑平面较长、较大时，可分区绘制，但须在各分区底层平面上绘出组合示意图并明显表示出分区编号。

（16）屋面平面图则侧重于展示墙、檐口、天沟的具体布局，包括坡度、坡向、雨水口、屋脊（分水线）的详细设计，变形缝的位置，水箱间的布局，以及屋面上人孔、消防梯和其他相关构筑物的位置，并附上相应的详图索引号。

4. 建筑平面图的图示方法

（1）图线的宽度 b，应根据图样的复杂程度和比例，并按《房屋建筑制图统一标准》的有关规定选用，如图 5-7 所示。凡是被剖切到的墙或柱断面轮廓线用粗实线表示；没有剖到的可见轮廓线，如墙身、窗台、梯段等用中实线（或细实线）表示；尺寸线、尺寸界线、引出线等用细实线表示；轴线用细单点长画线表示。绘制较简单的图样时，可采用两种线宽的线宽组，其线宽比宜为 $b:0.25b$。

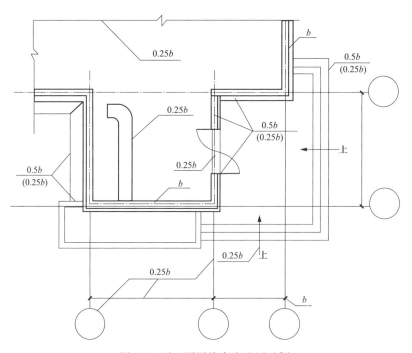

图 5-7　平面图图线宽度选用示例

（2）平面图的绘制比例常采用 1:50、1:100、1:150、1:200。若比例大于 1:50 时，应画出抹灰层的面层线，并宜画出材料图例；若比例等于 1:50 时，抹灰层的面层线应根据需要确定；若比例为 1:100～1:200 时，抹灰层面层线可不画，而断面材料图例可用简化画法（如墙体涂红、钢筋混凝土涂黑等）；若比例小于 1:200 可不画材料图例。

（3）为保持图纸的一致性和可读性，平面图的方向最好与总平面图保持一致。同时，平面图的长边通常应与横式幅面图纸的长边对齐。

（4）当需要在同一张图纸上绘制多层平面图时，建议按照从低层到高层的顺序，从左至右或从下至上进行布局，以确保图纸的清晰和逻辑顺序。

（5）顶棚平面图适宜采用镜像投影法绘制，以更直观地展现顶棚的结构和布局。而其他各种平面图则应遵循正投影法绘制，确保尺寸和形状的准确性。

（6）在建筑物平面图中，应明确标注房间的名称或编号。编号建议置于直径为 6mm 的细实线圆圈内，并在同一张图纸上列出相应的房间名称表，便于查阅和识别。

（7）对于平面较大的建筑物，为便于管理和理解，可以分区绘制平面图。但每张分区平面图都应附带组合示意图，以显示整体布局。各区应用大写拉丁字母进行编号，并在组合示意图中通过阴影线或填充的方式来突出显示需要特别关注的区域。

（8）室内立面图的内视符号，如图5-8所示，应注明在平面图上的视点位置、方向及立面编号（图5-9、图5-10）。符号中的圆应用细实线绘制，可根据图面比例圆圈直径选择8～12mm。立面编号宜用拉丁字母或阿拉伯数字。

单面内视符号　　　双面内视符号　　　四面内视符号　　带索引的单面内视符号　　带索引的四面内视符号

图5-8　内视符号

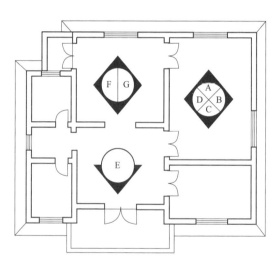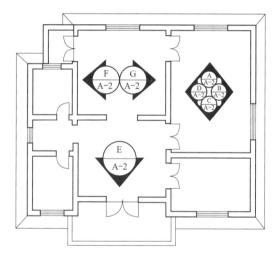

图5-9　平面图上内视符号应用示例　　　　图5-10　平面图上内视符号（带索引）应用示例

二、建筑立面图

1. 建筑立面图的形成

在与房屋立面平行的投影面上所作出的房屋正投影图，称为建筑立面图，简称立面图。

立面图有三种命名方式：

（1）按房屋的朝向来命名，如南立面图、北立面图、东立面图、西立面图。

（2）按立面图中首尾轴线编号来命名，如①～⑩立面图、⑩～①立面图、Ⓐ～Ⓑ立面图、Ⓑ～Ⓐ立面图。

（3）按房屋立面的主次来命名，如正立面图、背立面图、左侧立面图、右侧立面图。

2. 建筑立面图的用途

建筑立面图着重展现了房屋的外观、各个组成部件的形状及其相互间的联系，同时也包含了立面装修的具体处理方式，是施工过程中不可或缺的重要图纸。

3. 建筑立面图的图示内容

（1）在平面图中，需要明确标注建筑物两端的轴线编号，以便于后续施工和设计的定位。

（2）平面图应详细反映女儿墙墙顶、檐口、柱、变形缝、室外楼梯和消防梯、阳台、栏杆、台阶、坡道花台、雨篷、线条、烟囱、勒脚等建筑元素的位置和形状。对于外墙的留洞，应注明其尺寸（宽度×高度×深度）和标高，以及与其他元素之间的关系尺寸。

（3）若平面图上无法直接表示窗的编号，这些编号应在立面图中进行标注。同样，如果平、剖面图未能明确展示屋顶、檐口、女儿墙、窗台等处的标高或高度，这些详细信息也应在立面图中分别注明。

（4）为了确保施工和设计的准确性，平面图应包含指向各部分构造、装饰节点的详图索引，以便于查找和参考。用文字说明外墙各部位所用面材及色彩。以上所列内容，可根据具体工程项目的实际情况进行取舍。

4. 建筑立面图的图示方法

（1）图线的宽度 b，应根据图样的复杂程度和比例，并按《房屋建筑制图统一标准》的有关规定选用。立面图在绘制时，采用多种线型。一般立面图的屋脊线和外墙最外轮线用粗实线表示；门窗洞口、檐口、雨篷、阳台、台阶、花池等用中实线表示；门窗扇、栏杆、花格、雨水管、墙面分格线等均用细实线表示，室外地坪线用加粗实线表示。

（2）立面图的绘制比例同平面图一样，常采用 1∶50、1∶100、1∶150、1∶200。

（3）所有立面图应遵循正投影法来绘制，确保准确反映建筑的实际外观。

（4）建筑立面图应详细展示投影方向上可见的外轮廓线、墙面线脚、各种构配件、墙面装饰细节，以及必要的尺寸和标高信息。

（5）室内立面图应清晰描绘出投影方向可见的室内轮廓线、装修构造、门窗、构配件、墙面处理手法、固定家具和灯具等。对于非固定家具、灯具和装饰物件，根据表达需要适当展示。顶棚轮廓线可根据需要仅展示吊平顶部分或同时展示吊平顶与结构顶棚。

（6）对于平面形状复杂的建筑物，可采用展开立面图或室内立面图的方式展示，以便更好地表达细节。对于圆形或多边形平面的建筑物，分段展开绘制立面图和室内立面图时，应在图名后注明"展开"。

（7）对于简单的对称式建筑物或对称的构配件，在不影响构造处理和施工的前提下，立面图可绘制一半，并在对称轴线处添加对称符号。

（8）在建筑物立面图上，对于相同的门窗、阳台、外檐装修和构造做法等，可以在局部进行重点表示，并绘制完整的图形，其余部分可简化为轮廓线。

（9）在立面图上，外墙表面的分格线应清晰表示，并附上各部位所用面材和色彩的文字说明。

（10）对于有定位轴线的建筑物，立面图的名称应根据两端定位轴线号进行编注。对于无定位轴线的建筑物，可按平面图中各面的朝向确定名称。

（11）建筑物室内立面图的名称，应根据平面图中内视符号的编号或字母来确定，以确保图纸之间的连贯性和一致性。

为了提高图纸的清晰度和可读性，建议将相邻的立面图或剖面图绘制在同一水平线上。此外，图中相互关联的尺寸和标高信息也应尽量标注在同一竖线上，如图 5-11 所示。

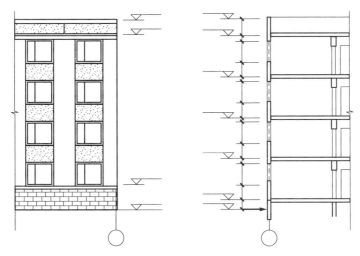

图 5-11　相邻立面图、剖面图的位置关系

三、建筑剖面图

1. 建筑剖面图的形成

设想用一个或多个与外墙轴线垂直的铅垂剖切平面来切割建筑物，并移除那些靠近观察者的部分后，对保留下的部分进行正投影绘图，所得到的图纸即为建筑剖面图，通常简称为剖面图。建筑剖面图有横剖面图和纵剖面图。

横剖面图：沿房屋宽度方向垂直剖切所得到的剖面图。

纵剖面图：沿房屋长度方向垂直剖切所得到的剖面图。

2. 建筑剖面图的用途

建筑剖面图详细展示了房屋在垂直方向上的高度、层次划分、楼地面和屋顶的构造细节，以及各组成部分在垂直面上的相互关联。作为建筑施工图的关键组成部分，它与平面图、立面图相辅相成，为施工提供了重要的参考依据和指导。

3. 建筑剖面图的图示内容

（1）在图中，应清晰表示出墙、柱的位置以及轴线和其对应的编号。

（2）图纸上需展现从室外地面到各层楼面、地坑、地沟、各层楼板、吊顶、屋面、檐口、女儿墙、门窗、台阶、坡道、散水、阳台、雨篷、洞口、墙裙及其他可见装修的详细布局。

（3）关于高度尺寸，应注明门窗和洞口的高度，以及各层之间的层高和建筑的总高度（从室外地面到檐口或女儿墙顶）。在某些情况下，后两部分的高度尺寸可以省略。

（4）在图纸上，应明确标注底层地面的标高（通常设为±0.000），以及各层楼面、楼梯、平台的标高。同时，门窗洞口的标高，屋面板、屋面檐口、女儿墙顶、高出屋面的水箱间、楼梯间、机房顶部的标高，以及室外地面的标高也应被清晰标出。对于底层以下的地下各层，同样需要标注其标高。

（5）图纸中还应包含指向节点构造详图的索引符号，以便于查阅相关细节。

以上所列内容，可根据具体工程项目的实际情况进行取舍。

4. 建筑剖面图的图示方法

（1）图线的宽度 b 选择需依据图样的复杂程度和绘图比例，并遵循《房屋建筑制图统一标准》的相关规定。在剖面图中，剖切到的墙身、楼板、屋面板、楼梯段和楼梯平台等关键轮廓线应用粗实线描绘，而未剖切到的可见轮廓线如门窗洞、楼梯段、楼梯扶手和内外墙轮廓线则用中实线（或细实线）表示。门窗扇及其分格线等细节用细实线表示，室外地坪线则用加粗实线以突出其重要性。对于较为简单的图样，可采用两种线宽比（$b : 0.25b$）的线宽组合（图 5-12）。

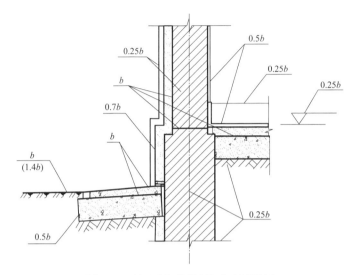

图 5-12　墙身剖面图图线度选用示例

（2）剖面图的绘制比例与平面图、立面图保持一致，通常选择 $1 : 50$、$1 : 100$、$1 : 150$、$1 : 200$ 等比例尺。当比例大于 $1 : 50$ 时，应详细绘制抹灰层、保温隔热层等与楼地面、屋面的面层线，并附上相应的材料图例。若比例等于 $1 : 50$，剖面图应画出楼地面、屋面的面层线，保温隔热层也应画出，而抹灰层的面层线则根据实际需求确定。比例小于 $1 : 50$ 时，可省略抹灰层，但应保留楼地面、屋面的面层线。对于 $1 : 100$ 至 $1 : 200$ 的比例尺，宜画出楼地面、屋面的面层线，同时断面可用简化的材料图例表示。当比例小于 $1 : 200$ 时，楼地面、屋面的面层线及材料图例均可省略。

（3）剖面图的剖切位置需根据图纸的用途和设计深度来选择，确保能够全面反映建筑构造的特征和代表性。

（4）各种剖面图需遵循正投影法绘制，确保投影的准确性和清晰度。

（5）建筑剖面图应包含剖切面和投影方向可见的所有建筑构造、构配件，以及必要的尺寸和标高信息。剖切符号可采用阿拉伯数字、罗马数字或拉丁字母进行编号。

（6）在绘制室内立面图时，应适当展示相应部位的墙体、楼地面的剖切面。对于占用空间较大的设备管线、灯具等，如有必要，也应在图纸上画出其剖切面。这样有助于更全面地展现室内空间的构造和布局。

第三节　规程、规范相关要求

为方便学习和查找，本节内容均摘自相关规范部分原文。

《CAD 工程制图规则》（GB/T 18229—2000）部分原文：

4.1.1 在 CAD 工程制图中所用到的有装订边或无装订边的图纸幅面形式见图 1。基本尺寸见表1。

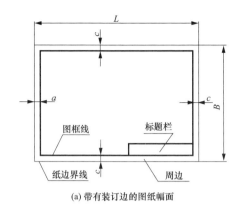 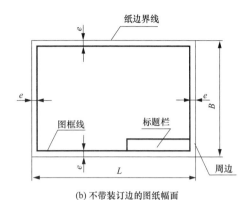

(a) 带有装订边的图纸幅面　　　　　　　　　　(b) 不带装订边的图纸幅面

图1　图纸幅面形式

表 1　　　　　　　　　　　　**基　本　尺　寸**　　　　　　　　　　　　　mm

幅面代号	A0	A1	A2	A3	A4
$B \times L$	841×1189	594×841	420×594	297×420	210×297
e	20			10	
c	10			5	
a			25		

注　在CAD绘图中对图纸有加长加宽要求时，应按基本幅面的短边（B）成整数倍增加。

4.1.2 CAD工程图中可根据需要，设置方向符号见图2、剪切符号见图3、米制参考分度见图4，对中符号见图5。

4.1.3 对图形复杂的CAD装配图一般应设置图幅分区，其形式见图5。

4.2.1 在CAD工程图中需要按比例绘制图形时，按表2中规定的系列选用适当的比例。

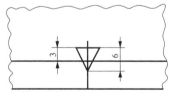

图2　设置方向符号

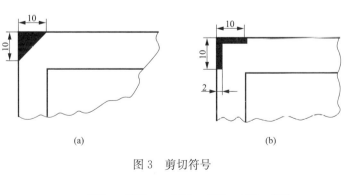

(a)　　　　　　　　　　(b)

图3　剪切符号

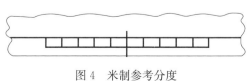

图4　米制参考分度

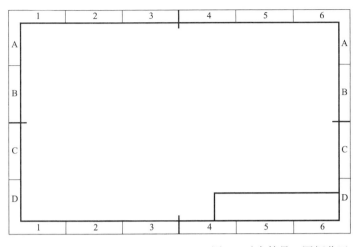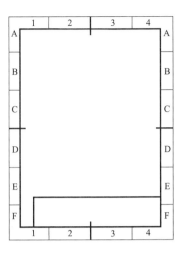

图5　对中符号、图幅分区

表2　　　　　　　　　　　　　　绘 图 系 列 比 例

种类	比例		
原值比例	1：1		
放大比例	5：1	2：1	
	$5 \times 10^n：1$	$2 \times 10^n：1$	$1 \times 10^n：1$
缩小比例	1：2	1：5	1：10
	$1：2 \times 10^n$	$1：5 \times 10^n$	$1：10 \times 10^n$

注　n 为正整数。

4.2.2 必要时，也运行选取表3中的比例。

4.3.1 CAD工程图的字体与图纸幅面之间的大小关系参见表4。

表3　　　　　　　　　　　　　　图　幅　比　例

种类	比例				
放大比例	4：1	2.5：1	—	—	—
	$4 \times 10^n：1$	$2.5 \times 10^n：1$	—	—	—
缩小比例	1：1.5	1：2.5	1：3	1：4	1：6
	$1：1.5 \times 10^n$	$1：2.5 \times 10^n$	$1：3 \times 10^n$	$1：4 \times 10^n$	$1：6 \times 10^n$

注　n 为正整数。

表4　　　　　　　　CAD工程图字体与图纸幅图之间大小关系

字体 \ 图幅	A0	A1	A2	A3	A4
字母数字	3.5				
汉 字	5				

4.3.2 CAD工程图中字体的最小字（词）距、行距以及间隔线或基准线与书写字体之间

的最小距离见表5。

表5 最 小 距 离

字体	最小行距	
汉字	字距	1.5
	行距	2
	间隔线或基准线与汉字的间距	1
镰丁字母、阿拉伯数字 希腊字母、罗马数字	字符	0.5
	词句	1.5
	行距	1
	间隔线或基准线与字母、数字的间距	1

注 当汉字与字母、数字混合使用时，字体的最小字距、行距等应根据汉字的规则使用。

4.3.3 CAD工程图中的字体选用范围见表6。

表6 字 体 选 用 范 围

汉字字形	国家标准号	字体文件号	应用范围
长仿宋体	GB/T 13362.4～13362.5—1992	HZCF. *	图中标注及说明的汉字、标题栏、明细栏等
单线宋体	GB/T 13844—1992	HZDX. *	大标题、小标题、图册封面、目录清单、标题栏中设计单位名称、图样名称、工程名称、地形图等
宋体	GB/T 13845—1992	HZST. *	
仿宋字	GB/T 13846—1992	HZFS. *	
楷体	GB/T 13847—1992	HZKT. *	
黑体	GB/T 13848—1992	HZHT. *	

4.4.1 CAD工程图中的基本线型见表7。

表7 基 本 线 型

代码	基本线型	名称
01		实线
02		虚线
03		间隔画线
04		单点长画线
05		双点长画线
06		三点长画线
07		点线
08		长画短画线

续表

代码	基本线型	名称
09		长画双点画线
10		点画线
11		单点双画线
12		双点画线
13		双点双画线
14		三点画线
15		三点双画线

4.4.2 基本线型的变形见表8。

表8   **基 本 线 型 的 变 形**

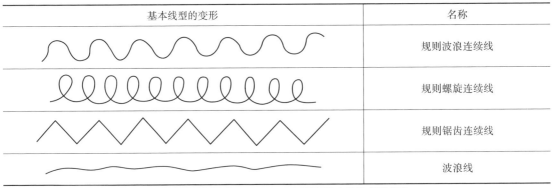

基本线型的变形	名称
	规则波浪连续线
	规则螺旋连续线
	规则锯齿连续线
	波浪线

注   本表仅包括表7中No.01基本线型的类型，No.02～15可用同样方法的变形表示。

4.4.3 基本图线的颜色

屏幕上的图线一般应按表9中提供的颜色显示，相同类型的图线应采用同样的颜色。

表9   **图 线 类 型 及 颜 色**

图线类型		屏幕上的颜色
粗实线		白色
细实线		绿色
波浪线		
双折线		
虚线		黄色
细点画线		红色

续表

图线类型		屏幕上的颜色
粗点画线	——————·—————·—————·—————·—————·	棕色
双点画线	——————··——————··——————··——————··	粉红色

4.5 剖面符号

CAD 工程图中剖切面的剖面区域的表示见表 10。

表 10　　　　　　　　　　剖切面的剖面区域表示

剖面区域的式样	名称	剖面区域的式样	名称
	金属材料/普通砖		非金属材料（除普通砖外）
	固体材料		混凝土
	液体材料		木质件
	气体材料		透明材料

4.6.1 每张 CAD 工程图均应配置标题栏，并应配置在图框的右下角。

4.6.2 标题栏一般由更改区、签字区、其他区、名称及代号区组成，见图 6。CAD 工程图中标题栏的格式见图 7。

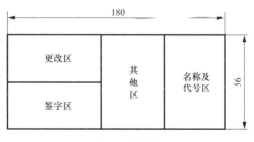

图 6　标题栏

4.7 明细栏

CAD 工程图中的明细栏应遵守 GB/T 10609.2 中的有关规定，CAD 工程图中的装配图上一般应配置明细栏。

4.7.1 明细栏一般配置在装配图中标题栏的上方，按由下而上的顺序填写，见图 8。

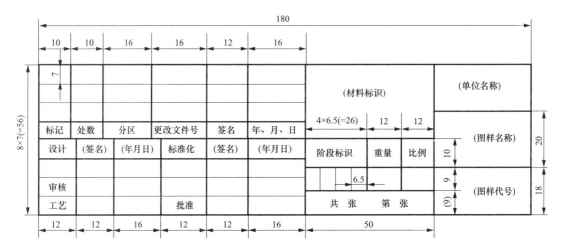

图 7　CAD 工程图中标题栏格式

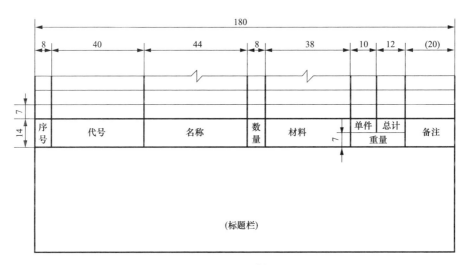

图 8　明细栏

4.7.2 装配图中不能在标题栏的上方配置明细栏时，可作为装配图的续页按 A4 幅面单独绘出，其顺序应是由上而下延伸。

第六章　工程力学基础知识

第一节　力的基本概念

一、力和受力图

1. 力

力是物体之间相互的机械作用。这种作用的效应是：改变物体的运动状态（称为力的外效应，也称力的运动效应），使物体变形（称为力的内效应，也称力的变形效应）。力作用的部位和方向决定受力物体的变形形状和运动状态改变的方向，力的大小对应着变形的大小和运动状态改变的强弱。

在分析力的运动效应时，可以不考虑物体的变形，将实际变形的物体抽象为受力而不变形的物体——**刚体**。

由经验知道，物体受力后会产生两种效果，即运动状态的改变和形体的改变前者称为力的外效应，后者称为内效应。

2. 集中力、分布力

力作用在物体的一定部位、一定范围，并且有一定的方向和大小。在研究力的外效应时，常把力抽象为作用在一个点上，并用矢量表示力的方向和大小。这种将起点或终点置于一点上的力矢量，是力的一种模型，称为集中力。通过集中力的作用点沿力方位的直线，称为力的作用线。在刚体上，无论力的作用点在作用线的什么位置，力对刚体的效应都是相同的，因此常强调力的作用线。

力在一定范围内连续分布，用力的分布集度矢量表示力的作用，这类力的模型称为分布力。分布力集度矢量的方向与作用在该处微小范围的集中力矢量 ΔF 的方向相同。

3. 力的三要素和量化

研究力的作用效应，需要将力量化，即需要引入一个物理量米表达力对物体的作用效果。实践证明，力对物体的作用效果不仅取决于力的大小，而且还与力的方向和作用点有关，通常将力的大小、方向、作用点称为力的三要素。由数学知识知道，具有大小和方向的量是矢量，所以需要用一个矢量来表达一个力。力的图示方法为：用按一定比例画成的有向线段表示力的大小，箭头表示力的方向，有向线段的起点或终点表示力的作用点。力的数学符号一般用一个上方带箭头的大写英文字母（如 $\vec{F}$、$\vec{R}$ 等）或者是大写的粗斜体字母（如 $\boldsymbol{F}$、$\boldsymbol{R}$ 等）表示。

二、力的单位与力系

1. 力的单位

力的标准单位是牛（顿），符号为 N，常用单位还有 kN（千牛）。换算关系为：$1\text{kN}=1000\text{N}$。

力沿线的集度 q 称为力的线集度，单位是 kN/m［图 6-1（a）］。

$$q = \frac{\Delta F}{\Delta l}$$

力在面上的集度户称为力的面集度，单位是 kN/m² ［图 6-1（b）］。

$$p = \frac{\Delta F}{\Delta A}$$

其中，微小线段 Δl 无限趋近于零；微小面积 ΔA 无限趋近于零。

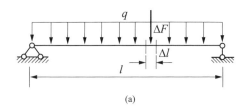 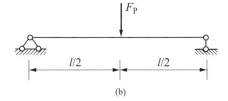

图 6-1　分布力与集中力
（a）分布荷载；（b）集中荷载

工程实际中往往用 kg（千克或公斤）等单位来度量力的大小，换算关系为：1kg ＝ 9.8N。

2. 力系

作用于物体上相互联系的一群力称为力系。根据力系中各力作用线的位置关系，力系可分为平面力系（力的作用线共面）、空间力系（力的作用线不共面），平行力系（各力作用线相互平行）、汇交力系（各力作用线交于一点）等。

平衡力系：如果一个力系作用到一个物体使物体处于平衡状态，就称这个力系为平衡力系。

等效力系：如果两个力系分别作用于物体而产生相同的效果，就称此二力系为等效力系。

合力：如果一个力与一个力系等效，就把该力称为这个力系的合力。而力系的各力称为该合力的分力。

第二节　静 力 学 公 理

一般地说，作用在物体上的一组力称为力系。一个力系作用在物体上使物体平衡，这个力系称为平衡力系。静力学主要研究力系的平衡问题。

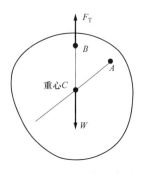

图 6-2　重心 C 位置表示

公理是人们在生活和生产实践中长期积累的经验总结，又经实践反复检验，被确认是符合客观实际的最普遍、最一般的规律。

一、二力平衡公理

作用在刚体上的两个力，使刚体保持平衡的必要和充分条件是，这两个力在同一直线上指向相反，大小相等。二力平衡公理也称二力平衡条件。

如图 6-2 所示，重力 W 为重心，竖直向下，力 F_N 就在通过重心的竖直线上，指向朝上，且 $F_N = W$。依据二力平衡公理，重心一定在 $F_N - W$ 所在的竖直线上。

例如电网工程施工中用悬挂铅锤的细线来确定竖直方向，就是利用了二力平衡公理：铅锤静止时受到地球引力和细线的拉力而平衡，而地球引力沿竖直方向，所以可推知细线也必沿竖直方向，如图 6-3 所示。

　　二力平衡公理揭示了物体平衡的基本规律，是复杂力系平衡条件的理论基础。

二、作用与反作用公理

　　作用力和反作用力总是同时存在，分别作用在相互作用的两个物体上，沿同一直线，指向相反，大小相等。

　　跟二力平衡公理比较，都是两力共线、反向、等值，然而本质区别在于，作用与反作用公理说的是两个刚体相互间的作用关系，二力平衡公理说的是一个刚体上二力平衡的条件。如图 6-4 所示，物块与桌面间的作用关系符合作用与反作用公理，物块的平衡符合二力平衡公理。

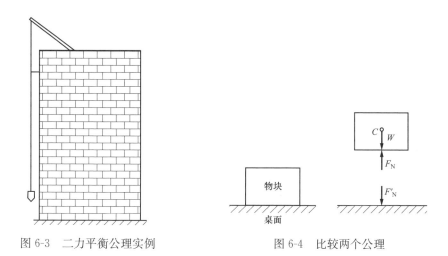

图 6-3　二力平衡公理实例　　　　　　图 6-4　比较两个公理

　　两个物体相互作用时，如甲物体给乙物体一个作用力，必然同时受到乙物体的反作用力，作用力与反作用力总是大小相等、方向相反、沿同一直线分别作用在两个不同的物体上。简言之，作用力与反作用力总是等值、反向、共线且作用在两个不同的物体上。

三、力的平行四边形公理

　　作用于物体上一点的两个力，可以合成为一个力。合力的大小和方向由以该二力为邻边所作的平行四边形的对角线决定，合力的作用点和原二力位于同一点。以上公理也称为二力合成的平行四边形法则。如图 6-5（a）所示，图中 F_1 和 F_2 为作用于物体上一点 A 的两个

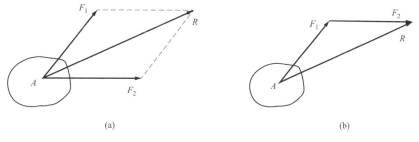

(a)　　　　　　　　　　　　　(b)

图 6-5　两个力的合成

力，R 即为它们的合力。上述法则用数学公式表示即为

$$R = F_1 + F_2$$

注意：上式表示 R 为和的矢量和，并不表示它们的大小也等于算术相加。

所谓力的平行四边形公理与数学上矢量的加法法则相同。实际上，数学上矢量的加法法则正是根据力的平行四边形公理而规定的。

平行四边形公理，是任意复杂力系化简或求合力的理论基础。在实际应用时为简化作图过程，只须画出四边形的一半，即在第一个力的终点上接上第二个力，将两个矢量首尾相连，然后将第一个力的起点和第二个力的终点连接起来的矢量就是合力。如图 6-5（b）所示，此法称为力三角形法则。

举例说明。比如一只手提起旅行包可以替代两只手提起旅行包，力 F 可以替代力力系（F_1、F_2）。如果一个力与一个力系等效，这个力就称为该力系的合力，该力系的各力则称为这个力的分力。用合力等效替换力系的过程称为力系的合成，用力系等效替换单个力的过程称为力的分解（图 6-6）。

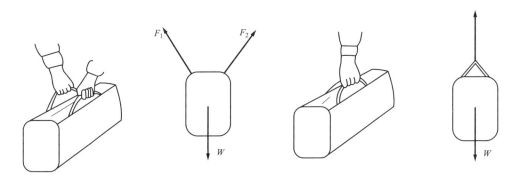

图 6-6　力与力系的等效替换

四、加减平衡力系公理

在已知的力系上，加上或减去任意的平衡力系，不改变原力系对刚体的作用效应。如图 6-7 所示，$F_2 = F_1 = F$，在力系作用线的任一点 B 处增加平衡力系（F_1，F_2），不改变力 F 对刚体的作用；在图 6-7（b）的力系上，减去平衡力系（F，F_1），也不改变原力系（F，F_1，F_2）对刚体的作用。

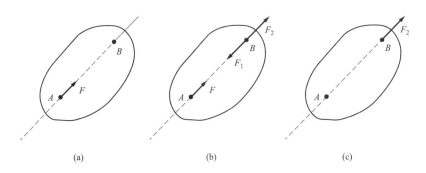

(a)　　　　　　(b)　　　　　　(c)

图 6-7　加减平衡力系
（a）力 F 对刚体的作用；（b）加平衡力系（F_1，F_2）之后；（c）减平衡力系（F，F_1）之后

图 6-7（a）、（b）、（c）所示三种状况的力、力系对刚体的作用均等效。比较图 6-7（a）、（c）相当于将力 F 沿着作用线移到了 B 点，从而可得力的可传性：作用在刚体上的力，可以沿着它的作用线移到刚体的任意一点，不改变力对刚体的作用效应。

第三节　约束与约束反力

物体之所以能相对于地面静止或作匀速直线运动，是由于其运动受到地面或周围物体的种种限制才得以实现的。力学中把限制物体运动的周围物体称为约束。例如铁轨上跑的火车，铁轨就是火车的约束；立到地面上的电杆，地面以及拉线就是电杆的约束。

将物体分为"物体"和"约束"是根据所研究的对象不同而决定的。例如物品放在桌面上，桌子又放置于地面上，对于物品，桌子就是它的约束，而研究桌子的平衡时，地面又是桌子的约束。而每一种约束对物体运动的限制都是通过相互作用力来实现的，所以，物体受到何种类型的约束，就注定了会受到何种可能的作用力。约束是和相应的力等同的。

约束给物体的力称为约束反力，也称为约束力，或简称反力。工程实际中，约束反力都是未知力，静力学的主要任务就是求解约束反力。力是由三个要素构成的，求解一个力就是要求得它的大小、方向和作用点（线）。约束反力的大小需要由平衡条件来确定，这需要通过以后模块的学习来解决；约束反力的作用点就是物体与约束的接触点，可以通过简单观察得到；约束反力的方向由约束类型决定，确定它就是本模块的研究任务。

约束反力的方向与约束的具体构造有关，不同的约束有不同的反力。但是它们却遵循相同的确定原则，即约束反力的方向总是与约束所限制的物体的运动方向相反。也就是说，要限制物体朝东运动时，必须给其朝西的反力。下面运用此原则来具体确定工程实际中常见约束的反力方向。

一、柔性体约束

柔性体约束是由柔软的绳索（麻绳、钢丝绳等）、链条、皮带等简化而来的特点是能自由弯曲，但不能伸长。此类约束只能限制物体沿柔性体伸长方向的运动，所以约束反力必然指向柔性体缩短的方向，即沿着柔性体而背离物体。图 6-8（a）所示为用柔索悬挂的小球，A、B 处的约束反力如图 6-8（b）所示。实际上更直观地看，柔性体约束的反力只能是对物体的拉力。

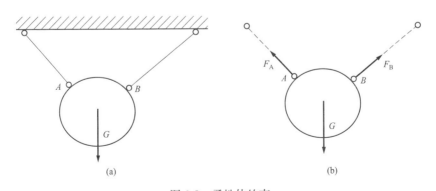

图 6-8　柔性体约束
（a）结构示意图；（b）反力方向

二、刚性光滑面约束

刚性光滑面约束，就是忽略变形和摩擦时物体相互接触面之间构成的约束。例如水平地面对于放置在它上面的物体，两个相互接触的金属物体之间等。由于刚性和不计摩擦，所以只能限制物体垂直指向约束接触面内部的运动，因此约束反力的方向沿接触面的公法线而指向物体。图 6-9 中列出了多种形式的接触面约束反力的方向。

图 6-9（a）两个接触面为平面，图 6-9（b）其中一个接触面为曲面，图 6-9（c）其中一个接触面为尖角。

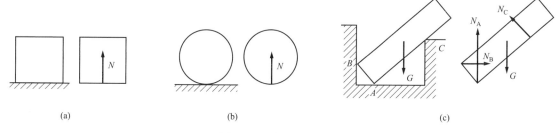

图 6-9　刚性光滑面约束
（a）平面与平面接触；（b）曲面与平面接触；（c）点与面接触

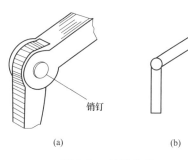

图 6-10　铰链连接
（a）结构图；（b）示意图

三、圆柱形铰链约束

在被连接的两个物体上分别钻上相同直径的光滑圆孔，孔中穿以圆柱销连接起来构成的约束称为圆柱形铰链约束，也称铰链连接，或铰接等，如图 6-10(a) 所示。图 6-10(b) 是简图或示意图。此类约束的特点是：在与销钉轴线垂直的平面内，相互连接的物体可以绕销钉做相对转动，但不可以相对移动。

圆柱形铰链连接在工程实际中有多种用途，下面分四种情况来看约束反力的方向。

1. 固定铰链约束

如果将其中一个物体固定于地面或机架，就构成固定铰链约束，如图 6-11(a) 所示。向心轴承对轴的支承就是典型的此类约束。图 6-11(b) 是简图或示意图。由于支座固定，被连接的物体在与销钉轴线垂直的平面内任何方向的移动都被限制，因此，约束反力的方向可能指向任何方向，也就是说固定铰链支座约束反力的方向是不确定的。对于不确定的力，一般用两个互相垂直的分力来表示。所以约束反力的画法如图 6-11(c) 所示作用点位于铰链中心。

2. 活动铰链约束

如果在支座和支承面之间装上辊轴，就构成了活动铰链约束。桥梁的接合处常用活动铰链支座来自动适应温差变化，不考虑摩擦时，车轮对车体的支承、圆柱形支撑物等可以简化为此类约束。常见示意图如图 6-12 所示。此类约束的特点是不能限制物体沿支承面切向的运动，通常与刚性光滑面约束相同，只能限制物体指向支承面的运动，所以约束反力的方向垂直于支承面（通过铰链中心）指向物体，如图 6-12(a)、(b) 所示。

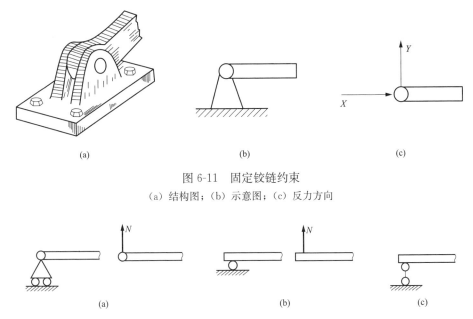

图 6-11　固定铰链约束

（a）结构图；（b）示意图；（c）反力方向

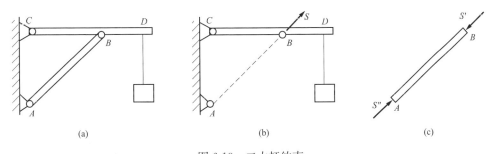

图 6-12　活动铰链约束

（a）支座加辊轴；（b）辊轴；（c）链杆

此类约束中还有一类既能限制物体指向支承面的运动，也能限制物体离开支承面的运动，称作双面约束，一般用如图 6-12(c) 的示意图来表示。其约束反力的方向有两种可能情况，即垂直于支承面指向或离开物体，画约束反力时可以随意假设，真实指向应根据平衡条件来最终确定。而在实际问题中究竟是单面约束还是双面的约束，需要根据具体的约束情况来确定。

3. 二力杆约束

两端由铰链连接、中间不受外力（包括自重）的杆件称为二力杆，顾名思义，二力杆就是只受两个力的杆件。桁架结构中的杆件都认为是二力杆。如果物体通过二力杆与地面（或其他物体）连接，就形成二力杆约束。如图 6-13(a) 中的 AB 杆。二力杆约束反力的方向沿两个铰链的连线离开或指向物体。下面从两方面加以说明。

图 6-13　二力杆约束

（a）结构中的二力杆；（b）二力杆的反力；（c）二力杆的受力

首先，如图 6-13(a) 所示，杆 AB 可以绕 A 点转动，故不能限制物体（CD）上与之相连的 B 点沿着垂直于 AB（两铰链的连线）方向的运动。AB 杆不可伸长或缩短，所以限制

物体沿 AB（两铰链的连线）方向离开或指向杆的运动，故约束反力的方向应沿 AB（两铰链的连线）指向或离开物体，见图 6-13（b）中的 S。实际上二力杆就不可伸长的一面来看，与柔性体约束完全相同。无非加上不可压缩而成为双面约束而已。

其次，二力杆的约束反力方向也可以从二力杆自身的受力分析得到。根据二力平衡公理，二力杆本身受到的力必然等值、反向、共线，亦即沿两铰链的连线（AB）方向，如图 6-13（c）所示，图中 S 为 AB 杆受到 CD 杆的作用力（假设 AB 杆受压）。再根据作用与反作用公理，CD 杆在 B 点受到 AB 杆的约束反力 S 就是 S 的反作用力，两者的关系也是等值、反向、共线，所以知 S 的方向亦沿两铰链的连线（AB）方向。有些问题里面，二力杆不一定是直杆，初学者应根据二力杆的条件来判断，避免误认或漏失。

4. 中间铰链约束

此约束常出现在物体系统的受力分析中，如图 6-14 所示，假如 AB 杆中间还受着一个力，此时 AB 已不是二力杆，连接杆 AB 和杆 CD 的铰链 B 就是中间铰链，简称中间铰。其相互作用的方向一般不确定，所以画约束反力时，与固定铰链一样，用两个正交分力来表示。

四、固定端约束

将物体的一段牢固地植入基础或固定于其他物体，就构成了固定端约束。例如埋入地下的电线杆，固定于电线杆顶部的横担，都可以简化为固定端约束。本约束的特点是约束与被约束物体成为一体，物体相对于约束既不能有任何方向的移动，也不能转动。所以约束反力由两部分组成，限制物体移动的力和限制物体转动的力偶（关于力偶在本书的下一章介绍）。而且力和力偶的方向或转向不能预知，与前面一样，力需要用两个正交分力来表示，力偶的转向可以任意假设。约束示意图和约束反力如图 6-14 所示。

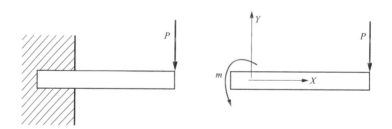

图 6-14　固定端约束

最后需要特别说明，工程中的实际约束并不与以上所介绍的理想模型完全解决实际问题时，应将实际约束作一些近似处理，简化为上述类型之一。

第四节　规程、规范相关要求

为方便学习和查找，本节内容均摘自相关规范部分原文。

一、《混凝土结构通用规范》（GB 55008—2021）

4.2 结构体系

4.2.1 混凝土结构体系应满足工程的承载能力、刚度和延性性能要求。

4.2.2 混凝土结构体系设计应符合下列规定：

（1）不应采用混凝土结构构件与砌体结构构件混合承重的结构体系；

（2）房屋建筑结构应采用双向抗侧力结构体系；

（3）抗震设防烈度为 9 度的高层建筑，不应采用带转换层的结构、带加强层的结构、错层结构和连体结构。

4.2.3 房屋建筑的混凝土楼盖应满足楼盖竖向振动舒适度要求；混凝土结构高层建筑应满足 10 年重现期水平风荷载作用的振动舒适度要求。

4.3 结构分析

4.3.1 混凝土结构进行正常使用阶段和施工阶段的作用效应分析时应采用符合工程实际的结构分析模型。

4.3.2 结构分析模型应符合下列规定：

（1）应确定结构分析模型中采用的结构及构件几何尺寸、结构材料性能指标、计算参数、边界条件及计算简图。

（2）应确定结构上可能发生的作用及其组合、初始状态等。

（3）当采用近似假定和简化模型时，应有理论、试验依据及工程实践经验。

4.3.3 结构计算分析应符合下列规定：

（1）满足力学平衡条件。

（2）满足主要变形协调条件。

（3）采用合理的钢筋与混凝土本构关系或构件的受力-变形关系。

（4）计算结果的精度应满足工程设计要求。

4.3.4 混凝土结构采用静力或动力弹塑性分析方法进行结构分析时，应符合下列规定：

（1）结构与构件尺寸、材料性能、边界条件、初始应力状态、配筋等应根据实际情况确定。

（2）材料的性能指标应根据结构性能目标需求取强度标准值、实测值。

（3）分析结果用于承载力设计时，应根据不确定性对结构抗力进行调整。

4.3.5 混凝土结构应进行结构整体稳定分析计算和抗倾覆验算，并应满足工程需要的安全性要求。

4.3.6 大跨度、长悬臂的混凝土结构或结构构件，当抗震设防烈度不低于 7 度（0.15g）时应进行竖向地震作用计算分析。

二、《砌体结构通用规范》（GB 55007—2021）

4.1.1 砌体结构应按承载能力极限状态设计，并应根据砌体结构的特性，采取构造措施，满足正常使用极限状态和耐久性的要求。

4.1.2 砌体结构构件应依据其受力分别计算轴心受压、偏心受压、局部受压、受弯及受剪等承载力，应保证构件有足够的强度，满足安全性要求。

4.1.3 砌体结构各种墙、柱构件应进行高厚比验算，应保证构件稳定性。

4.1.4 无筋砌体受压构件，按内力设计值计算的轴向力偏心距 e 不应大于 $0.6y$，y 为截面重心至轴向力所在偏心方向截面边缘的距离。

4.1.5 墙体转角处和纵横墙交接处应设置水平拉结钢筋或钢筋焊接网。

三、《钢结构通用规范》（GB 55006—2021）

5.1 门式刚架轻型房屋钢结构

5.1.1 门式刚架轻型房屋钢结构的选型应根据使用功能及工艺要求确定，并应设置必要的纵向和横向温度区段。

5.1.2 门式刚架轻型房屋纵向应设置明确、可靠的传力体系。在每个温度区段或分期建设区段，应设置支撑系统，应保证每个区段形成独立的空间稳定体系。

5.1.3 对门式刚架构件应进行强度验算和平面内、平面外的稳定性验算。

5.1.4 门式刚架轻型房屋钢结构在安装过程中，应根据设计和施工要求，采取保证结构整体稳定性的措施。

5.2 多层和高层钢结构

5.2.1 多层和高层钢结构应进行合理的结构布置，应具有明确的计算简图和合理的荷载和作用的传递途径；对有抗震设防要求的建筑，应有多道抗震防线；结构构件和体系应具有良好的变形能力和消耗地震能量的能力；对可能出现的薄弱部位，应采取有效的加强措施。

5.2.2 结构计算时应考虑构件的下列变形：

（1）梁的弯曲和剪切变形。

（2）柱的弯曲、轴向、剪切变形。

（3）支撑的轴向变形。

（4）剪力墙板和延性墙板的剪切变形。

（5）消能梁段的剪切、弯曲和轴向变形。

（6）楼板的变形。

5.2.3 结构稳定性验算应符合下列规定：

（1）二阶效应计算中，重力荷载应取设计值。

（2）高层钢结构的二阶效应系数不应大于 0.2，多层钢结构不应大于 0.25。

（3）一阶分析时，框架结构应根据抗侧刚度按照有侧移屈曲或无侧移屈曲的模式确定框架柱的计算长度系数。

（4）二阶分析时应考虑假想水平荷载，框架柱的计算长度系数应取 1.0。

（5）假想水平荷载的方向与风荷载或地震作用的方向应一致，假想水平荷载的荷载分项系数应取 1.0，风荷载参与组合的工况，组合系数应取 1.0，地震作用参与组合的工况，组合系数应取 0.5。

5.3 大跨度钢结构

5.3.1 大跨度钢结构计算时，应根据下部支承结构形式及支座构造确定边界条件；对于体形复杂的大跨度钢结构，应采用包含下部支承结构的整体模型计算。

5.3.2 在雪荷载较大的地区，大跨度钢结构设计时应考虑雪荷载不均匀分布产生的不利影响，当体形复杂且无可靠依据时，应通过风雪试验或专门研究确定设计用雪荷载。

第七章　安全文明施工基础知识

第一节　现场安全文明施工要求

一、变电站（换流站）工程现场安全文明施工要求

1. 大门及道路

（1）施工单位应修筑变电站（换流站）大门，要求简洁明快，大门一般由灯箱、围栏、人员通行侧门组成，旁边设警卫室、人员考勤设施等。如图 7-1 所示。

图 7-1　大门

（2）在作业人员上岗的必经之路旁，应设置个人安全防护用品正确佩戴示意图和安全镜，检查作业人员个人安全防护用品佩戴情况，也可设置安全警示、宣传标牌，如图 7-2 所示。

图 7-2　道路

2. 道路标志

进变电站（换流站）的主干道两侧应设置国家标准式样的路标、交通标志、限速标志、限高标志和减速坎等设施；变电站（换流站）内道路应设置施工区域指示标志，如图7-3所示。

图 7-3　道路标志

3. 建筑物

（1）变电站（换流站）内只允许存在以下临时建筑物。

（2）施工队工具间、库房等应为轻钢龙骨活动房或砖石砌体房、集装箱式房屋。

（3）临时工棚及机具防雨棚等应为装配式构架、上铺瓦楞板，施工现场禁用石棉瓦、脚手板、模板、彩条布、油毛毡、竹笆等材料搭建工棚。

（4）材料加工区整体布置及设备材料堆放区如图7-4所示。

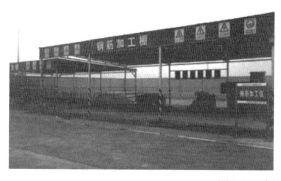

图 7-4　建筑物

4. 安全通道

安全通道根据施工需要可分为斜型走道、水平通道，要求安全可靠、防护设施齐全、防止移动，投入使用前应进行验收，并设置必要的标牌、标识，如图7-5所示。

变电工程脚手架安全通道、斜道的搭设（拆除）执行《变电工程落地式钢管脚手架施工安全技术规范》（Q/GDW 1274）；电缆沟安全通道宜用 $\phi 40$ 钢管制作围栏，底部设两根横栏，上铺木板、钢板或竹夹板，悬挂"从此通行"标志牌，确保稳定牢固，不能随意拆除，高 1200mm，宽 800mm，长度根据电缆沟的宽度确定。

图 7-5 安全通道

5. 危险及易燃易爆品防护设施

易燃、易爆及有毒有害物品等应分别存放在与普通仓库隔离的危险品仓库内，危险品仓库的库门应向外开，按有关规定严格管理；汽油、酒精、油漆及稀释剂等挥发性易燃材料应密封存放；设置通风口，配齐消防器材，并配置醒目的安全标志，专人严格管理。危险品存放库与施工作业区、生产加工区、办公区、生活区、临时休息棚、值班棚保持安全距离。

6. 标识牌

（1）标识牌包含设备、材料、物品、场地区域标识、操作规程、风险管控等。

（2）脚手架验收合格牌在脚手架搭设完毕并经监理验收合格后悬挂，建议尺寸为600mm×400mm，标明使用单位、使用地点、使用时间、责任人、验收人、验收时间。

（3）设备状态牌用于表明施工机械设备状态，分完好机械、待修机械及在修机械三种状态牌，可采用支架、悬挂、张贴等形式。

（4）材料/工具状态牌：用于表明材料/工具状态，分完好合格品、不合格品两种状态牌。

（5）机械设备安全操作规程牌宜醒目悬挂在机械设备附近，可采用悬挂或粘贴方式，内容应标准、规范。

（6）现场所有的标志牌、标识牌、宣传牌等制作标准、规范，宜采用彩喷绘制，颜色应符合《安全色》（GB 2893）要求；标志牌、标识牌框架、立柱、支撑件，应使用钢结构或不锈钢结构；标牌埋设、悬挂、摆设要做到安全、稳固、可靠，做到标准、规范。

7. 其他设施

（1）氧气瓶、乙炔瓶现场搬运使用托架或小车，如图 7-6 所示。

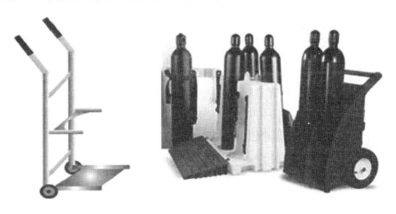

图 7-6 托架或小车

（2）卷扬机操作控制台宜使用组合式金属罩棚，如图 7-7 所示。

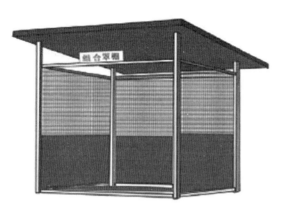

图 7-7　组合式金属罩棚

（3）在适宜的地点设置工棚式饮水点，保持场地清洁、饮用水洁净卫生，并设有专人管理，如图 7-8 所示。

图 7-8　工棚式饮水点

（4）在现场适宜的区域设置箱式或工棚式吸烟室，施工现场禁止流动吸烟，吸烟室宜设置烟灰缸、座椅或板凳，专人管理，场地保持清洁，如图 7-9 所示。

图 7-9　吸烟室

（5）废料垃圾回收设施应包含各类废品回收设施、垃圾桶等，如图 7-10 所示。

图 7-10　废料垃圾回收设施

二、输电线路工程现场安全文明施工要求

1. 施工区域化管理

（1）基础开挖、杆塔组立、张力场、牵引场、导地线锚固等场地应实行封闭管理。应采用安全围栏进行围护、隔离、封闭。

（2）基础开挖土石方、机具、材料应实现定置堆放，材料堆放应铺垫隔离标识。

（3）杆塔组立现场布置实例，如图 7-11 所示。

图 7-11　杆塔组立现场布置实例

（4）张力场、牵引场现场布置实例，如图 7-12 所示。

2. 运输

（1）索道运输。

1）当索道跨越居民区、耕地、建筑物、交通道路时应在跨越下方设置相应的安全防护设施和警告标志；索道上料区域应设置相应的安全防护设施和警告标志。

2）电气设备、索道和金属支撑架等均应可靠接地。

3）山坡下方的装、卸料处应设置安全挡板。

图 7-12 张力场、牵引场现场布置实例

4）货运索道严禁载人。

5）在醒目的位置悬挂"索道运行操作规程"标识牌。

（2）水上运输。

1）大型施工接卸及重大物件应采取装卸安全措施。入舱的物件应放置平稳，易滚易滑和易倒的物件应绑扎牢固。

2）用船舶接送施工人员应遵守《电力建设安全工作规程 第 2 部分：电力线路》（DL 5009.2）等规程规范相关规定：不能超员、应配备救生设备、上下船的跳板应搭设稳固，并有防滑措施。

3. 架线跨越作业防护

（1）木质、毛竹、钢管跨越架材料选用应符合《电力建设安全工作规程 第 2 部分：电力线路》（DL 5009.2）等规程规范要求，推荐使用承插型盘扣式跨越架。

（2）悬索跨越架的承载索应采用纤维编织绳，承载索、循环绳、牵网绳、支撑索、悬吊绳、临时拉线等的绳索抗拉强度应满足施工设计要求。可能接触带电体的绳索，使用前均应经绝缘测试并合格。

（3）绝缘网和绝缘绳通常用于带电跨越施工。绝缘网一般由网体、边绳、系绳等构件组成；同一张网上的同种构件的材料、规格和制作方法须一致，外观平整。绝缘绳通常使用迪尼玛绳，迪尼玛绳在施工中禁止系扣进行锚固，应用原绳的绳套和卸扣进行锚固，收绳时盘绳直径不得小于 400mm，绝缘绳要避免与尖锐物体、粗糙表面、热源体等接触。每次使用前应进行外观检查。

4. 预防雷击和近电作业防护

（1）杆塔组立与跨越架搭设中应及时采取接地措施。

（2）牵张设备出现端的牵引绳及导线上应装设接地滑车。

5. 地锚、拉线

地锚、拉线应符合《电力建设安全工作规程 第 2 部分：电力线路》（DL 5009.2）等规程规范相关要求，且必须经过计算校核，地锚、拉线投入使用前必须通过验收。地锚应采取避免雨水浸泡的措施，验收合格后挂牌。地锚、拉线设置地点应设置地锚、拉线验收牌。

6. 标识牌

施工区域一般应设置施工友情提示牌、安全警示标志牌、设备状态牌、材料/工具状态牌、机械设备安全操作规程牌等，标志、标识牌是变电站工程现场安全文明施工标准化配置。跨越架搭设完毕并经监理验收合格后应悬挂跨越架验收合格牌。除山区及偏僻地区外，线路施工作业点应设置友情提示牌。

7. 作业现场设备材料堆放

设备材料堆放场地应坚实、平整、地面无积水。施工机具、材料应分类放置整齐，并做到标识规范、铺垫隔离。电缆、导线等应按定置化管理要求集中放置，整齐有序，标识清楚。工棚宜采用帆布活动式帐篷，或采用装配式工棚，线路工程现场严禁使用塔材、石棉瓦、脚手板、模板、彩条布、油毛毡、竹笆等材料搭建工棚。

8. 成品保护

混凝土基础等部位拆模或完工后应采取成品保护措施，避免成品被碰撞损伤。

第二节 环境保护要求

（1）施工现场应尽力保持地表原貌，减少水土流失，避免造成深坑或新的冲沟，防止发生环境影响事件。导地线展放作业宜采用空中展放导引绳技术，减少对跨越物和导地线的损害，如图 7-13 所示。

（2）施工现场宜利用拟建道路路基作为临时道路路基，施工现场的主要道路应进行硬化处理，裸露的场地和堆放的土方应采取覆盖、固化或绿化等措施，如图 7-14 所示。

（3）施工现场土方作业应采取防止扬尘措施，主要道路应定期清扫、洒水，土方和建筑垃圾的运输应采用封闭式运输车辆或采取覆盖措施。可配备手持式粉尘浓度测试仪，实时监测施工现场的扬尘污染浓度，如图 7-15 所示。

图 7-13 导地线展放作业

图 7-14 施工现场道路

图 7-15　防尘措施

（4）施工现场出口处应设置车辆冲洗设施，并应对驶出车辆进行清洗，洗车装置、混凝土搅拌和灌注桩施工等产生污水的部位应设置沉淀池。有组织收集泥浆等废水，废水不得直接排入农田、池塘、城市雨污水管网，如图 7-16 所示。

图 7-16　车辆冲洗设施

（5）采用现场搅拌混凝土或砂浆的场所应采取封闭、降尘、降噪措施。水泥和其他易飞扬的细颗粒建筑材料应密闭存放或采取覆盖等措施，如图 7-17 所示。

图 7-17　搅拌机操作棚

（6）当环境空气质量指数达到中度及以上污染时，施工现场应增加洒水或喷雾频次，加强覆盖措施，减少易造成大气污染的施工作业，施工现场严禁焚烧各类废弃物，如图 7-18 所示。

图 7-18　施工现场洒水和喷雾设备

（7）施工现场临时厕所的化粪池应进行防渗漏处理，施工现场存放的油料和化学溶剂等物品应设置专用库房，地面应进行防渗漏处理。

（8）施工现场宜选用低噪声、低振动的设备，强噪声设备宜设置在远离居民区的一侧，并应采用隔声、吸声材料搭设防护棚或屏障。可配备噪声监测仪器，及时掌握、调整施工现场噪声情况，如图 7-19 所示。

图 7-19　施工现场降噪措施

（9）因生产工艺要求或其他特殊需要，确需进行夜间施工的，施工单位应加强噪声控制，并应减少人为噪声。

（10）施工现场应对强光作业和照明灯具采取遮挡措施，减少对周边居民和环境的影响。

第三节　高处作业安全知识

一、高处作业通用知识

（1）凡在距坠落高度基准面 2m 及以上有可能坠落的高度进行的作业均称为高处作业。高处作业应有人监护。

（2）物体不同高度可能坠落范围半径见表 7-1。地面施工人员不得在坠落半径内停留或穿行。

表 7-1　　　　　　　　　　　　　物体不同高度可能坠落范围

作业高度 h_w（m）	$2 \leqslant h_w \leqslant 5$	$5 < h_w \leqslant 15$	$15 < h_w \leqslant 30$	$h_w > 30$
可能坠落范围半径（m）	3	4	5	6

注　1. 通过可能坠落范围内最低处的水平面称为坠落高度基准面。
　　2. 作业区各作业位置至相应坠落高度基准面的垂直距离中的最大值称为作业高度，用 h_w 表示。
　　3. 可能坠落范围半径为确定可能坠落范围而规定的相对于作业位置的一段水平距离。

（3）高处作业的人员每年至少进行一次体检。患有不宜从事高处作业病症的人员，不得参加高处作业。

（4）高处作业人员应衣着灵便，穿软底防滑鞋，并正确佩戴个人防护用具。

（5）高处作业人员应正确使用安全带，宜使用坠落悬挂式安全带，构支架施工等高处作业时，应采用速差自控器等后备保护设施。安全带及后备防护设施应高挂低用。高处作业过程中，应随时检查安全带绑扎的牢靠情况。在没有脚手架或者在没有栏杆的脚手架上工作，高度超过 1.5m 时，应使用安全带，或采取其他可靠的安全措施。

（6）安全带使用前应检查是否在有效期内，是否有变形、破裂等情况，不得使用不合格的安全带。

（7）特殊高处作业宜设有与地面联系的信号或通信装置，并由专人负责。

（8）高处作业下方危险区内人员不得停留或穿行，高处作业的危险区应设围栏及"禁止靠近"的安全标志牌。

（9）高处作业的平台、走道、斜道等应装设不低于 1.2m 高的护栏（0.5～0.6m 处设腰杆），并设 180mm 高的挡脚板。

（10）在夜间或光线不足的地方进行高处作业，应设充足的照明。

（11）高处作业地点、各层平台、走道及脚手架上堆放的物件不得超过允许载荷，施工用料应随用随吊。不得在脚手架上使用临时物体（箱子、桶、板等）作为补充台架。

（12）高处作业所用的工具和材料应放在工具袋内或用绳索拴在牢固的构件上，较大的工具应系保险绳。上下传递物件应使用绳索，不得抛掷。

（13）高处作业时，各种工件、边角余料等应放置在牢靠的地方，并采取防止坠落的措施。

（14）高处焊接作业时应采取措施防止安全绳（带）损坏。

（15）下脚手架应走斜道或梯子，不得沿绳、脚手立杆或横杆等攀爬。

（16）在霜冻、雨雪后进行高处作业，人员应采取防冻和防滑措施。

（17）在气温低于－10℃进行露天高处作业时，施工场所附近宜设取暖休息室，并采取防火和防止一氧化碳中毒措施。

（18）在轻型或简易结构的屋面上作业时，应采取防止坠落的可靠措施。

（19）在屋顶及其他危险的边沿进行作业，临空面应装设安全网或防护栏杆，施工作业人员应使用安全带。

（20）高处作业人员不得坐在平台、孔洞边缘，不得骑坐在栏杆上，不得站在栏杆外作业或凭借栏杆起吊物件。

（21）高空作业车（包括绝缘型高空作业车、车载垂直升降机）和高处作业吊篮应规范使用、试验、维护与保养。

（22）自制的汽车吊高处作业平台，应经计算、验证，并制定操作规程，经施工单位分管领导批准后方可使用。使用过程中应定期检查、维护与保养，并做好记录。

二、高处作业防护设施

1. 高处作业平台

线路工程高处作业平台主要用于现场施工平衡挂线出线临锚以及在山区、深沟、水田、特种农作物地段、跨越电力线施工时，导地线不能落地压接而采用本平台施工，如图7-20所示。变电高空作业平台常见为高空作业车。

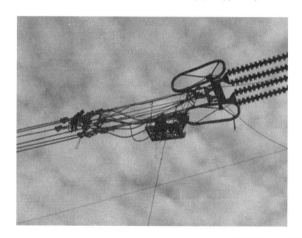

图 7-20 高处作业平台

（1）使用要求：运输时要防止挤压变形，每年要做一次载荷试验；平台在地面组装牢靠，在临锚绳上挂提升滑车，用钢丝绳将平台提升到工作位置调平固定，提升和使用时要防止冲撞和摇摆；严禁超负荷使用。

（2）技术要求：使用负荷和尺寸应根据现场条件确定，一般采用铝合金型材和铝合金板材制作而成，并满足施工载荷的强度要求。

2. 下线爬梯

施工人员高处上下悬垂瓷瓶串和安装附件时专用的铝合金或软爬梯，一般与速差自控器配套使用，如图7-21所示。

（1）结构及尺寸：采用铝合金制作（或其他材料），梯身一般为长6000mm，可两节3000mm长度进行连接，调节量为600mm。

（2）使用要求：定期进行承载试验，每次使用前应进行外观检查；使用时梯头应牢固连接在铁塔横担上，操作人员应使用速差自锁器做二道保护；人员上下爬梯要稳，避免爬梯摆动幅度过大。

3. 绝缘梯

施工人员高处作业，区域附近有带电体时，应使用绝缘梯或绝缘平台，绝缘梯如图 7-22 所示。

图 7-21　下线爬梯　　　　　　　　　　图 7-22　绝缘梯

三、高处作业防护用品

1. 全方位防冲击安全带

应按照相关规程规范要求，在坠落高度基准面 2m 或 2m 以上有可能坠落的高处进行作业的人员应佩戴安全带等安全防护用品、用具。在杆塔上高处作业的施工人员应佩戴全方位防冲击安全带，使用示意及示例图如图 7-23 所示。

图 7-23　全方位防冲击安全带

使用要求如下：

（1）按规定定期进行试验。

（2）使用前进行外观检查，做到高挂低用。

（3）应存储在干燥、通风的仓库内，不准接触高温、明火、强酸和尖锐的坚硬物体，也不允许长期暴晒。

2. **攀登自锁器（含配套缆绳或轨道）**

攀登自锁器（含配套缆绳或轨道）：用于预防高处作业人员在垂直攀登过程发生坠落伤害的安全防护用品。一般分为绳索式攀登自锁器和轨道式攀登自锁器。线路工程上下杆塔作业和变电工程上下构架作业时必须使用攀登自锁器。

（1）绳索式攀登自锁器结构设置。主绳应根据需要在设备构架（或塔材）吊装前设置好；主绳与设备构架（或杆塔）的间距应能满足自锁器灵活使用，结构形状、实物如图 7-24 所示。

图 7-24　绳索式攀登自锁器

（2）绳索式攀登自锁器使用要求。

1）产品应具备生产许可证、产品合格证及安全鉴定合格证。

2）自锁器的使用应按照产品技术要求进行；主绳应根据需要在设备构架吊装前设置好；主绳应垂直设置，上下两端固定，在上下统一保护范围内严禁有接头。

3）使用前应将自锁器压入主绳试拉，当猛拉圆环时应锁止灵活，待检查安全螺丝、保险等完好后，方可使用。

4）安全绳和主绳严禁打结、绞结使用；绳钩应挂在安全带连接环上使用，一旦发现异常应立即停止使用。严禁尖锐、易燃、强腐蚀性以及带电物体接近自锁器及其主绳。

5）自锁器应专人专用，不用时妥善保管，并经常性检查。应根据个人使用频繁的程度确定检查周期，但不得少于每月一次。

（3）轨道式攀登自锁器结构设置。轨道设置应根据需要在设备构架吊装前设置好，固定可靠，轨道与设备构架的间距应能满足自锁器灵活使用，结构形状、实物及应用如图 7-25 所示。

（4）轨道式攀登自锁器使用要求。

1）自锁器的使用应按照产品技术要求进行；使用前应将自锁器装入轨道试拉，当猛拉圆环时应锁止灵活，待检查安全螺丝、保险等完好无疑后，方可使用；绳钩应挂在安全带连接环上使用，一旦发现异常应立即停止使用。

2）自锁器应专人专用，不用时妥善保管。

3. **速差自控器**

用于杆塔高处作业短距离移动或安装附件时，为施工人员提供的全过程安全防护设施，示例如图 7-26 所示。

图 7-25　轨道式攀登自锁器

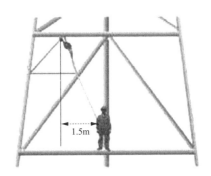

图 7-26　速差自控器

（1）使用要求。

1）设置位置应符合产品技术要求；每次使用前应做试拉试验，确认正常后方可使用；应高挂低用，注意防止摆动碰撞，水平活动应在以垂直线为中心半径1.5m范围内如图7-26所示。

2）严禁将钢丝绳打结使用，自控器的绳钩应挂在安全带的连接环上使用。

3）自控器上的部件不得任意拆装，出现故障应立即停止使用；在使用中应远离尖锐、易损伤壳体和安全绳的物体，防止雨淋、浸水和接触腐蚀性物质。

4）应由专人负责保管、检查和维修。

（2）技术要求。

1）一旦人员失足，应在0.2m内锁止，使人员停止坠落。

2）速差自控器各安全部件应齐全，并有省级以上安全检验部门颁发的产品检验合格证；有关技术文件齐全。

4. 水平安全绳

适用于人员高处水平移动过程中的人身防护，两端必须可靠固定，应用示例如图7-27所示。

使用要求：绳索规格不小于$\phi16$锦纶绳或$\phi13$的钢丝绳；使用前应对绳索进行外观检查；绳索两端可靠固定并收紧，绳索与棱角接触处加衬垫；架设高度离人员行走落脚点在1.3～1.6m为宜。

图 7-27　水平安全绳

第四节　劳动保护的要求

进入电网工程施工现场的人员应自觉遵守现场安全管理规定，正确佩戴劳动保护用具。

一、安全帽

用于作业人员头部防护的使用要求：公司所属单位安全帽应按照国家电网有限公司标识管理要求和安全设施标准制作，安全帽前面有国家电网有限公司标志，后面为单位名称及编号，并按编号定置存放。安全帽实行分色管理。红色安全帽为管理人员使用，黄色安全帽为运行人员使用，蓝色安全帽为检修（施工、试验等）人员使用，白色安全帽为外来参观人员使用，如图 7-28 所示。

二、工作服

应按劳动防护用品规定制作或采购，如图 7-29 所示。

图 7-28　安全帽　　　　　　　　　　　　图 7-29　工作服

材质要求：工作服应具有透气、吸汗及防静电等特点，一般宜选用棉制品。

使用要求：除焊工等有特殊着装要求的工种外，同一单位在同一施工现场的员工应统一着装。

三、绝缘防护用品

1. 劳保手套

根据作业性质选用，通常选用帆布、棉纱手套；焊接作业应选用皮革或翻毛皮革手套。操作车床、钻床、铣床、砂轮机，以及靠近机械转动部分时，严禁戴手套。

2. 绝缘手套

用于对高压验电、挂拆接地、高压电气试验、牵张设备操作和配电箱操作等作业人员的保护，使其免受触电伤害，如图 7-30 所示。

使用要求如下：

（1）定期检验绝缘性能，泄漏电流须满足规范要求。

（2）使用前进行外观检查，作业时须将衣袖口套入手套筒口内。

（3）使用后，应将手套内外擦洗干净，充分干燥后，撒滑石粉，在专用支架上倒置存放。

3. 绝缘垫

用于对牵张设备操作等作业人员的保护，使其免受触电伤害，使用时应保持干燥。在绝缘垫下铺设木板或其他绝缘材质的台架，台架与地面要保持一定的高度，如图 7-31 所示。

图 7-30　绝缘手套　　　　　图 7-31　绝缘垫

4. 防护眼镜

施工作业可能产生飞屑、火花、烟雾及刺眼光线等时，作业人员应戴防护眼镜。使用前应做外观检查，如图 7-32 所示。

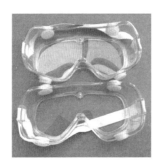 

图 7-32　防护眼镜

5. 防静电服

防静电服（屏蔽服）：用于在邻近高压、强电场等作业的人身防护。屏蔽服包括上衣、裤子、帽子、手套、短袜、鞋等，如图 7-33 所示。

图 7-33　防静电服

使用要求如下：

（1）使用前应做外观检查，主要检查服装有无破损、开线、连接头是否牢固。

（2）每年应进行一次对屏蔽服任意两点间的电阻值测量。

（3）服装穿好后，检查连接后的螺母与螺栓不能有松动间隙；连接好后再用电阻表测量手套、导电袜（或导电鞋）与衣服之间是否导通，以确认连接是否可靠；穿戴完毕后，方可按规程进行作业操作。

（4）作业完成后，要仔细检查服装，如有玷污或破损，需要清洁和修复后装箱入库以备下次使用；该服装不能机洗，可用中性洗衣粉浸泡后，用毛刷刷洗后，用清水洗净即可，阴凉处晾干，不可日光曝晒；储存在干燥通风处，避免潮湿。

6. 防尘口（面）罩

用于防止可吸入颗粒物及烟尘对人体的伤害。根据作业内容及环境，选择防尘口罩或面罩，如图 7-34 所示。

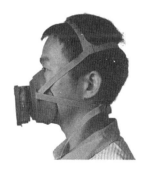

图 7-34　防尘口（面）罩

7. 防毒面具

在有害气体的室内或容器内作业，深基坑、地下隧道和洞室等空间，存在有毒气体或应急救援人员实施救援时，应当做好自身防护，人员进入前应进行气体检测，并应正确佩戴和使用防毒面具，如图 7-35 所示。

图 7-35　防毒面具

第五节　规程、规范相关要求

为方便学习和查找，本节内容均摘自相关规范部分原文。

一、《国家电网有限公司电力建设安全工作规程　第 1 部分：变电》（Q/GDW 11957. 1—2020）

5.1 分部分项工程开始作业条件

5.1.1 相关的施工项目经理、项目总工程师、技术员、安全员、施工负责人、工作负责人、监理人员、特种作业人员、特种设备作业人员及其他作业人员应经安全培训合格并履行到岗到位职责。

5.1.2 开工前，应编制完成工程安全管理及风险控制策划性文件。

5.1.3 相关机械、工器具应经检验合格，通过进场检查，安全防护设施及防护用品配置齐全、有效。

5.1.4 有施工分包的，施工承包单位应与分包单位签订合同和安全协议。

5.1.5 施工方案（含安全技术措施）编制完成并交底。

5.2 作业人员

5.2.1 应身体健康，无妨碍工作的病症，体格检查至少两年一次。

5.2.2 应经相应的安全生产教育和岗位技能培训、考试合格，掌握本岗位所需的安全生产知识、安全作业技能和紧急救护法。

5.2.3 应接受本标准培训，按工作性质掌握相应内容并经考试合格，每年至少考试一次。

5.2.4 特种作业人员、特种设备作业人员应按照国家有关规定，取得相应资格，并按期复审，定期体检。

5.2.5 进入现场的其他人员（供应商、实习人员等）应经过安全生产知识教育后，方可进入现场参加指定的工作，并且不得单独工作。

5.2.6 涉及新技术、新工艺、新流程、新装备、新材料的项目人员，应进行专门的安全生产教育和培训。

5.2.7 作业人员应被告知其作业现场和工作岗位存在的危险因素、防范措施及事故应急措施。

5.2.8 作业人员应严格遵守现场安全作业规章制度和作业规程，服从管理，正确使用安全工器具和个人安全防护用品。

5.2.9 发现安全隐患应妥善处理或向上级报告；发现直接危及人身、电网和设备安全的紧急情况时，应立即停止作业或在采取必要的应急措施后撤离危险区域。

二、《输变电工程建设安全文明施工规程》（Q/GDW 10250—2021）

4 基本要求

4.1 应严格遵循《中华人民共和国安全生产法》《建设工程安全生产管理条例》等法律法规。贯彻"以人为本"的理念，通过推行安全文明施工标准化，应做到安全设施标准化、个人安全防护用品标准化、现场布置标准化和环境影响最小化，营造安全文明施工的良好氛围，创造良好的安全施工环境和作业条件。

4.2 开工前应通过施工总平面布置及规范临建设施、安全设施、标志、标识牌等式样和标准，达到现场视觉形象统一、规范、整洁、美观的效果。

4.3 应严格遵守《建设工程施工现场环境与卫生标准》（JGJ 146）等工程建设环保、水保法律法规、标准，倡导绿色环保施工，尽量减少施工对环境的影响。

4.4 应将本标准作为《建设管理纲要》《监理规划》和《项目管理实施规划》的编制依据。

4.5 安全文明施工设施应按照本标准实施标准化配置，《输变电工程建设安全文明施工设施标准化配置表》（见附录 A）作为安全文明施工标准化最低配置，为工程现场提供实施、对照检查、核定依据。安全文明施工设施进场时，施工项目部应填写《输变电工程建设安全文明施工设施标准化配置表》《输变电工程建设安全文明施工设施进场验收单》（见附录 B），经验收审批合格后进场。在日常检查中，应将安全文明施工设施标准化配置工作作为必查内容，保证安全文明施工设施配置满足安全文明施工需要。

三、《输变电工程建设施工安全风险管理规程》（Q/GDW 12152—2021）

5 施工安全风险等级

5.1 对输变电工程建设施工安全风险采用半定量 LEC 安全风险评价法，根据评价后风险值的大小及所对应的风险危害程度，将风险从大到小分为五级，一到五级分别对应：极高风险、高度风险、显著风险、一般风险、稍有风险。

5.2 采用与系统风险率相关的三方面指标值之积来评价系统中人员伤亡风险大小的方法称为 LEC 法。这三方面分别是：L 为发生事故的可能性大小；E 为人体暴露在这种危险环境中的频繁程度；C 为一旦发生事故会造成的损失后果。风险值 $D=L\times E\times C$，D 值越大，说明该系统危险性大，需要增加安全措施，或改变发生事故的可能性，或减少人体暴露于危险环境中的频繁程度，或减轻事故损失，直至调整到允许范围内。

5.3 LEC 风险评价法是根据工程施工现场情况和管理特点对危险等级的划分（见附录 A），有一定局限性，应根据实际情况予以判别修正。

5.4 施工现场出现风险基本等级表中未收集的风险作业，施工项目部应按照 LEC 风险评价法进行评价，并经监理项目部审核确定风险等级，向业主项目部报备。

5.5 按照《住房城乡建设部办公厅关于实施〈危险性较大的分部分项工程安全管理规定〉

有关问题的通知》[建办质（2018）31号]，原则上将"危险性较大的分部分项工程范围"内的作业设定为三级风险，将"超过一定规模的危险性较大的分部分项工程范围"的作业设定为二级风险。

5.6 为了便于现场识别风险，对于输变电工程建设常见的风险作业按一般作业环境和条件可按附录H选择，供各工程实施中参考。实际使用时，应按附录G进行复测，重新评估风险等级，不可直接使用。

5.7 附录H中的风险作业，当采用先进有效的机械化或智能化技术施工时，风险等级可降低一级管控；临近带电作业，当采取停电措施，作业风险等级可降低一级管控。

5.8 附录H中的风险作业，当作业方法和要求发生变化时，应根据实际情况调整风险作业内容，并重新评估风险等级。

6 施工安全风险管理

6.1 施工安全风险识别、评估

6.1.1 设计单位在施工图阶段，编制三级及以上重大风险作业清单。在施工图交底前，由总监理工程师协助建设单位组织参建单位进行现场勘察核实；在施工图会审时，参建单位审查设计单位提供的三级及以上重大风险清单。

6.1.2 工程开工前，施工项目部按附录B组织现场初勘。

6.1.3 施工项目部根据风险初勘结果、项目设计交底以及审查后的三级及以上重大风险清单，识别出与本工程相关的所有风险作业并进行评估，确定风险实施计划安排，按附录C形成风险识别、评估清册，报监理项目部审核。

6.2 施工安全风险复测

6.2.1 施工项目部根据风险作业计划，提前开展施工安全风险复测。

6.2.2 作业风险复测前，按照附录F检查落实安全施工作业必备条件是否满足要求，不满足要求的整改后方可开展后续工作。

6.2.3 施工项目部根据工程进度，对即将开始的作业风险按照附录G提前开展复测。重点关注地形、地貌、土质、气候、交通、周边环境、临边、临近带电体或跨越等情况，初步确定现场施工布置形式、可采用的施工方法，将复测结果和采取的安全措施填入施工作业票，作为作业票执行过程中的补充措施。

6.2.4 复测时必须对风险控制关键因素进行判断，以确定复测后的风险等级。

6.2.5 现场实际风险作业过程中，发现必备条件和风险控制关键因素发生明显变化时，驻队监理应立即要求停止作业，并将变化情况报监理项目部判别后，建设单位确定风险升级，按照新的风险级别进行管控。

6.3 风险作业计划

6.3.1 作业开展前一周，施工项目部根据风险复测结果将三级及以上风险作业计划报监理、业主项目部及本单位；业主项目部收到风险作业计划后报上级主管单位。

6.3.2 建设单位收到风险信息，与现场实际情况复核后报上级基建管理部门。二级风险作业由建设单位发布预警，风险作业完成后，解除预警。

6.3.3 各参建单位收到三级及以上风险信息后，按照安全风险管理人员到岗到位要求制定计划并落实。

6.4 风险作业过程管控

6.4.1 禁止未开具施工作业票开展风险作业。

6.4.2 风险作业前一天，作业班组负责人按附录 D 开具风险作业对应的施工作业票，并履行审核签发程序，同步将三级及以上风险作业许可情况备案。

6.4.3 当在防火重点部位或场所以及禁止明火区动火作业，应按附录 E 办理输变电工程动火作业票，与施工作业票配套使用。

6.4.4 风险作业开始实施前，作业班组负责人必须召开站班会，宣读作业票进行交底。

6.4.5 风险作业开始后、每日作业前，作业班组负责人应按照附表 D 对当日风险进行复核、检查作业必备条件及当日控制措施落实情况、召开站班会对风险作业进行三交三查后方可开展作业。

6.4.6 站班会应全程录音并存档，参与作业的人员进行全员签名。

6.4.7 在风险控制措施不到位的情况下，作业人员有权指出、上报，并拒绝作业。

6.4.8 风险作业过程中，作业班组安全员及安全监护人员必须专职从事安全管理或监护工作，不得从事其他作业。

6.4.9 风险作业过程中，作业班组负责人在作业时全程进行风险控制。同时应依据现场实际情况，及时向施工项目部提出变更风险级别的建议。

6.4.10 风险作业过程中，如遇突发风险等特殊情况，任何人均应立即停止作业。

6.4.11 风险作业过程中，各级管理人员按要求履行风险管控职责。

6.4.12 三级及以上风险应实施远程视频监控，由各级风险值班管控人员进行监督。各单位同时采用"四不两直"形式进行检查监督。

6.4.13 每日作业结束后，作业班组负责人向施工项目部报告安全管理情况。

6.4.14 风险作业完成后，作业班组负责人终结施工作业票并上报施工项目部，同时更新风险作业计划。

7 施工作业票管理

7.1 施工作业票管理应符合公司标准 Q/GDW 11957（所有部分）的规定。

7.2 四、五级风险作业按附录 D 填写输变电工程施工作业 A 票，由班组安全员、技术员审核后，项目总工签发；三级及以上风险作业按附录 D 填写输变电工程施工作业 B 票，由项目部安全员、技术员审核，项目经理签发后报监理审核后实施。涉及二级风险作业的 B 票还需报业主项目部审核后实施。填写施工作业票，应明确施工作业人员分工。

7.3 一个班组同一时间只能执行一张施工作业票，一张施工作业票可包含最多一项三级及以上风险作业和多项四级、五级风险作业，按其中最高的风险等级确定作业票种类。作业票终结以最高等级的风险作业为准，未完成的其他风险作业延续到后续作业票。

7.4 同一张施工作业票中存在多个作业面时，应明确各作业面的安全监护人。

7.5 同一张作业票对应多个风险时，应经综合选用相应的预控措施。

7.6 对于施工单位委托的专业分包作业，可由专业分包商自行开具作业票。专业分包商需将施工作业票签发人、班组负责人、安全监护人报施工项目部备案，经施工项目部培训考核合格后方可开票。

7.7 对于建设单位直接委托的变电站消防工程作业、钢结构彩板安装施工作业、装配式围墙施工、图像监控等，涉及专业承包商独立完成的作业内容，由专业承包商将施工作业票签发人、班组负责人、安全监护人报监理项目部备案，监理项目部负责督促专业承包商开具作业票。

7.8 不同施工单位之间存在交叉作业时，应知晓彼此的作业内容及风险，并在相关作业票中的"补充控制措施"栏，明确应采取的措施。

7.9 施工作业票使用周期不得超过 30 天。

第八章　相关法律、法规知识

随着电力事业的快速发展，电网工程建设作为电力基础设施的重要组成部分，其规范化、标准化、法制化建设显得尤为重要。

第一节　法律法规基础知识

一、基础法律法规

电网工程建设土建工程的基础法律法规主要包括《中华人民共和国建筑法》《中华人民共和国土地管理法》《中华人民共和国环境保护法》等。这些法律为电网工程建设提供了基本的法律框架和制度保障。

首先，《中华人民共和国建筑法》明确了建筑工程的规划、设计、施工、验收等各个环节的法律要求，规范了建筑市场秩序，保障了建筑工程的质量和安全。在电网工程建设中，土建工程作为建筑工程的重要组成部分，也应严格遵守规定。

其次，《中华人民共和国土地管理法》规定了土地的使用、征收、补偿等制度，为电网工程建设提供了土地使用方面的法律保障。在电网工程建设中，需要依法办理土地使用手续，合理利用土地资源，保护耕地和生态环境。

此外，《中华人民共和国环境保护法》要求建设项目必须符合环境保护要求，采取必要的环保措施，防止环境污染和生态破坏。电网工程建设中，土建工程应严格执行环保法规定，确保工程建设过程中的环境保护。

二、专门规程规范

除了基础法律法规外，电网工程建设土建工程还涉及一些专门的规程规范，如《电网工程建设质量管理规定》《电网工程建设安全生产管理规定》等。这些规程规范为电网工程建设提供了更加具体、细化的法律要求和技术标准。

《电网工程建设质量管理规定》明确了电网工程建设质量管理的制度、程序和要求，规定了质量检查、验收、评估等环节的具体操作办法。通过实施该规定，可以有效提高电网工程建设的质量水平，保障电网的安全稳定运行。

《电网工程建设安全生产管理规定》要求电网工程建设必须遵循安全生产原则，建立健全安全生产管理制度，加强施工现场安全管理，预防和控制安全事故的发生。该规定对于保障电网工程建设中的人员安全和设备安全具有重要意义。

三、环境保护法规

在电网工程建设中，环境保护法规同样具有重要地位。相关法规主要包括《中华人民共和国环境影响评价法》《建设项目环境保护管理条例》等。这些法规要求电网工程建设必须进行环境影响评价，采取相应的环保措施，确保工程建设符合环保要求。

同时，电网工程建设还应遵循"预防为主、防治结合"的环保原则，采取有效措施减少环境污染和生态破坏。在工程建设过程中，应尽可能采用环保材料和工艺，降低能耗和排放，促进电网建设的可持续发展。

四、法律责任与监管

法律责任与监管是电网工程建设土建工程法律法规实施的重要保障。根据相关法律法规规定，电网工程建设单位、施工单位、监理单位等主体应承担相应的法律责任和义务。对于违反法律法规的行为，将依法追究其法律责任。

同时，政府部门应加强对电网工程建设的监管力度，建立健全监管机制和举报渠道，及时发现和纠正违法行为。对于重大违法案件，应依法严肃处理，维护市场秩序和公众利益。

五、法规更新与适用

随着电力事业的快速发展和技术的不断进步，电网工程建设土建工程适用的法律法规也在不断更新和完善。新的法规和技术标准的出台，为电网工程建设提供了更加科学、合理的法律指导和技术支持。

在适用新法规和技术标准时，应注意其适用范围和条件，确保其与电网工程建设的实际情况相符合。同时，还应加强对新法规和技术标准的学习和培训，提高从业人员的法律意识和技能水平。

电网工程建设适用规程规范中的相关法律法规是保障电网建设质量、促进电力事业发展的重要保障。通过遵守法律法规、加强监管和更新适用新法规技术标准等措施，可以不断提高电网工程建设的质量和水平，促进电力事业的可持续发展。同时，也应不断加强对法律法规的学习和培训，提高从业人员的法律意识和技能水平，为电网工程建设提供更加坚实的法律保障。

第二节　法律、法规相关要求

一、《中华人民共和国劳动法》

《中华人民共和国劳动法》自 1995 年 1 月 1 日起施行，2009 年 8 月 27 日第十一届全国人民代表大会常务委员会第十次会议《关于修改部分法律的决定》进行第一次修正，2018 年 12 月 29 日第十三届全国人民代表大会常务委员会第七次会议《关于修改〈中华人民共和国劳动法〉等七部法律的决定》进行第二次修正。劳动法我国调整劳动关系、保障劳动者合法权益的基本法律。它旨在确立劳动关系的法律地位，保障劳动者的劳动权益，促进劳动关系的和谐与稳定，推动经济社会的持续健康发展，建立和维护适应社会主义市场经济的劳动制度，促进经济发展和社会进步，根据宪法而制定的法律。它适用于中华人民共和国境内的劳动者和用人单位的劳动关系。其中，劳动合同是劳动法的核心内容之一，劳动者与用人单位应当遵循公平、自愿、平等、协商一致的原则订立劳动合同。

劳动法还包括了工作时间和休息休假、工资、劳动安全卫生、女职工和未成年工特殊保护、职业培训、社会保险和福利、劳动争议等方面的规定。这些内容都是为了确保劳动者的权益得到充分保障，同时促进劳动关系的和谐稳定。

1. 总则

《中华人民共和国劳动法》的总则部分主要明确了该法的立法宗旨和基本原则。

首先，立法宗旨在于保护劳动者的合法权益，调整劳动关系，建立和维护适应社会主义市场经济的劳动制度，促进经济发展和社会进步。这体现了劳动法对劳动者权益的高度重视，以及对建立和谐稳定劳动关系的追求。

劳动法的基本原则包括：劳动既是权利又是义务的原则，即每一个有劳动能力的公民都有从事劳动的同等的权利，同时劳动也是公民的义务；保护劳动者合法权益的原则，强调对劳动者权益的充分保障；以及劳动力资源合理配置原则，旨在实现劳动力市场的有效运作和资源的优化配置。

这些原则贯穿于劳动法的各个章节和条款中，为劳动关系的调整、劳动合同的签订与履行、劳动者的权益保障等方面提供了指导和依据。同时，总则部分也为整部法律的实施和适用奠定了坚实的基础，确保了劳动法在维护劳动者权益、促进经济发展和社会进步方面发挥重要作用。

2. 促进就业

《中华人民共和国劳动法》在促进就业方面发挥了重要的作用。劳动法明确规定了国家促进就业的职责和措施，旨在创造更多的就业机会，保障劳动者的权益，推动经济发展和社会进步。

劳动法强调了国家对扩大就业的重视。国家把扩大就业放在经济社会发展的突出位置，实施积极的就业政策，通过发展经济和调整产业结构、规范人力资源市场、完善就业服务、加强职业教育和培训、提供就业援助等措施，为劳动者创造更多的就业机会。

劳动法规定了劳动者在就业方面的权益。劳动者依法享有平等就业和自主择业的权利，不因民族、种族、性别、宗教信仰等不同而受歧视。这确保了劳动者在就业市场上的公平待遇，有助于消除就业歧视，促进劳动力市场的健康发展。

劳动法还鼓励和支持企业、事业组织、社会团体等兴办产业或者拓展经营，增加就业。国家通过提供财政、税收、金融等方面的优惠政策，鼓励企业创造更多的就业岗位，吸纳更多的劳动者。

《中华人民共和国劳动法》在促进就业方面发挥了积极的作用，为劳动者提供了更多的就业机会和更好的就业环境。同时，劳动法也要求各级政府和有关部门加强就业服务和职业培训，提高劳动者的素质和就业能力，推动实现更加充分和更高质量的就业。

3. 劳动合同和集体合同

《中华人民共和国劳动法》中关于劳动合同和集体合同的规定，是保障劳动者权益、促进劳动关系和谐稳定的重要法律依据。劳动合同是劳动者与用人单位之间确立劳动关系、明确双方权利和义务的协议。它的签订遵循平等自愿、协商一致的原则，并不得违反法律、行政法规的规定。劳动合同的内容通常包括工作任务、劳动报酬、劳动条件、内部规章、合同期限、保险福利等，旨在明确双方在劳动关系中的具体权利和义务。

集体合同则是企业职工一方与用人单位通过平等协商，就劳动报酬、工作时间、休息休假、劳动安全卫生、保险福利等事项订立的书面协议。集体合同草案应当提交职工代表大会或者全体职工讨论通过。集体合同制度对于维护职工的合法权益、促进劳动关系的和谐稳定具有重要作用。通过集体协商和签订集体合同，可以平衡劳动者与用人单位之间的力量对比，确保劳动者在劳动关系中的主体地位和权益得到保障。

《中华人民共和国劳动法》还规定了劳动合同和集体合同的变更、解除和终止的条件和程序，以及违反这些规定所应承担的法律责任。这些规定有助于确保劳动合同和集体合同的合法性和有效性，维护劳动关系的稳定和劳动者的权益。

《中华人民共和国劳动法》中关于劳动合同和集体合同的规定，是构建和谐劳动关系、保障劳动者权益的重要法律保障。劳动者和用人单位都应遵守这些规定，共同维护劳动关系的和谐与稳定。

4. 工作时间和休息休假

《中华人民共和国劳动法》对工作时间和休息休假有明确规定，旨在保障劳动者的合法权益，促进劳动关系的和谐稳定。关于工作时间，劳动法规定劳动者每日工作时间不超过八小时，平均每周工作时间不超过四十四小时。这是标准工时制度的核心内容，确保劳动者的工作时间得到合理控制，避免过度劳动对身心健康造成损害。

关于休息休假，劳动法也有明确规定。劳动者每周至少应有一天的连续休息时间，即周末休息。此外，法定节假日如元旦、春节、国际劳动节、国庆节等，劳动者依法享有休假权利。这些规定确保了劳动者在忙碌的工作之余，能够有足够的休息时间，以恢复体力和精力，更好地投入到工作中。

除了标准工时制度和休息休假规定外，劳动法还允许用人单位在特殊情况下延长工作时间，但必须经过与工会和劳动者的协商，且延长的工作时间不得超过法定限制。同时，对于延长的工作时间，用人单位应当按照法律规定支付加班费，以保障劳动者的合法权益。

劳动法还规定了劳动者在工作日内享有必要的间歇时间，如午休时间等，以减少劳动者的疲劳和紧张状态。这些规定体现了对劳动者身心健康的关怀和尊重。

《中华人民共和国劳动法》对工作时间和休息休假做出了明确规定，旨在保障劳动者的合法权益和身心健康。劳动者和用人单位都应遵守这些规定，共同营造和谐的劳动关系和社会环境。

5. 工资

《中华人民共和国劳动法》对于工资的相关规定，旨在保障劳动者的合法权益，确保劳动者获得合理的劳动报酬。劳动法明确规定了工资分配应当遵循按劳分配原则，实行同工同酬。这意味着在同一单位从事相同工作、付出等量劳动且取得相同劳动业绩的劳动者，有权获得同等的劳动报酬。

国家实行最低工资保障制度。最低工资标准由各省、自治区、直辖市人民政府规定，并报国务院备案。这一制度旨在确保劳动者的基本生活需求得到满足，防止用人单位支付过低的工资。

《中华人民共和国劳动法》还规定了工资应当以货币形式按月支付给劳动者本人，不得克扣或者无故拖欠劳动者的工资。这确保了劳动者能够按时、足额地获得应得的劳动报酬。

在特殊情况下，如劳动者在法定休假日、婚丧假期间以及依法参加社会活动期间，用人单位应当依法支付工资。这体现了劳动法对劳动者权益的全面保障。

关于工资的计算和支付方式，劳动法也做出了明确规定。用人单位应当按照劳动合同的约定和国家规定，向劳动者及时足额支付劳动报酬。同时，用人单位应当为劳动者建立工资台账，并至少保存两年备查。

《中华人民共和国劳动法》关于工资的规定体现了对劳动者权益的充分保障和尊重。这些规定有助于确保劳动者获得合理的劳动报酬，维护劳动关系的和谐稳定。

6. 劳动安全与卫生

《中华人民共和国劳动法》中关于劳动安全卫生的规定，主要目的是保障劳动者在劳动过程中的安全和健康，预防和减少劳动事故和职业病的发生。用人单位必须建立、健全劳动安全卫生制度，并严格执行国家劳动安全卫生规程和标准。这包括制定并实施一系列安全卫生管理措施，确保劳动环境的安全和卫生条件符合规定。

用人单位必须为劳动者提供符合国家规定的劳动安全卫生条件和必要的劳动防护用品。这包括提供安全的工作场所、设备、设施以及必要的个人防护装备，如安全帽、防护服、手套等，以减少劳动者在工作中可能受到的伤害。

劳动法还规定了对从事有职业危害作业的劳动者应当定期进行健康检查。这是为了及时发现和预防职业病的发生，保障劳动者的身体健康。

在特种作业方面，劳动法要求从事特种作业的劳动者必须经过专门培训并取得特种作业资格。这是为了确保特种作业人员具备必要的专业技能和安全意识，能够正确、安全地进行作业。

劳动者在劳动过程中必须严格遵守安全操作规程。对于用人单位管理人员违章指挥、强令冒险作业的情况，劳动者有权拒绝执行；对危害生命安全和身体健康的行为，劳动者有权提出批评、检举和控告。国家还建立了伤亡事故和职业病统计报告和处理制度，以便及时发现和处理劳动安全卫生问题，防止类似事故的再次发生。

《中华人民共和国劳动法》中关于劳动安全卫生的规定体现了对劳动者权益的充分保障和尊重。这些规定有助于预防和减少劳动事故和职业病的发生，保护劳动者的安全和健康。

7. 女职工和未成年工特殊保护

《中华人民共和国劳动法》对女职工和未成年工的特殊保护有着明确的规定，旨在确保这两类劳动者在工作中的安全和健康，以及保障其合法权益。

对于女职工，劳动法主要规定了以下几方面的特殊保护：

禁止安排女职工从事矿山井下、国家规定的第四级体力劳动强度的劳动和其他禁忌从事的劳动。这体现了对女职工体力和生理特点的考虑，避免其从事过于繁重或有害健康的劳动。

对于孕期和哺乳期的女职工，劳动法也给予了特别的关照。不得安排女职工在孕期和哺乳期从事国家规定的第三级体力劳动强度的劳动和孕期、哺乳期禁忌从事的其他劳动。同时，对于怀孕 7 个月以上的女职工，不得安排其延长工作时间和夜班劳动。此外，女职工在经期也被禁止从事高、低温、冷水作业和国家规定的第三级体力劳动强度的劳动。

劳动法还规定了女职工享有不少于 90 天的产假，以保障其生育和恢复健康的权益。在产假期间，女职工享有生育津贴和医疗费用的相关保障。

对于未成年工，劳动法同样有着严格的特殊保护规定：

对于就业年龄的限制，我国法定最低就业年龄是一般行业不得招用未满 16 周岁的少年工人。这是为了保护未成年工的身心健康，避免其过早地参与劳动。

在工作时间和劳动强度方面，劳动法对未成年工也给予了特别的关照。一般情况下，对未成年工实行缩短工作时间，禁止安排他们做夜班及加班加点工作。同时，禁止安排未成年工从事矿山井下等特别繁重的体力劳动和对未成年工身体健康特别有害的工作。

用人单位还应当根据未成年工的生理和心理特点，定期组织对其进行健康检查，以确保其身体发育和健康状况。

《中华人民共和国劳动法》对女职工和未成年工的特殊保护体现了对这两类劳动者权益的高度重视和关怀，旨在为其创造一个安全、健康、公平的工作环境。

8. 职业培训

《中华人民共和国劳动法》对职业培训有着明确的规定和要求。这些规定旨在提升劳动者的职业技能和素质，增强他们的就业能力和工作能力。劳动法明确了职业培训的重要性和目的，即通过发展职业培训事业，开发劳动者的职业技能，提高其素质和就业能力。为此，国家采取各种途径和措施，鼓励和支持职业培训的发展。

劳动法对各级人民政府在职业培训方面的职责进行了规定。各级人民政府应当将发展职业培训纳入社会经济发展的规划，并鼓励和支持有条件的企业、事业组织、社会团体和个人进行各种形式的职业培训。

劳动法对用人单位在职业培训方面的责任也进行了明确。用人单位应当建立职业培训制度，按照国家规定提取和使用职业培训经费，根据本单位的实际情况，有计划地对劳动者进行职业培训。特别是对于从事技术工种的劳动者，上岗前必须经过培训。

劳动法还规定了职业技能标准和职业资格证书制度。国家确定职业分类，对规定的职业制定职业技能标准，并实行职业资格证书制度。经过政府批准的考核鉴定机构负责对劳动者进行职业技能考核鉴定，以确保其具备从事相应职业所需的能力和素质。

《中华人民共和国劳动法》对职业培训的规定和要求体现了对劳动者职业技能和素质提升的高度重视，旨在促进劳动者的全面发展，提高就业质量，推动社会经济的持续发展。

9. 社会保险和福利

《中华人民共和国劳动法》关于社会保险和福利的规定，旨在保障劳动者的合法权益，确保其在面对各种生活风险时得到必要的支持和帮助。关于社会保险，劳动法明确规定用人单位和劳动者必须依法参加社会保险，缴纳社会保险费。这包括养老保险、医疗保险、失业保险、工伤保险和生育保险等。社会保险作为一项基本保障制度，为劳动者在年老、患病、工伤、失业、生育等情况下提供必要的帮助和补偿。劳动法还规定社会保险基金按照保险类型确定资金来源，逐步实行社会统筹。

在福利方面，劳动法要求用人单位根据国家规定，结合本单位实际，为劳动者提供各项福利待遇。这些福利可能包括但不限于最低工资标准、加班工资、年终奖金、带薪年假等。同时，劳动法还强调用人单位应当为劳动者创造符合国家职业卫生标准和卫生要求的工作环境和条件，并采取措施防止职业危害，保护劳动者的身体健康。

劳动法还规定了劳动者在享受社会保险和福利方面的权利。例如，劳动者在退休、患病、负伤、因工伤残或患职业病、失业、生育等情形下，依法享受社会保险待遇。同时，用人单位在解除或终止劳动合同时，也应按照法律规定支付相应的经济补偿。

《中华人民共和国劳动法》关于社会保险和福利的规定，体现了对劳动者权益的全面保障和尊重。这些规定不仅有助于维护劳动者的合法权益，也有助于促进社会的和谐稳定和经济的持续发展。

10. 劳动争议

《中华人民共和国劳动法》对于劳动争议的处理有明确的规定。劳动争议，是指劳动关系双方当事人之间因劳动权利和劳动义务而发生的纠纷。用人单位与劳动者发生劳动争议时，双方可以依法申请调解、仲裁或提起诉讼，也可以选择协商解决。调解原则适用于仲裁和诉讼程序，旨在促进双方的和解，减少不必要的法律纠纷。

根据劳动争议的内容和性质，劳动争议可以分为不同的类型，例如权利争议和利益争议，或者按照职工一方当事人涉及的人数分为集体争议和个人争议等。每种类型的争议都有其特定的处理方式和程序。

当劳动者与用人单位发生劳动争议时，劳动者有权要求工会或者第三方与用人单位进行协商，以达成和解协议。如果协商不成或者不愿协商，劳动者可以向调解组织申请调解。调解组织包括企业劳动争议调解委员会、基层人民调解组织以及乡镇、街道设立的具有劳动争议调解职能的组织。调解达成协议的，应当制作调解协议书，对双方当事人具有约束力。

如果调解不成或者不愿调解，劳动者可以向劳动争议仲裁委员会申请仲裁。劳动争议仲裁委员会是依法设立的专门处理劳动争议的机构，其裁决具有法律效力。如果劳动者对仲裁裁决不服，还可以向人民法院提起诉讼。

在处理劳动争议时，应当遵循合法、公正、及时处理的原则，依法维护劳动争议当事人的合法权益。同时，用人单位也应当积极改善集体福利，提高劳动者的福利待遇，以减少劳动争议的发生。

《中华人民共和国劳动法》为劳动争议的处理提供了明确的法律依据和程序，旨在保护劳动者的合法权益，维护劳动关系的和谐稳定。

11. **监督检查**

《中华人民共和国劳动法》监督检查是确保劳动法规定得以有效实施的重要机制。这一机制主要通过行政主体或法律授权的社会组织进行，旨在保护劳动者的合法权益，监督用人单位和劳动服务主体遵守劳动法律法规的情况。

监督检查的主体通常是法定的行政机关或得到法律授权的社会组织。这些主体有权对用人单位的用人行为和劳动服务主体的服务行为进行监督，确保其符合劳动法的规定。其他普通的社会组织、有关单位和个人也可以对用人单位的违法行为进行控告，参与监督，但他们通常不享有直接的检查权和处罚权。

监督检查的主要目的是确保劳动法律法规得到切实执行，从而保护劳动者的合法权益。它涵盖了劳动合同的签订和履行、工资支付、工时制度、劳动安全卫生条件等多个方面。通过监督检查，可以及时发现和纠正用人单位的违法行为，维护劳动者的合法权益。

监督检查的方式多样，包括日常巡查、专项检查、举报调查等。劳动保障行政部门会定期对用人单位进行巡查，了解其遵守劳动法律法规的情况。同时，也会根据社会热点问题和劳动者举报的情况，开展专项检查，深入调查并处理违法行为。此外，劳动者和社会公众也可以通过举报机制，对用人单位的违法行为进行投诉和举报，促使劳动保障行政部门及时介入处理。

在监督检查过程中，如果发现用人单位存在违法行为，劳动保障行政部门会依法进行处理。这可能包括责令改正、罚款、吊销许可证等行政处罚措施。同时，也会加强对劳动者的宣传教育，提高他们的法律意识和维权能力。

《中华人民共和国劳动法》监督检查是保障劳动法规定得以有效实施的重要手段，通过行政主体和社会组织的共同努力，可以维护劳动者的合法权益，促进劳动关系的和谐稳定。

12. **法律责任**

《中华人民共和国劳动法》法律责任主要指的是劳动法主体因违反劳动法的规定所应承

担的法律后果。这些法律责任涵盖了多个方面，包括用人单位、劳动者以及其他相关主体在劳动关系中的行为。

用人单位作为劳动法主体之一，如果其制定的劳动规章制度违反法律、法规规定，或者违反劳动法规定延长劳动者工作时间、侵害劳动者合法权益等，都可能面临劳动行政部门的警告、责令改正以及罚款等法律责任。此外，用人单位如果未按照法律规定与劳动者订立劳动合同、未支付劳动者工资报酬或经济补偿等，也可能需要承担相应的法律责任。

劳动者作为另一方劳动法主体，如果违反劳动合同规定、违反劳动纪律或拒不履行劳动义务等，也可能面临用人单位的纪律处分或解除劳动合同等后果。同时，劳动者在享受社会保险和福利方面也有相应的权利和义务，如果违反相关规定，也可能需要承担相应的法律责任。

其他相关主体如工会、劳动行政部门等也在劳动法律责任体系中扮演重要角色。工会作为劳动者的代表组织，有权对用人单位的违法行为进行监督和投诉；劳动行政部门则负责监督劳动法的实施，对违法行为进行查处和处罚。

《中华人民共和国劳动法》法律责任体系是一个综合性的制度，旨在维护劳动关系的和谐稳定和保护劳动者的合法权益。通过明确各方的法律责任和追究机制，可以有效地预防和解决劳动争议和纠纷，促进劳动关系的健康发展。具体的法律责任和处罚措施会根据违法行为的性质、情节以及相关法律法规的规定而有所不同。

二、《中华人民共和国劳动合同法》

《中华人民共和国劳动合同法》自 2012 年 12 月 28 日第十一届全国人民代表大会常务委员会第三十次会议修订，修改后的劳动合同法自 2013 年 7 月 1 日起施行。该法有助于理顺劳动关系，在权衡国家、企业、劳动者三者利益的基础上，最大限度地保护劳动者的合法权益。通过明确劳动合同双方当事人的权利和义务，劳动合同法努力构建和谐稳定的劳动关系和社会环境。

1. 总则

《中华人民共和国劳动合同法》的总则部分主要明确了该法的立法宗旨、适用范围以及基本原则。立法宗旨在于完善劳动合同制度，明确劳动合同双方当事人的权利和义务，保护劳动者的合法权益，构建和发展和谐稳定的劳动关系。

在适用范围方面，该法规定中华人民共和国境内的企业、个体经济组织、民办非企业单位等组织（以下称用人单位）与劳动者建立劳动关系时，应适用该法。同时，国家机关、事业单位、社会团体和与其建立劳动关系的劳动者也适用此法。这意味着无论是私有部门还是公共部门，都受到劳动合同法的规范和保护。

劳动合同法还明确了基本原则，这些原则在签订和履行劳动合同时都应遵循。这些原则包括：

平等原则：劳动者和用人单位在法律上处于平等的地位，双方可以平等地决定是否缔约，平等地决定合同的内容。任何一方不得强迫对方与自己签订合同。

自愿原则：这是从平等原则引申出来的。当事人订立合同只能出于其内心意愿，不享有任何特权。

协商一致原则：要求劳动合同双方就合同的主要条款达成一致意见后，劳动合同才成立。

合法原则：劳动合同的订立不得违反法律、法规的规定。

这些原则共同构成了劳动合同法的基础，为劳动合同的签订、履行和解除提供了明确的指导。

2. 劳动合同的订立

《中华人民共和国劳动合同法》中关于劳动合同的订立，是劳动者和用人单位建立劳动关系的重要法律环节。根据该法，劳动合同的订立应当遵循合法、公平、平等自愿、协商一致、诚实信用的原则。

劳动者和用人单位应当就劳动合同的内容进行充分协商，确保双方对合同条款有清晰、准确的理解，并达成一致意见。这包括工作内容、工作地点、工作时间、劳动报酬、社会保险、劳动保护、劳动条件和职业培训等关键要素。

劳动合同应当以书面形式订立，并由双方签字或盖章确认。书面形式的劳动合同有助于明确双方的权利和义务，避免口头约定的模糊性和不确定性。

在订立劳动合同时，用人单位应当如实告知劳动者工作内容、工作条件、工作地点、职业危害、安全生产状况、劳动报酬，以及劳动者要求了解的其他情况。同时，劳动者也有权了解与劳动合同直接相关的用人单位的基本情况。

劳动合同的订立还应当符合法律、行政法规的规定，不得违反国家强制性规定。如果劳动合同的内容存在违法或不合理的情况，劳动者有权要求修改或拒绝签订。

劳动合同的订立应当体现诚实信用的原则。双方应当诚实守信，履行各自的义务，不得采取欺诈、胁迫等手段订立劳动合同。

《中华人民共和国劳动合同法》关于劳动合同的订立，旨在保障劳动者和用人单位的合法权益，促进劳动关系的和谐稳定，确保劳动合同的合法性和有效性。

3. 劳动合同的履行和变更

《中华人民共和国劳动合同法》关于劳动合同的履行和变更的规定，是确保劳动关系稳定和谐、保障劳动者权益的重要法律依据。

在劳动合同的履行方面，用人单位与劳动者应当按照劳动合同的约定，全面履行各自的义务。这包括按照约定提供劳动条件、支付劳动报酬、保障劳动者休息休假等权益。同时，用人单位应当严格执行劳动定额标准，不得强迫或者变相强迫劳动者加班。如果用人单位安排加班，应当按照国家有关规定向劳动者支付加班费。此外，劳动者有权拒绝用人单位管理人员违章指挥、强令冒险作业，并不视为违反劳动合同。对于危害生命安全和身体健康的劳动条件，劳动者有权对用人单位提出批评、检举和控告。

在劳动合同的变更方面，用人单位与劳动者协商一致，可以变更劳动合同约定的内容。但需要注意的是，变更劳动合同应当采用书面形式，并由用人单位和劳动者各执一份变更后的劳动合同文本。这样的规定有助于确保双方对变更内容的明确认知，并避免后续可能产生的纠纷。

劳动合同的变更还可能涉及一些特殊情况。例如，当劳动合同订立时所依据的客观情况发生重大变化，导致劳动合同无法履行时，用人单位与劳动者应协商处理。如果双方无法就变更劳动合同内容达成协议，用人单位在提前三十日以书面形式通知劳动者本人或者额外支付劳动者一个月工资后，可以解除劳动合同。

《中华人民共和国劳动合同法》关于劳动合同的履行和变更的规定，旨在维护劳动关系的稳定和谐，保障劳动者的合法权益。用人单位和劳动者都应遵守相关法律法规，共同构建和谐稳定的劳动关系。

4. 劳动合同的解除和终止

《中华人民共和国劳动合同法》关于劳动合同的解除和终止有明确的规定。

劳动合同的解除，是指劳动合同在有效期限内，因双方或单方的法律行为导致劳动合同关系提前消灭。解除的方式包括双方协商一致解除、劳动者单方解除和用人单位单方解除。劳动者单方解除又包括提前通知解除和随时通知解除，例如劳动者在试用期内或用人单位存在违法行为时，劳动者有权随时通知用人单位解除劳动合同。用人单位单方解除则包括劳动者存在过错时的解除和无过失性解除，如劳动者不能胜任工作、劳动合同订立时的客观情况发生重大变化等。

劳动合同的终止，则是指劳动合同关系因一定法律事实的出现而终结，双方不再履行劳动合同确定的义务。根据《劳动合同法》的规定，劳动合同终止的情形包括劳动合同期满、劳动者开始依法享受基本养老保险待遇、劳动者死亡或被宣告死亡或失踪、用人单位被依法宣告破产、用人单位被吊销营业执照或责令关闭或撤销、用人单位决定提前解散，以及法律、行政法规规定的其他情形。此外，还有一些特殊情况下劳动合同应当续延至相应情形消失时终止，例如从事接触职业病危害作业的劳动者未进行离岗前职业健康检查等。

无论是劳动合同的解除还是终止，都需要遵循法律规定的程序和条件，以确保劳动关系的合法性和稳定性，同时保障劳动者和用人单位的合法权益。在实际操作中，双方应当充分了解并遵守相关法律法规，确保劳动关系的和谐与稳定。

5. 特别规定

《中华人民共和国劳动合同法》的特别规定主要涵盖了几个重要的方面，以确保劳动者的权益得到充分保障，并规范劳动关系的各个方面。以下是一些主要的特别规定：

集体合同的规定：

企业职工一方与用人单位可以通过平等协商，就劳动报酬、工作时间、休息休假、劳动安全卫生、保险福利等事项订立集体合同。

集体合同草案应当提交职工代表大会或者全体职工讨论通过。

集体合同由工会代表企业职工一方与用人单位订立。尚未建立工会的用人单位，由上级工会指导劳动者推举的代表与用人单位订立。

集体合同订立后，应当报送劳动行政部门；劳动行政部门自收到集体合同文本之日起十五日内未提出异议的，集体合同即行生效。

工资的规定：

工资分配应当遵循按劳分配原则，实行同工同酬。

用人单位根据本单位的生产经营特点和经济效益，依法自主确定本单位的工资分配方式和工资水平。

国家实行最低工资保障制度，用人单位支付劳动者的工资不得低于当地最低工资标准。

工资应当以货币形式按月支付给劳动者本人，不得克扣或者无故拖欠劳动者的工资。

休息时间的规定：

劳动者每天工作时间不超过 8 小时、每周工作不超过 40 小时。

休息日安排劳动者加班工作的，应首先安排补休，不能补休时，则应支付不低于工资的百分之二百的工资报酬。

法定休假日安排劳动者加班工作的，应当支付加班费。

福利待遇的规定：

劳动合同中的福利待遇包括工作时间与休假、工资、保险福利等。

用人单位和劳动者必须依法参加社会保险，缴纳社会保险费。

劳动者连续工作 1 年以上的，享受带薪年休假。

此外，还有一些针对特殊行业和特殊情况的特别规定，例如建筑业、采矿业、餐饮服务业等行业可以订立行业性集体合同或区域性集体合同。这些特别规定旨在满足不同行业和情况下的特殊需求，确保劳动关系的和谐稳定。

6. 监督检查

《中华人民共和国劳动合同法》的监督检查是确保劳动法律法规得以有效执行的重要环节。监督检查的主要目的是保护劳动者的合法权益，规范用人单位的行为，维护劳动关系的和谐稳定。

根据《劳动合同法》的相关规定，监督检查工作主要由县级以上地方人民政府劳动行政部门负责。这些部门依法对劳动合同制度的实施情况进行监督检查，包括用人单位制定直接涉及劳动者切身利益的规章制度及其执行的情况，用人单位与劳动者订立和解除劳动合同的情况等。

在监督检查过程中，劳动行政部门有权采取多种方式进行调查和检查。首先，他们有权查阅与劳动合同、集体合同有关的材料，以了解用人单位的规章制度、劳动合同签订和履行情况等。其次，劳动行政部门还可以对劳动场所进行实地检查，观察劳动者的劳动条件、安全卫生状况等，以确保用人单位遵守相关法律法规。

劳动行政部门在监督检查过程中还会积极听取工会、企业方面代表，以及有关行业主管部门的意见。这些意见和建议对于了解实际情况、发现问题以及制定改进措施具有重要意义。

如果用人单位存在违反劳动合同法的行为，劳动行政部门有权依法进行处罚。处罚措施包括责令改正、罚款、吊销营业执照等，以维护劳动者的合法权益和劳动关系的稳定。

《中华人民共和国劳动合同法》的监督检查是确保劳动法律法规得以有效执行的重要保障。通过加强监督检查工作，可以及时发现和纠正违法行为，保护劳动者的合法权益，促进劳动关系的和谐稳定。

7. 法律责任

《中华人民共和国劳动合同法》中明确规定了劳动者和用人单位的法律责任，旨在保护劳动者的合法权益，规范劳动关系的运行。

对于劳动者，其法律责任主要包括违反劳动合同的责任。例如，当劳动者违反法律规定解除劳动合同或违反劳动合同中约定的保密事项，且这些行为对用人单位造成经济损失时，劳动者应依法承担赔偿责任。此外，劳动者还需遵守劳动纪律和职业道德，否则也可能承担相应的法律责任。

对于用人单位，其法律责任则更加广泛。首先，用人单位制定的劳动规章制度若违反法律、法规规定，将受到劳动行政部门的警告，并责令改正；若对劳动者造成损害，用人单位还需承担赔偿责任。其次，用人单位在用工过程中若违反法律规定，如延长劳动者工作时间、克扣或无故拖欠劳动者工资、拒不支付劳动者延长工作时间工资报酬等，将受到劳动行政部门的处罚，并需支付劳动者相应的工资报酬、经济补偿和赔偿金。此外，用人单位还需遵守劳动法对女职工和未成年工的特殊保护规定，否则也将承担相应的法律责任。

用人单位在订立劳动合同时也需遵守法律规定。若用人单位自用工之日起超过一个月不满一年未与劳动者订立书面劳动合同的，应向劳动者每月支付两倍的工资。若用人单位违反规定不与劳动者订立无固定期限的劳动合同，也需承担相应的法律责任。

当劳动合同需要解除或终止时，双方都应遵守法律规定。在特定情况下，如未按照合同约定提供劳动条件、未足额支付劳动报酬等，劳动者或用人单位都有权解除劳动合同。但解除劳动合同需依法进行，否则也可能承担违约责任。

三、《中华人民共和国安全生产法》

《中华人民共和国安全生产法》是一部为了加强安全生产工作，防止和减少生产安全事故，保障人民群众生命和财产安全，促进经济社会持续健康发展而制定的法律。该法于2002年6月29日由第九届全国人民代表大会常务委员会第二十八次会议通过，自2002年11月1日起实施。此后，该法又经过多次修正，包括2009、2014年和2021年的修正。最新版的《中华人民共和国安全生产法》于2021年6月10日由第十三届全国人民代表大会常务委员会第二十九次会议通过，自2021年9月1日起施行。《中华人民共和国安全生产法》是我国安全生产领域的基本法律，旨在加强安全生产工作，防止和减少生产安全事故，保障人民群众生命和财产安全，促进经济社会持续健康发展。该法明确了安全生产工作的基本原则、生产经营单位的主体责任、从业人员的权益保障、监督管理机制、事故应急救援与调查处理以及法律责任等方面的内容，为全社会安全生产提供了坚实的法律保障。

1. 总则

《中华人民共和国安全生产法》的总则部分概述了该法的立法目的、适用范围、基本原则和主要责任方等内容。立法目的方面，安全生产法的总则通常会强调加强安全生产工作，防止和减少生产安全事故，保障人民群众生命和财产安全，促进经济社会持续健康发展。

在适用范围方面，该法适用于在中华人民共和国领域内从事生产经营活动的单位的安全生产活动。它明确了生产经营单位的主要负责人是本单位安全生产的第一责任人，对本单位的安全生产工作全面负责。此外，总则还会确立安全生产工作的基本原则，如坚持中国共产党的领导，坚持人民至上、生命至上，树立安全发展理念，以及预防为主、综合治理的方针等。这些原则贯穿于整部法律，为安全生产工作提供了指导。

2. 生产经营单位的安全生产保障

《中华人民共和国安全生产法》对于生产经营单位的安全生产保障做出了明确的规定和要求，这些规定旨在确保生产经营单位在从事各项活动时能够保障员工和社会公众的安全，防止和减少生产安全事故的发生。

生产经营单位必须遵守国家关于安全生产的法律、法规和标准，制定并执行相应的安全生产规章制度和操作规程。这些规章制度和操作规程应当包括安全生产责任制、安全生产教育和培训、安全生产检查、事故隐患排查治理、应急救援等方面的内容，确保生产过程中的每个环节都有明确的安全要求和操作规范。

生产经营单位应当建立健全安全生产责任制，明确各级管理人员和操作人员的安全生产职责和权力。主要负责人应当对本单位的安全生产工作全面负责，组织制定并实施安全生产工作计划和措施，确保安全生产投入的有效实施。同时，生产经营单位还应当加强安全生产管理机构和人员的建设，配备专业的安全生产管理人员，负责安全生产的日常管理和监督。

生产经营单位应当加强从业人员的安全生产教育和培训，确保他们具备必要的安全生产知识和技能。对于特种作业人员，必须按照国家有关规定进行专门的安全作业培训，取得相应资格后方可上岗作业。同时，生产经营单位还应当为从业人员提供符合国家标准或者行业标准的劳动防护用品，并监督、教育从业人员按照使用规则佩戴、使用。

在安全生产投入方面，生产经营单位应当确保安全生产所需的资金投入，包括用于改善安全生产条件、进行安全技术改造、配备安全防护设施等方面的费用。这些投入应当纳入企业的年度预算，并专款专用，确保安全生产工作的顺利进行。

生产经营单位还应当加强事故预防和应急救援工作。他们应当定期进行安全生产检查和事故隐患排查治理，及时发现并消除事故隐患。同时，制定并实施生产安全事故应急救援预案，定期组织演练，提高应对突发事件的能力。在发生生产安全事故时，应当立即启动应急预案，组织救援并报告有关部门。

《中华人民共和国安全生产法》对于生产经营单位的安全生产保障提出了明确的要求和规定。生产经营单位应当严格遵守这些规定，加强安全生产管理，确保员工和社会公众的安全健康。

3. 从业人员的安全生产权利义务

《中华人民共和国安全生产法》对于从业人员的安全生产权利和义务有着明确的规定。这些规定旨在保障从业人员在从事生产经营活动时的安全与健康，同时明确他们在安全生产中的责任和义务。

在权利方面，首先，从业人员享有依法获得安全生产保障的权利，包括获得符合安全要求的工作环境、条件和劳动防护用品等。其次，他们有权了解其作业场所和工作岗位存在的危险因素、防范措施及事故应急措施，并有权对本单位的安全生产工作提出建议。此外，从业人员还有权对安全生产工作中存在的问题提出批评、检举和控告，拒绝违章指挥和强令冒险作业。在发生直接危及人身安全的紧急情况时，从业人员有权停止作业或者在采取可能的应急措施后撤离作业场所。如果因生产安全事故受到损害，从业人员依法享有工伤保险待遇和其他相应的赔偿权利。

在义务方面，从业人员应当严格遵守本单位的安全生产规章制度和操作规程，服从管理，正确佩戴和使用劳动防护用品。他们应当接受安全生产教育和培训，掌握本职工作所需的安全生产知识，提高安全生产技能，增强事故预防和应急处理能力。同时，从业人员有义务发现事故隐患或者其他不安全因素时，及时向现场安全生产管理人员或者本单位负责人报告。在紧急情况下，他们应当积极采取可能的应急措施，并按照规定撤离作业场所。

这些权利和义务的规定，既保障了从业人员的安全与健康，又明确了他们在安全生产中的责任。通过遵守这些规定，从业人员可以积极参与安全生产工作，共同维护一个安全、健康的工作环境。同时，生产经营单位也应当尊重和保障从业人员的安全生产权利，为他们提供必要的支持和保障。

4. 安全生产的监督管理

《中华人民共和国安全生产法》对于安全生产的监督管理有着明确的规定和要求，这些规定旨在确保各级政府和相关部门能够有效地履行安全生产监督管理职责，预防和减少生产安全事故的发生。

各级政府应当加强安全生产监督管理工作，建立健全监督管理体系，落实安全生产责任。这意味着政府需要制定和执行安全生产相关的法律、法规和标准，确保各项安全生产要求得到全面贯彻。同时，政府还应当加强对生产经营单位的安全生产工作的检查和指导，及时发现和纠正存在的问题。

监督管理部门在安全生产监督管理中扮演着重要角色。这些部门包括国务院及其有关部门、地方各级人民政府安全生产监督管理部门等。他们应当加强执法队伍建设和专业水平培训，确保执法人员具备岗位所需的知识和技能。同时，他们应当依法开展执法活动，对生产经营单位进行定期和不定期的安全生产检查，对违法行为进行查处，并督促生产经营单位整改存在的安全隐患。

《中华人民共和国安全生产法》还强调了社会监督的作用。任何单位或者个人对事故隐患或者安全生产违法行为，均有权向负有安全生产监督管理职责的部门报告或者举报。这有助于形成全社会共同参与安全生产监督管理的良好氛围。

《中华人民共和国安全生产法》通过明确各级政府、监督管理部门和社会各界的职责和要求，构建了一个全方位、多层次的安全生产监督管理体系。这将有助于提升我国的安全生产水平，保障人民群众的生命财产安全。

5. 安全生产事故的应急救援与调查处理

《中华人民共和国安全生产法》对生产安全事故的应急救援与调查处理作出了明确规定，以确保在事故发生时能够迅速有效地进行救援，并依法追究事故责任。

在应急救援方面，有关地方人民政府和负有安全生产监督管理职责的部门的负责人接到生产安全事故报告后，应当按照生产安全事故应急救援预案的要求立即赶到事故现场，组织事故抢救。参与事故抢救的部门和单位应当服从统一指挥，加强协同联动，采取有效的应急救援措施，并根据事故救援的需要采取警戒、疏散等措施，防止事故扩大和次生灾害的发生，减少人员伤亡和财产损失。事故抢救过程中应当采取必要的措施，避免或者减少对环境造成的危害。任何单位和个人都应当支持、配合事故抢救，并提供一切便利条件。

在调查处理方面，事故调查处理应当按照科学严谨、依法依规、实事求是、注重实效的原则进行。目的是及时、准确地查清事故原因，查明事故性质和责任，评估应急处置工作，总结事故教训，提出整改措施，并对事故责任单位和人员提出处理建议。事故调查报告应当依法及时向社会公布。事故发生单位应当及时全面落实整改措施，负有安全生产监督管理职责的部门应当加强监督检查。

这些规定确保了生产安全事故的应急救援和调查处理工作能够依法、科学、有序地进行，最大限度地减少事故造成的人员伤亡和财产损失，并追究相关责任人的法律责任，从而推动安全生产工作的持续改进和提升。

6. 法律责任

《中华人民共和国安全生产法》中规定的法律责任主要包括民事法律责任、行政法律责任以及刑事法律责任。

民事法律责任主要体现在生产经营单位因安全生产问题导致的他人财产损失或人身伤害应承担的赔偿责任。若因违法生产造成人身损害赔偿，相关责任主体需依法承担相应的民事责任。

行政法律责任主要针对生产经营单位和负有安全生产监督管理职责的部门的工作人员。若生产经营单位未按照安全生产法及相关法律法规进行生产，可能受到责令限期改正、罚款、停产停业整顿等行政处罚。对于负有安全生产监督管理职责的部门的工作人员，若存在违法行为，如批准不符合法定安全生产条件的事项、未及时处理重大事故隐患等，将受到降级、撤职等政务处分；若构成犯罪，还将追究刑事责任。

依照《中华人民共和国安全生产法》的规定，生产安全事故责任单位和责任人员需承担的法律责任也包含行政责任。这包括政务处分和行政处罚，具体种类有警告、记过、记大过、降级、撤职、开除等。

若构成犯罪，相关责任人员还可能面临刑事责任的追究。这主要依据刑法的相关规定，对违反安全生产法造成严重后果的行为进行刑事制裁。

《中华人民共和国安全生产法》通过明确各类法律责任，旨在强化安全生产管理，预防和减少生产安全事故，保障人民群众的生命和财产安全。同时，也提醒所有相关单位和个人必须严格遵守安全生产法律法规，确保生产活动的安全进行。

四、《中华人民共和国环境保护法》

《中华人民共和国环境保护法》该法经历了多次修订，自1979年首次颁布试行版本以来，不断适应我国经济社会发展和环境保护的实际需要。目前施行的版本是在2014年4月24日第十二届全国人民代表大会常务委员会第八次会议修订后，自2015年1月1日起正式施行。《中华人民共和国环境保护法》是我国环境保护领域的基本法律，立法目的是保护和改善环境，防治污染和其他公害，保障公众健康，推进生态文明建设，促进经济社会可持续发展提供了坚实的法律保障。该法明确了"环境"和"环境保护"的定义，并提出了保护优先、预防为主、综合治理、公众参与和损害担责等环境保护的基本原则。它规定了各级人民政府、企业事业单位和其他生产经营者以及公民在环境保护中的责任和义务，强调了全社会的共同责任。

1. 总则

《中华人民共和国环境保护法》明确了该法的立法目的，即为保护和改善环境，防治污染和其他公害，保障公众健康，推进生态文明建设，促进经济社会可持续发展。这体现了环境法的基本价值和功能，为后续的法条制定和实施提供了方向。

对"环境"进行了定义，包括影响人类生存和发展的各种天然的和经过人工改造的自然因素的总体，如大气、水、海洋、土地、矿藏、森林、草原、湿地、野生生物、自然遗迹、人文遗迹、自然保护区、风景名胜区、城市和乡村等。这一定义为法律的实施提供了明确的适用范围。

总则还强调了保护环境是国家的基本国策，并规定了环境保护的基本原则，包括保护优先、预防为主、综合治理、公众参与、损害担责等。这些原则为环境保护工作提供了指导，确保环境保护工作能够科学、有效地进行。

总则还明确了环境保护的义务主体，包括一切单位和个人，特别是地方各级人民政府应当对本行政区域的环境质量负责。企业事业单位和其他生产经营者应当防止、减少环境污染和生态破坏，并对所造成的损害依法承担责任。公民则应当增强环境保护意识，采取低碳、节俭的生活方式，自觉履行环境保护义务。《中华人民共和国环境保护法》的总则部分为整个法律的实施提供了基础性的指导和规范，体现了国家对环境保护工作的重视和决心。

2. 监督管理

《中华人民共和国环境保护法》在监督管理方面有着明确的规定。国务院环境保护主管部门对全国环境保护工作实施统一监督管理，而县级以上地方人民政府环境保护主管部门则对本行政区域的环境保护工作实施统一监督管理。这意味着从中央到地方，都有专门的机构负责环境保护的监督管理工作，确保了监督的全面性和有效性。

除了环境保护主管部门外，县级以上人民政府的其他有关部门和军队环境保护部门也需依法对资源保护和污染防治等环境保护工作实施监督管理。这种跨部门、跨领域的协同合作，有助于形成环境保护的合力，提高监管效率。

环境监察机构受环境保护主管部门的委托，有权对排污单位和其他生产经营者进行现场检查。这种现场检查的方式可以更加直观地了解企业的排污情况和环保措施的执行情况，从而及时发现和解决问题。

在监督管理的过程中，各级政府和有关部门还需依法公开环境信息，加强公众参与和社会监督。这不仅可以增强公众对环境保护工作的了解和认识，还能促进社会各界共同参与到环境保护中来，形成全社会共同关注、共同参与的良好氛围。《中华人民共和国环境保护法》在监督管理方面有着完善的规定和措施，为保护和改善环境提供了有力的法律保障。

3. 保护和改善环境

《中华人民共和国环境保护法》在保护和改善环境方面有着明确的规定和措施。保护环境被确立为国家的基本国策。这意味着国家会采取一系列有利于节约和循环利用资源、保护和改善环境、促进人与自然和谐的经济、技术政策和措施，确保经济社会发展与环境保护相协调。

法律明确了环境保护的基本原则，包括保护优先、预防为主、综合治理、公众参与和损害担责。这些原则为环境保护工作提供了指导，确保了环境保护工作的科学性和有效性。

在具体措施方面，法律要求各级人民政府加大保护和改善环境、防治污染和其他公害的财政投入，提高财政资金的使用效益。此外，政府还需加强环境保护宣传和普及工作，鼓励社会各界参与环境保护法律法规和知识的宣传，营造保护环境的良好风气。

对于企业事业单位和其他生产经营者，法律要求他们应当防止、减少环境污染和生态破坏，并对所造成的损害依法承担责任。这包括采取必要的污染控制措施，确保污染物排放符合国家标准，以及积极采取环保措施，促进资源的循环利用和减少废物产生。

公众在保护和改善环境方面也扮演着重要角色。法律强调公民应当增强环境保护意识，采取低碳、节俭的生活方式，自觉履行环境保护义务。通过公众的广泛参与和共同努力，可以推动环境保护工作的深入开展。

《中华人民共和国环境保护法》在保护和改善环境方面提供了全面的法律保障和措施。通过政府、企业和公众的共同努力，实现经济社会的可持续发展，共同构建一个美丽、宜居的生态环境。

4. 防治污染和其他公害

防治污染和其他公害是环境保护法的核心内容。法律强调产生环境污染和其他公害的单位，必须把环境保护工作纳入计划，建立环境保护责任制度，并采取有效措施来防治在生产建设或其他活动中产生的各种污染和危害。这包括但不限于废气、废水、废渣、粉尘、恶臭气体、放射性物质，以及噪声振动、电磁波辐射等对环境的污染和危害。

法律明确规定了排放污染物的企业事业单位和其他生产经营者的责任。他们应当采取措施防治污染，建立环境保护责任制度，并明确单位负责人和相关人员的责任。对于重点排污单位，法律要求他们按照国家有关规定和监测规范安装使用监测设备，并保证监测设备的正常运行，以保存原始监测记录。同时，法律严禁通过非法手段逃避监管，如通过暗管、渗井、渗坑等方式排放污染物，或篡改、伪造监测数据等。

法律还规定了排放污染物的企业事业单位和其他生产经营者需要按照国家有关规定缴纳排污费。这些费用将全部专项用于环境污染防治，任何单位和个人都不得截留、挤占或挪作他用。

为了加强监督管理，法律还明确了各级人民政府和环境保护主管部门在防治污染和其他公害方面的职责和权力。他们应当加强对环境保护工作的监督管理，对违法行为进行查处，并推动环境保护技术的进步和应用。

《中华人民共和国环境保护法》在防治污染和其他公害方面提供了全面的法律框架和措施，旨在保护和改善环境，保障公众健康，推动经济社会的可持续发展。

5. 信息公开和公众参与

《中华人民共和国环境保护法》在信息公开和公众参与方面有着明确的规定，这些规定旨在保障公众对环境信息的知情权，同时鼓励公众积极参与环境保护活动，共同推动环境保护事业的发展。

在信息公开方面，法律要求各级人民政府环境保护主管部门和其他负有环境保护监督管理职责的部门，应当依法公开环境信息。这包括环境质量、环境监测、突发环境事件以及环境行政许可、行政处罚、排污费的征收和使用情况等信息。国务院环境保护主管部门负责统一发布国家环境质量、重点污染源监测信息及其他重大环境信息，而省级以上人民政府环境保护主管部门则定期发布环境状况公报。这些举措为公众了解环境状况、参与环境保护提供了重要的信息基础。

在公众参与方面，法律强调公民、法人和其他组织依法享有获取环境信息、参与和监督环境保护的权利。公众可以参与重大环境污染和生态破坏事件的调查处理，对可能严重损害公众环境权益或健康权益的事件进行关注和监督。此外，公众还可以参与制定或修改环境保护法律法规及规范性文件、政策、规划和标准，编制规划或建设项目环境影响报告书等活动。环保主管部门也会依法公开环境信息，广泛征求公众意见，及时回应或反馈公众的意见、建议和举报，为公众参与和监督环境保护工作提供服务和支持。

法律还鼓励有条件的环保主管部门设立有奖举报专项资金，对公众举报情况属实的，可对举报单位或人员予以奖励。这种激励机制有助于激发公众参与环境保护的积极性和热情。

6. 法律责任

《中华人民共和国环境保护法》中明确规定了涉及环境保护的法律责任。这些责任主要涵盖环境行政责任、环境民事责任以及环境刑事责任。

环境行政责任是指违反环境保护法，实施破坏或污染环境的单位或个人所应承担的行政方面的法律责任。其构成要件包括行为违法、行为人的过错、行为的危害后果以及违法行为与危害后果之间的因果关系。环境管理部门对违法者实施行政处罚的类别包括警告、罚款、责令停止生产或者使用、责令重新安装使用、责令停业、关闭等。

环境民事责任则是指民事主体因违反民事义务或侵害他人的财产权和人身权利而应承担的民事责任。在环境法中，这通常涉及公民、法人因污染和破坏环境而侵害国家、集体财产或他人财产与人身权利时应该承担的民事方面的法律责任。

对于严重违反环境保护法的行为，还可能涉及环境刑事责任，即依法应当承担的刑事法律后果。

具体的法律责任内容在《中华人民共和国环境保护法》的相关条款中有详细规定，涉及拒绝环境现场检查、谎报污染物排放、不按规定缴纳超标排污费、引进不符合环保要求的技术和设备等多个方面。对于违法行为，环境保护行政主管部门或其他相关部门有权根据不同情节，给予警告、罚款或其他行政处罚。

五、《建设工程安全生产管理条例》

《建设工程安全生产管理条例》由国务院于 2003 年 11 月 24 日发布，自 2004 年 2 月 1 日起正式实施。随着我国建设工程规模的不断扩大和复杂性的增加，建设工程安全生产面临着越来越大的挑战。为了进一步加强建设工程安全生产管理，预防和减少生产安全事故，保障人民群众生命财产安全，国家制定并发布了《建设工程安全生产管理条例》。《建设工程安全生产管理条例》内容涵盖了建设工程安全生产的各个方面。条例明确了建设工程安全生产的方针、原则和要求，规定了建设单位、施工单位、监理单位等相关单位的职责和义务，并对安全生产条件、安全生产措施、安全生产监督管理等方面进行了详细规定。

1. 总则

《建设工程安全生产管理条例》的制定旨在加强建设工程安全生产监督管理，保障人民群众生命和财产安全，促进经济社会持续健康发展。该条例依据《中华人民共和国安全生产法》《中华人民共和国建筑法》及其他相关法律、法规的规定，结合我国建设工程安全生产的实际情况，进行了系统、全面的规范。

建设工程安全生产管理坚持安全第一、预防为主、综合治理的方针。这一方针强调事前预防和事中控制的重要性，要求各责任主体在日常工作中严格执行安全生产规定，加强安全教育和培训，提高安全生产意识，确保建设工程的安全生产。

本条例适用于从事土木工程、建筑工程、线路管道和设备安装工程及装修工程的新建、扩建、改建和拆除等有关活动及安全生产监督管理。条例对建设工程、建设单位、施工单位、工程监理单位、勘察设计单位、相关从业人员以及建设工程安全生产等关键概念进行了明确界定。

2. 建设单位安全责任

建设单位在建设工程安全生产管理中，首要责任是提供真实、准确、完整的有关施工现场及毗邻区域内地下管线、相邻建筑物和构筑物、地下工程等方面的资料。这些资料是施工单位制定安全生产方案和措施的重要依据，对于预防安全生产事故的发生具有重要意义。建设单位应确保所提供资料的真实性和完整性，避免因资料错误或遗漏而导致的安全生产风险。

建设单位应尊重工程建设的客观规律，不得随意压缩合同约定的工期。在确保工程质量、安全的前提下，如需调整工期，应与设计单位、施工单位充分协商，并采取有效措施保障安全生产。违规要求工期往往会导致施工单位在赶工期过程中忽视安全生产，增加事故发生的风险。

建设单位在编制工程概算时，应当确定建设工程安全作业环境及安全施工措施所需费用。这笔费用应专款专用，用于改善施工现场的安全条件、购置安全防护用品和设备、进行安全生产培训和宣传教育等方面。建设单位应确保安全措施费用的足额投入，不得挤占或挪用。

建设单位不得明示或者暗示施工单位购买、租赁、使用不符合安全施工要求的安全防护用具、机械设备、施工机具及配件、消防设施和器材。这些材料和设备的质量和性能直接关系到施工现场的安全生产水平。建设单位应支持施工单位自主选择符合安全生产要求的材料和设备，确保建设工程的安全性能。

建设单位应在开工前将安全施工措施报送建设行政主管部门或者其他有关部门备案。在施工中，应定期对施工现场的安全生产情况进行检查，并将检查结果报送相关部门。这一措施有助于监管部门及时了解施工现场的安全生产状况，采取相应措施预防和控制安全生产事故的发生。

建设单位应将建设工程发包给具有相应资质等级的施工单位，并不得将建设工程分解发包。选择有资质的施工单位是确保建设工程安全生产的重要前提。建设单位应认真审查施工单位的资质和业绩，选择具有良好信誉和安全生产管理水平的施工单位进行合作。

建设单位应严格遵守国家及地方有关建设工程安全生产的法律、法规和标准，不得违法违规进行工程建设活动。同时，应积极支持和配合政府部门开展的安全生产监督检查和管理工作，及时整改存在的安全生产隐患和问题。

建设单位作为建设工程的组织者和投资者，应承担起安全生产的主要责任。在发生安全生产事故时，建设单位应积极配合有关部门进行调查处理，承担相应的法律责任和经济赔偿责任。同时，应认真总结经验教训，加强安全生产管理，防止类似事故再次发生。

建设单位应认真履行这些责任，确保建设工程的安全生产，保障人民群众的生命财产安全。

3. 勘察、设计、工程监理及其他有关单位的安全责任

根据《建设工程安全生产管理条例》，勘察单位、设计单位、工程监理单位，以及其他有关单位均承担着相应的安全责任。

勘察单位是工程建设的先行者，其勘察成果对于后续设计、施工等环节的安全生产具有决定性影响。因此，勘察单位必须按照相关法律法规和技术标准，进行真实、准确的勘察工作。在勘察过程中，要充分考虑地质条件、环境因素等对工程安全的影响，并提供可靠的勘察报告和数据。

设计单位在工程建设中扮演着至关重要的角色。设计单位应当根据勘察单位的勘察成果，结合工程特点和使用要求，进行合规的设计。在设计过程中，要严格遵守国家相关标准、规范和强制性条文，确保设计方案的安全性、合理性和经济性。同时，对于涉及新结构、新材料、新工艺的设计，设计单位应进行充分的试验和论证，确保其安全可靠。

工程监理单位在工程建设过程中负责对施工质量和安全进行全程监督。工程监理单位应当对勘察、设计单位的成果进行审查，确保施工方案符合安全要求。同时，工程监理单位还应对施工单位的施工组织设计、专项施工方案等进行审核，提出改进意见和建议，并监督施工单位按照审核后的方案进行施工。

勘察、设计、工程监理等单位在工作过程中，一旦发现存在安全隐患或不符合安全要求的情况，应立即采取措施进行处置。这些措施可以包括要求施工单位暂停施工、整改隐患、调整施工方案等。同时，相关单位还应及时将隐患情况向建设单位和有关部门报告，以便协调解决。

勘察、设计、工程监理等单位应关注施工现场使用的机械设备的安全性能。在设计阶段，应考虑机械设备的选型、配置和使用条件，确保设备的安全可靠性。在施工阶段，应监

督施工单位定期对机械设备进行检查、维修和保养，防止因设备故障导致的安全事故。

对于起重机械等特种设备，勘察、设计、工程监理等单位应确保其安装过程符合相关规范和要求。在设计阶段，应明确起重机械的类型、规格和性能参数，并考虑其安装位置和方式。在施工阶段，应监督施工单位按照安装方案进行安装，并对安装过程进行全过程监控，确保起重机械的安全稳定。

勘察、设计、工程监理等单位应对涉及结构安全、使用功能以及国家规定的必须实行见证取样和送检的其他试块、试件和材料，进行见证取样和送检。对于检验检测中发现的问题，应及时通知施工单位进行整改，并向有关部门报告。同时，相关单位还应确保检验检测工作的准确性和公正性，为工程的安全生产提供有力保障。

勘察、设计、工程监理及其他有关单位在建设工程安全生产中扮演着重要角色。各单位应严格履行各自的安全责任，共同确保建设工程的安全生产。

4. 施工单位安全责任

施工单位应依法设立安全生产管理机构，明确机构职责，建立健全安全生产管理体系。该机构负责统筹协调和监督施工现场的安全生产工作，确保各项安全生产措施得到有效执行。

施工单位应根据工程规模和施工现场的实际情况，配备足够数量的专职安全管理人员。这些人员应具备相应的安全生产知识和管理经验，能够全面监督施工现场的安全生产工作，及时发现和纠正安全隐患。

施工单位应定期对施工人员进行安全生产教育培训，确保他们掌握基本的安全生产知识和技能。培训内容应包括安全操作规程、应急处理措施、劳动防护用品使用等方面。同时，施工单位还应建立培训档案，记录培训内容和参与人员，以备查验。

施工单位应在施工现场的显著位置设置安全警示标志，以提醒施工人员注意安全生产。这些标志应清晰明了，符合国家标准，能够引起施工人员的注意。此外，施工单位还应根据工程特点，在关键部位和危险区域设置专门的安全警示设施。

施工单位应制定消防安全管理制度，明确消防安全管理职责和措施。施工现场应设置消防设施和器材，并定期进行检查和维护。同时，施工单位还应组织施工人员进行消防演练，提高应对火灾等突发事件的能力。

施工单位应为施工人员提供符合国家标准的劳动防护用品，如安全帽、安全带、防护鞋等。这些用品应质量可靠、使用方便，能够有效保护施工人员的安全。施工单位还应定期对劳动防护用品进行检查和更换，确保其处于良好状态。

施工单位应定期对施工设备进行检查、维修和保养，确保其处于良好状态，符合安全使用要求。对于特种设备和大型设备，施工单位还应建立专门的档案，记录设备的使用情况、维护记录和检测结果等信息。同时，施工单位应加强对设备操作人员的培训和管理，确保他们具备相应的操作技能和安全意识。

施工单位应确保安全生产所需资金的投入，并做到专款专用。这些资金应用于安全生产条件的改善、安全防护用品的购置、安全生产教育培训等方面。施工单位应建立健全安全生产资金管理制度，确保资金使用的透明度和有效性。

施工单位应认真履行这些责任，加强安全生产管理，确保施工现场的安全稳定，为工程建设的顺利进行提供有力保障。

5. 监督管理

综合监督管理是确保建设工程安全生产的基础。各级政府部门应建立健全安全生产监督管理体系，明确各级职责，形成齐抓共管的良好局面。同时，加强对建设工程安全生产工作的统筹规划和组织协调，确保各项安全生产措施得到有效落实。

建设工程涉及多个行业部门，各部门应依据职责分工，加强对建设工程安全生产的监督和指导。建设行政主管部门负责对本行政区域内建设工程安全生产实施监督管理，其他相关部门在各自职责范围内履行安全生产监督管理职责。

监督管理部门应加强对建设工程各方主体安全责任落实情况的监督检查。通过查看相关文件、现场检查等方式，确保建设单位、施工单位等各方主体按照法律法规和合同约定履行安全生产职责，对未履行或未正确履行安全生产职责的单位和个人进行严肃处理。

监督管理部门应加强对建设工程安全生产标准的监督执行。要求各方主体严格执行国家及行业安全生产标准，对违反标准的行为进行纠正和处罚。同时，推动安全生产标准化建设，提升建设工程安全生产水平。

监督管理部门应建立健全安全生产检查制度，定期对建设工程进行安全生产检查。通过检查发现存在的安全隐患和问题，督促相关单位及时整改，并对整改情况进行跟踪检查。同时，加强对重点工程、关键环节的监督检查。

在建设工程安全生产事故发生后，监督管理部门应迅速介入，组织开展事故调查和处理工作。要求相关单位按照规定的程序和时限报告事故情况，并配合调查组进行调查取证工作。对事故责任单位和个人依法依规进行严肃处理。监督管理部门应严格依法履行监督执法职责，对违反安全生产法律法规和规定的行为进行查处。采取行政处罚、责令停产停业整顿等措施，对违法单位和个人进行处罚。同时，加强与司法部门的沟通协调，对涉嫌犯罪的行为依法追究刑事责任。

监督管理部门应积极开展安全生产宣传与教育工作，提高建设工程各方主体的安全生产意识和能力。通过开展安全生产教育培训、发放安全生产宣传资料等方式，普及安全生产知识和技能，提升从业人员的安全素质。同时，加强对社会公众的安全生产宣传教育，营造良好的安全生产氛围。

条例对建设工程安全生产管理提出了明确要求。包括建立安全生产管理体系，制定安全生产计划，明确安全生产目标和任务；加强施工现场管理，确保施工现场安全有序；加强危险源辨识和风险评估，制定相应预防措施；建立健全事故应急预案和救援体系等。

6. 生产安全事故的应急和调查处理

《建设工程安全生产管理条例》生产安全事故的应急和调查处理旨在迅速应对事故、减少损失，并追究相关责任。

建设工程发生生产安全事故时，事故现场有关人员应立即报告本单位负责人。单位负责人接到事故报告后，应迅速采取有效措施组织抢救，防止事故扩大，减少人员伤亡和财产损失，并按照国家有关规定立即如实报告当地负有安全生产监督管理职责的部门，不得隐瞒不报、谎报或者迟报，不得故意破坏事故现场、毁灭有关证据。

在事故发生后，相关单位应立即启动应急预案，采取有效措施防止事故扩大。这包括但不限于：切断事故源头、疏散人员、控制火势或泄漏、启用备用设备等。同时，要确保事故现场的通风和照明，为救援工作提供便利。

事故发生后，应确保事故现场不被破坏，以便后续的事故调查。事故现场应设置警戒线或警示标志，防止无关人员进入。同时，要对事故现场进行拍照、录像等记录，以便后续分析事故原因。

事故调查组应查明事故原因、性质和责任，提出处理建议和防范措施。事故处理应依法依规进行，对事故责任单位和个人进行严肃处理，并向社会公开处理结果。

建设工程单位应制定生产安全事故应急救援预案，明确救援组织、救援程序、救援资源和联系方式等。预案应定期更新，确保与实际情况相符。

建设工程单位应成立应急救援组织，配备专（兼）职应急救援人员。救援人员应接受专业培训，熟悉救援程序和设备操作。同时，应建立救援队伍与当地专业救援队伍的协作机制，确保在紧急情况下能够及时有效地进行救援。

建设工程单位应根据实际情况配置必要的救援器材和设备，如灭火器、救生器材、应急照明等。这些器材和设备应定期检查和维护，确保其处于良好状态。

建设工程单位应定期组织应急救援演练，提高救援人员的应急反应能力和救援水平。演练结束后，应总结经验教训，对预案和救援工作进行持续改进。同时，要关注新技术和新设备的发展，及时更新救援装备和手段。

《建设工程安全生产管理条例》对生产安全事故的应急和调查处理提出了明确要求。建设工程单位应认真执行相关规定，加强应急管理和事故处理工作，确保建设工程安全生产形势稳定向好。

条例强调了安全生产教育与培训的重要性。建设单位、施工单位和监理单位应当定期对从业人员进行安全生产教育和培训，确保从业人员具备必要的安全生产知识和技能。同时，对于新入职人员、转岗人员和特种作业人员，还应进行专项安全生产教育和培训。

7. 法律责任

根据《建设工程安全生产管理条例》的规定，对违规颁发建设工程安全生产相关资质证书的行为，相关部门应当依法撤销已颁发的证书，并对相关责任单位和直接责任人员给予行政处罚。构成犯罪的，依法追究刑事责任。此举旨在保障建设工程安全生产的资质审查制度得到有效执行，防止因资质不符导致的安全生产事故。

对于未经许可或违反许可规定擅自进行施工的单位，将依法追究其法律责任。相关部门将依法予以停工整顿、罚款等行政处罚，并责令其限期改正。拒不改正或情节严重的，将吊销其施工许可证，并追究相关责任人的刑事责任。

监管部门在建设工程安全生产管理过程中，若存在违法行为查处不力的情况，将依法追究其监管责任。监管部门应加强对违法行为的监督检查，及时发现并查处违法行为，确保建设工程安全生产法规得到有效执行。

对于负有监督管理职责的部门或个人，若未履行或未正确履行其职责，导致建设工程安全生产事故发生的，将依法追究其法律责任。监管部门应严格按照法律法规进行监督管理，确保建设工程安全生产工作的顺利开展。

严禁任何单位和个人挪用建设工程安全生产费用。对挪用安全生产费用的行为，将依法追究其法律责任，并责令其限期退还挪用款项。同时，将对相关责任单位和直接责任人员给予行政处罚，情节严重的将追究刑事责任。

对于违反施工现场管理规定的行为，如未设置明显的安全警示标志、未采取安全防护措施等，将依法对责任单位进行处罚，并责令其限期改正。对于拒不改正或情节严重的，将依法暂停其施工活动，直至达到安全生产要求。

对于发生重大安全事故的建设工程，将依法追究相关责任单位和个人的法律责任。除对直接责任人员进行处罚外，还将对负有监督管理职责的部门和个人进行问责。通过追究责任，促进建设工程安全生产管理的不断完善。

对于建设工程安全生产管理中的其他违法行为，如提供虚假材料骗取安全生产许可证等，将依法进行查处，并对相关责任单位和直接责任人员给予行政处罚。同时，对于构成犯罪的违法行为，将依法追究其刑事责任。

《建设工程安全生产管理条例》对建设工程安全生产管理中的法律责任进行了明确规定。相关部门和单位应严格遵守法律法规，确保建设工程安全生产工作的顺利进行，保障人民群众的生命财产安全。

六、《中华人民共和国建筑法》

《中华人民共和国建筑法》是第八届全国人民代表大会常务委员会第二十八次会议于1997年11月1日通过，1998年3月1日起施行的一部重要法律。旨在加强对建筑活动的监督管理，维护建筑市场秩序，保证建筑工程的质量和安全，促进建筑业健康发展。

1. 总则

《中华人民共和国建筑法》（以下简称《建筑法》）明确了建筑法的立法宗旨，即加强对建筑活动的监督管理，维护建筑市场秩序，保证建筑工程的质量和安全，促进建筑业健康发展。这一宗旨体现了建筑法的重要性和目的，为整个法律的实施提供了指导。

定了建筑法的适用范围和建筑活动的定义。它规定在中华人民共和国境内从事建筑活动，实施对建筑活动的监督管理，都应当遵守本法。同时，明确了建筑活动包括各类房屋建筑及其附属设施的建造和与其配套的线路、管道、设备的安装活动。

强调了建筑活动应当确保建筑工程质量和安全，符合国家的建筑工程安全标准。这一规定体现了对建筑质量和安全的重视，是保障人民群众生命财产安全的重要措施。

体现了国家对建筑业的扶持态度，鼓励建筑科学技术研究，提高房屋建筑设计水平，并提倡采用先进技术、先进设备、先进工艺、新型建筑材料和现代管理方式。这有助于推动建筑业的创新发展，提高其竞争力。

规定了从事建筑活动应当遵守法律、法规，不得损害社会公共利益和他人的合法权益。这　规定体现了建筑活动的法治要求，旨在维护建筑市场的公平、公正和秩序。明确了国务院建设行政主管部门对全国的建筑活动实施统一监督管理的职责。这有助于确保建筑活动在全国范围内得到统一、有效的监管，促进建筑业的健康发展。

2. 建筑许可

建筑许可制度明确了建筑工程开工前需要申请领取施工许可证的程序和条件。根据《建筑法》的规定，建设单位在建筑工程开工前，需要按照国家有关规定向工程所在地县级以上人民政府建设行政主管部门申请领取施工许可证。这一程序确保了建筑工程在开工前必须经过相关部门的审核和批准，从而保障工程符合国家的建筑规划、安全标准和质量要求。

申请领取施工许可证需要满足一系列条件。这些条件包括但不限于：已经办理该建筑工程用地批准手续，已经取得建设工程规划许可证（如果依法应当办理的话），拆迁进度符合施工要求（如果需要拆迁的话），已经确定建筑施工企业，有满足施工需要的资金安排、施工图纸及技术资料，以及有保证工程质量和安全的具体措施等。这些条件的设定旨在确保建筑工程在开工前已经具备充分的准备和保障，能够顺利进行并达到预期的质量和安全标准。

建设行政主管部门在收到施工许可申请后，会依法进行审查。对于符合条件的申请，会颁发施工许可证；对于不符合条件的申请，会说明理由并拒绝颁发。这一审批流程确保了施工许可制度的严格执行和公正性。建设单位在取得施工许可证后，需要在规定的时间内开工。如果既不开工又不申请延期或者超过延期时限，施工许可证将会自行废止。

《建筑法》还规定了违反建筑许可制度的法律责任。对于未取得施工许可证擅自开工的建筑工程，相关部门会依法进行处罚，并可能责令其停止施工、限期改正等。这有助于维护建筑市场的秩序和公平竞争环境，防止违法违规行为的发生。

3. 建筑工程发包与承包

《建筑法》中关于建筑工程发包与承包的相关规定，旨在规范建筑市场的秩序，保障建筑工程的质量和安全，维护发包单位和承包单位的合法权益。

建筑工程的发包单位与承包单位应当依法订立书面合同，明确双方的权利和义务。这意味着，在建筑工程发包与承包过程中，双方必须遵循法律法规，通过书面形式明确各自的权益和责任，以确保合同的合法性和有效性。

发包单位和承包单位应当全面履行合同约定的义务。这包括按照合同约定的时间、质量标准和技术要求进行施工，以及及时支付工程款项等。如果一方未能履行合同义务，将依法承担违约责任。

建筑工程发包与承包的招标投标活动应当遵循公开、公正、平等竞争的原则，择优选择承包单位。这一规定旨在确保建筑工程发包与承包过程的透明度和公正性，防止暗箱操作和腐败现象的发生。通过公开招标和竞争，发包单位可以选择到技术实力强、信誉良好的承包单位，从而提高建筑工程的质量和效益。

发包单位及其工作人员在建筑工程发包中不得收受贿赂、回扣或者索取其他好处。承包单位及其工作人员也不得利用向发包单位及其工作人员行贿、提供回扣或者给予其他好处等不正当手段承揽工程。这些规定有助于维护建筑市场的公平竞争环境，防止不正当行为的发生。

建筑工程造价应当按照国家有关规定，由发包单位与承包单位在合同中约定。这确保了建筑工程造价的合理性和规范性，防止了因造价问题而引发的纠纷和矛盾。

《建筑法》中关于建筑工程发包与承包的相关规定，为规范建筑市场提供了有力的法律保障。在实际应用中，发包单位和承包单位应当严格遵守这些规定，确保建筑工程的顺利进行和质量安全。

4. 建筑工程监理

《建筑法》对于建筑工程监理进行了明确的规定和要求。国家推行建筑工程监理制度，并授权国务院规定实行强制监理的建筑工程的范围。这一制度的推行旨在确保建筑工程的质量、安全和效益，维护公共利益和当事人的合法权益。

实行监理的建筑工程，由建设单位委托具有相应资质条件的工程监理单位进行监理。建设单位与其委托的工程监理单位应当订立书面委托监理合同，明确双方的权利和义务，确保监理工作的顺利进行。

工程监理单位在履行监理职责时，应当依照法律、行政法规及有关的技术标准、设计文件和建筑工程承包合同，对承包单位在施工质量、建设工期和建设资金使用等方面实施监督。这意味着监理单位需要全面、细致地审查施工过程中的各个环节，确保工程质量和安全达到要求。

工程监理单位及其监理人员需要严格履行职责，不得与承包单位、材料设备供应单位等存在隶属关系或其他利害关系，以确保监理工作的公正性和独立性。如果监理单位在监理过程中发现违法违规行为或质量问题，应当及时报告建设单位并督促整改。

建筑工程监理还需要遵循一定的程序和规范，如收到监理招标广告或招标邀请函后进行监理投标、中标后签订监理委托合同、明确总监并成立监理组织、编制监理规划等。这些程序和规范确保了监理工作的有序进行和有效性。

《建筑法》对于建筑工程监理的规定和要求，为规范建筑市场秩序、保障建筑工程质量和安全提供了有力的法律保障。在实际应用中，监理单位应当严格遵守相关法律法规和规定，认真履行职责，确保建筑工程的顺利进行和高质量完成。

5. 建筑安全生产管理

《建筑法》对于建筑安全生产管理做出了详细且严格的规定，以确保建筑施工过程的安全，预防和减少生产安全事故的发生，保护人民生命和财产安全。该法规定建筑工程安全生产管理必须坚持安全第一、预防为主的方针，并建立健全安全生产的责任制度和群防群治制度。这意味着建筑施工企业和相关单位必须始终把安全放在首位，通过采取各种预防措施来降低事故风险。

建筑施工企业在编制施工组织设计时，需要根据建筑工程的特点制定相应的安全技术措施。对于专业性较强的工程项目，还应编制专项安全施工组织设计，并采取相应的安全技术措施。这些措施旨在针对不同类型的工程项目，提供具体的、有针对性的安全保障。

建筑施工企业还应在施工现场采取一系列安全措施，包括维护安全、防范危险、预防火灾等。有条件的施工现场还应实行封闭管理，以防止无关人员进入，减少事故发生的可能性。同时，对于可能对毗邻建筑物、构筑物和特殊作业环境造成损害的工程项目，应采取相应的安全防护措施。

建筑施工企业在施工过程中应遵守有关环境保护和安全生产的法律、法规，采取有效措施控制和处理施工现场的各种污染和危害。这包括控制粉尘、废气、废水、固体废物的排放，以及减少噪声和振动的产生，以保护环境和工人的健康。

该法还强调了建筑施工企业对职工安全生产教育培训的重要性。企业应建立健全劳动安全生产教育培训制度，确保每位职工都接受必要的安全生产教育和培训。未经安全生产教育培训的人员不得上岗作业，以确保他们具备必要的安全意识和技能。

建筑施工企业的法定代表人对本企业的安全生产负责。他们应全面负责企业的安全生产工作，确保各项安全生产规定和措施得到有效执行。此外，建筑施工企业和作业人员在施工过程中还应遵守相关的安全生产法律、法规和建筑行业安全规章、规程，不得违章指挥或违章作业。

《建筑法》对于建筑安全生产管理做出了全面而严格的规定，要求建筑施工企业和相关单位必须严格遵守法律法规，采取有效的安全生产措施，确保建筑施工过程的安全和稳定。

6. 建筑工程质量管理

《建筑法》对于建筑工程质量管理有着明确而严格的规定，旨在确保建筑工程的质量，保障人民生命和财产安全，促进建筑行业的健康发展。该法要求建筑工程应当符合国家的建筑工程安全标准，确保建筑工程的质量和安全。这意味着建筑工程的设计、施工、验收等环节都必须严格遵循相关标准和规范，确保工程质量的可靠性。

该法规定了建筑工程质量的责任主体。建设单位、勘察单位、设计单位、施工单位、工程监理单位依法对建设工程质量负责。这些单位在建筑工程的不同阶段都承担着相应的质量管理职责，需要确保各自的工作符合质量要求。

该法还强调了建筑工程质量管理的监督和检查。县级以上人民政府建设行政主管部门和其他有关部门应当加强对建筑工程质量的监督管理。这意味着政府部门需要定期对建筑工程进行检查和评估，确保其符合质量标准，并对违规行为进行处罚和纠正。

建筑工程质量管理还需要注重预防和控制。建筑施工企业必须按照工程设计图纸和施工技术标准施工，不得偷工减料。工程设计的修改由原设计单位负责，建筑施工企业不得擅自修改工程设计。这些规定旨在从源头上预防质量问题的发生，确保建筑工程的质量稳定可靠。

该法还规定了建筑工程质量保修制度。建筑工程在竣工时应当符合质量标准，并在合理使用寿命内承担相应的保修责任。这有助于保障消费者的权益，同时也促进了建筑施工企业对质量的重视和改进。

《建筑法》对于建筑工程质量管理做出了全面而严格的规定，从责任主体、监督管理、预防控制等方面都提出了明确要求。这些规定有助于确保建筑工程的质量和安全，促进建筑行业的持续健康发展。

7. 法律责任

《建筑法》中详细规定了与建筑活动相关的法律责任，以确保建筑活动的合规性和安全性。以下是一些关键的法律责任规定：

对于建设单位，如果其违反本法规定，要求建筑设计单位或者建筑施工企业违反建筑工程质量、安全标准，降低工程质量的，将责令其改正，并可能面临罚款的处罚；如果构成犯罪，还将依法追究刑事责任。

对于建筑设计单位，如果不按照建筑工程质量、安全标准进行设计的，将责令其改正，并处以罚款；如果设计错误导致工程质量事故，将责令其停业整顿，降低资质等级或者吊销资质证书，没收违法所得，并处罚款；如果造成损失，还需承担赔偿责任；构成犯罪的，同样依法追究刑事责任。

对于建筑施工企业，如果在施工中偷工减料，使用不合格的建筑材料、建筑构配件和设备，或者有其他不按照工程设计图纸或者施工技术标准施工的行为，将责令其改正，并处以罚款；情节严重的，将责令其停业整顿，降低资质等级或者吊销资质证书；如果造成建筑工程质量不符合规定的质量标准，还需负责返工、修理，并赔偿因此造成的损失；如果构成犯罪，也将依法追究刑事责任。

施工单位还可能因其资质问题或违法转包、分包等行为承担法律责任。例如，超越本单位资质等级承揽工程的，将受到罚款、停业整顿、降低资质等级甚至吊销资质证书等处罚；允许其他单位或者个人以本单位名义承揽工程的，也将受到相应的处罚；违法转包或者分包的，同样会受到责令改正、罚款、停业整顿、降低资质等级或吊销资质证书等处罚。

《建筑法》为建筑活动中的各个参与方设定了明确的法律责任，以确保建筑活动的合规性、安全性和质量。任何违反该法的行为都将受到相应的法律制裁。

七、《建设工程质量管理条例》

《建设工程质量管理条例》经 2000 年 1 月 10 日国务院 25 次常务会议通过，2000 年 1 月 30 日发布施行。立法目的在于加强建设工程质量管理，确保建设工程质量安全，保障人民生命和财产安全，促进经济社会的持续健康发展。其立法依据主要包括《建筑法》及其他相关法律法规，旨在为建设工程质量的监督与管理提供明确的法律依据。

1. 总则

条例明确了建设工程质量管理中的责任主体，包括建设单位、勘察单位、设计单位、施工单位、工程监理单位等。各责任主体应依法履行其在建设工程质量管理中的职责，确保工程质量符合国家标准和规范要求。同时，条例还规定了建设单位作为首要责任主体的地位，强调了其在质量管理中的核心作用。

条例规定了各级人民政府建设行政主管部门及其他有关部门在建设工程质量管理中的监督管理职责。这些部门应当加强对建设工程质量的监督检查，及时发现和纠正质量问题，依法对违法违规行为进行处罚。此外，条例还强调了社会监督的作用，鼓励公众参与建设工程质量管理的监督和评价。

条例适用于在我国境内进行的新建、扩建、改建等各类建设工程的质量管理活动。其中，建设工程是指土木工程、建筑工程、线路管道和设备安装工程及装修工程等。条例对建设工程质量及其相关概念进行了明确界定，确保各方主体在质量管理活动中遵循统一的标准和要求。

2. 建设单位的质量责任和义务

建设单位应当按照国家有关法律法规的规定，通过公开、公平、公正的方式进行建设工程发包与招标。在发包过程中，不得违法分包、转包工程，确保施工单位具备相应的资质和能力，保证工程建设的顺利进行。

建设单位应当向施工单位提供真实、准确、完整的原始资料，包括但不限于地质勘察报告、地形地貌图、周边环境情况等。这些资料是施工单位制定施工方案、确保施工质量的重要依据，建设单位必须确保其真实性和完整性。

建设单位应当尊重投标单位的自主权，不得违法干预投标过程，确保投标活动的公正性。同时，在施工过程中，建设单位应当尊重施工单位的独立性和专业性，不得随意变更设计、降低质量标准或要求施工单位违反相关法规和规范进行施工。

建设单位应当组织专业人员对施工图设计文件进行审查，确保其符合国家相关技术标准和规范要求。对于审查中发现的问题，应当及时与设计单位沟通并予以解决，确保施工图设计文件的合理性和可行性。

建设单位应当委托具有相应资质和能力的监理单位对工程建设进行全程监督。监理单位应当依据国家有关法律法规和规范要求，对工程施工质量进行严格把关，及时发现并纠正施工过程中的质量问题。

建设单位应当确保采购的建筑材料、构配件和设备等物资符合质量要求，具有相应的质量证明文件和标识。对于进场的物资，建设单位应当组织验收，确保其符合设计要求和相关标准。同时，建设单位还应当对物资的使用情况进行监督，防止不合格物资的使用。

建设单位应当按照经审查合格的施工图设计文件进行施工，不得擅自改变工程结构或使用功能。如需变更设计，应当经原设计单位同意并办理相关手续，确保变更后的设计仍然符

合相关技术标准和规范要求。

建设单位应当在工程竣工后依法组织竣工验收。竣工验收是确保工程质量合格的重要环节，建设单位应当组织相关单位进行验收，确保工程达到设计要求和相关标准。对于验收中发现的问题，建设单位应当督促施工单位及时整改，确保工程质量符合规定要求。

3. 勘察、设计单位的质量责任和义务

勘察、设计单位应当依法取得相应的资质证书，并在其资质等级许可的范围内承揽业务。这既是国家法律法规的要求，也是确保勘察、设计工作质量和水平的重要保障。未取得资质证书或超越资质等级承揽业务的，将承担相应的法律责任。

勘察、设计单位应当在资质证书规定的范围内承揽工程，不得超范围承揽。超范围承揽不仅违反了相关法律法规的规定，还可能因为能力不足而影响勘察设计质量，甚至导致工程事故的发生。因此，勘察、设计单位应当严格遵守资质规定，确保在自身能力范围内开展业务。

勘察、设计单位应当自主完成所承揽的勘察、设计任务，不得将任务转包或违法分包给其他单位或个人。转包或违法分包可能导致勘察设计质量的下降和工程风险的增加，因此必须严格禁止。勘察、设计单位应当加强内部管理，确保任务的独立完成和质量的可控。

勘察、设计单位在进行勘察、设计时，应当严格执行国家颁布的工程建设强制性标准，确保勘察设计成果符合相关标准的要求。强制性标准是保障工程质量安全的底线，勘察、设计单位必须严格遵守，不得有任何违反行为。

勘察、设计单位应当对其勘察、设计的质量负责。这包括确保勘察成果的准确性、完整性和可靠性，以及设计的合理性、经济性和可行性。勘察、设计单位应当建立完善的质量管理体系，加强质量控制，确保勘察设计质量达到要求。

勘察单位提供的勘察成果应当真实、准确，能够全面反映工程地质、水文地质、环境等实际情况。勘察单位应当采用科学的方法和技术手段进行勘察，确保数据的准确性和可靠性。同时，勘察单位还应当对勘察成果进行认真分析和评价，为设计提供可靠的依据。

设计单位在进行设计时，应当充分依据勘察单位提供的勘察成果。设计应当充分考虑工程的地质条件、结构特点、使用功能等因素，确保设计的合理性和安全性。设计单位不得随意更改勘察成果或忽略重要地质信息，否则可能导致设计缺陷和工程质量问题。

勘察、设计文件应当由勘察、设计单位的注册人员签字负责。注册人员是勘察、设计单位的业务骨干和专家，具有丰富的经验和专业知识。他们的签字代表着对勘察、设计成果的认可和负责，也是对工程质量的重要保障。因此，注册人员应当认真履行职责，确保签字文件的真实性和准确性。

4. 施工单位的质量责任和义务

施工单位在承揽工程前，必须依法取得相应的资质证书，并在其资质等级许可的范围内承揽工程。这是保障施工质量的基本前提，也是国家对施工单位的基本要求。施工单位应当严格遵守资质管理制度，确保自身具备承担相应工程任务的能力和条件。

施工单位应当建立健全质量责任制，明确各级管理人员和操作人员的质量责任，确保质量责任落实到人。同时，施工单位还应当建立完善的质量管理体系，制定并执行质量管理制度和质量保证措施，确保施工过程的规范化、标准化和精细化。

施工单位在施工过程中，必须严格按照设计图纸和施工技术规范进行施工，不得擅自修改工程设计。如需对设计进行变更，必须经原设计单位同意，并出具相应的变更文件。施工

单位应当加强与设计单位的沟通协调，确保施工与设计的一致性，保障工程质量和安全。

施工单位在施工过程中，应当认真审查施工图纸，及时发现并报告图纸中的差错或问题。对于发现的图纸差错，施工单位应当与设计单位共同协商解决，确保施工过程的顺利进行。同时，施工单位还应当加强自身的技术能力提升，提高识别和处理图纸差错的能力。

施工单位应当对进场的建筑材料进行严格的质量检验，确保所使用的材料符合设计要求和质量标准。对于不符合要求的材料，应当及时更换予以或退货。同时，施工单位还应当加强对材料供应商的管理和选择，确保材料来源的可靠性和质量的稳定性。

隐蔽工程是工程建设中的重要组成部分，其质量直接关系到整个工程的安全性和耐久性。因此，施工单位应当对隐蔽工程的质量负全面责任。在施工过程中，施工单位应当严格按照设计和规范要求进行施工，确保隐蔽工程的施工质量。同时，在隐蔽工程验收时，施工单位应当提供完整的施工资料和验收记录，确保隐蔽工程的质量可追溯、可控制。

施工单位应当自主完成所承揽的工程任务，不得将工程转包或违法分包给其他单位或个人。转包或违法分包可能导致工程质量下降、安全风险增加等问题。因此，施工单位应当严格遵守相关法律法规的规定，确保工程的独立完成和质量的可控性。

施工单位应当加强职工的教育培训工作，提高职工的质量意识和技能水平。通过定期开展质量教育培训、技能竞赛等活动，激发职工的工作热情和创造力，提高职工的综合素质和能力水平。同时，施工单位还应当建立健全职工考核和奖惩机制，促进职工积极履行职责、发挥潜能。

5. 工程监理单位的质量责任和义务

工程监理单位在从事工程监理活动前，必须依法取得相应的资质证书，这是开展监理工作的基本前提。监理单位应确保自身具备从事监理工作的资格和能力，并按照资质等级和业务范围承接监理任务。

工程监理单位应当在资质等级许可的范围内承揽工程监理业务。监理单位应严格遵守资质管理规定，不得超出资质范围承接监理任务。同时，监理单位应充分了解所承揽工程的特点和要求，确保自身具备完成监理任务所需的技术力量和管理水平。

工程监理单位在从事监理活动时，应当遵循公平、公正、诚信的原则，不得与被监理工程的承包单位，以及建筑材料、建筑构配件和设备供应单位有隶属关系或者其他利害关系。这是保证监理工作客观性和公正性的重要基础。监理单位应建立完善的内部管理制度，防止利益冲突的发生，确保监理工作的独立性和权威性。

工程监理单位应当依照法律、法规，以及有关技术标准、设计文件和建设工程承包合同，代表建设单位对施工质量实施监理，并对施工质量承担监理责任。监理单位应制定详细的监理计划和方案，对施工过程进行全程跟踪和监督，及时发现并纠正施工质量问题。

工程监理单位应当选派具备相应资格的总监理工程师和监理工程师进驻施工现场。监理工程师应当按照工程监理规范的要求，采取旁站、巡视和平行检验等形式，对建设工程实施监理。对于在监理过程中发现的质量问题，监理单位应及时向建设单位报告，并协助建设单位采取有效措施予以解决。同时，监理单位应建立健全质量责任追究制度，对监理过程中出现的失职、渎职行为进行严肃处理。

工程监理单位及监理人员应当严格按照法律法规和监理合同赋予的权限开展监理工作。监理人员有权要求承包单位按照合同约定和规范标准进行施工，有权对不符合质量要求的工程材料、构配件和设备进行退场处理，有权对施工过程中的违规行为进行制止和纠正。同时，监理人员应当遵守职业道德规范，不得滥用职权或谋取私利。

工程监理单位应当对进入施工现场的材料、构配件和设备进行严格的质量审核。监理单位应要求承包单位提供相关的质量证明文件和检测报告，并对材料的外观、尺寸、性能等进行实地检查。对于不符合质量要求的材料和设备，监理单位应坚决予以退场处理，确保工程使用的材料设备符合设计要求和规范标准。

6. 建设工程质量保修

建设工程的保修范围应当包括地基基础工程、主体结构工程、屋面防水工程和其他土建工程，以及电气管线、上下水管线的安装工程，供热、供冷系统工程等项目。保修期限则根据工程部位和使用性质的不同而有所区别，一般涵盖合理使用年限、设计文件规定的年限等。

施工单位作为建设工程的直接责任方，在保修期内承担主要的保修义务。施工单位应确保工程在保修范围和期限内出现的质量问题得到及时、有效的处理，确保建筑物的使用安全和功能完好。

若建设工程在保修范围和期限内出现质量问题，施工单位应依法承担相应的保修责任。对于因质量问题造成的损失，施工单位应承担相应的赔偿责任。同时，建设单位也应积极协调、监督施工单位履行保修责任。

施工单位在提交工程竣工验收报告时，应同时向建设单位出具质量保修书。质量保修书应明确保修范围、期限、责任等具体内容，作为双方履行保修责任的重要依据。

建设工程的保修期限自工程竣工验收合格之日起计算。

基础设施工程、房屋建筑的地基基础工程和主体结构工程，为设计文件规定的该工程的合理使用年限。

屋面防水工程、有防水要求的卫生间、房间和外墙面的防渗漏，为 5 年。

供热与供冷系统，为 2 个采暖期、供冷期。

电气管线、给排水管道、设备安装和装修工程，为 2 年。

其他项目的保修期限由发包方与承包方约定。

建设单位和施工单位应严格按照竣工验收合格的时间节点确定保修期限的起算时间，确保保修责任的有效履行。

对于不同类型的建设工程，保修范围的具体规定可能有所不同。例如，对于电网工程，应特别关注防水、电气、暖通等关键部位的保修问题；对于建筑，则可能更加注重结构安全、消防等方面的保修要求。因此，施工单位在编制质量保修书时，应根据工程实际情况明确具体的保修范围。

施工单位在接到保修通知后，应采取有效的保修措施，尽快解决质量问题。同时，施工单位应设定合理的答复时限，确保在规定的时间内对保修问题作出回应和处理。对于紧急或重大的质量问题，施工单位应立即采取必要的措施防止损失扩大，并及时向建设单位报告。

在保修期内，用户也应承担相应的使用责任。用户应合理使用建筑物及其附属设施，不得擅自改变结构或增加荷载等。对于因用户不当使用或擅自改动造成的质量问题，施工单位不承担保修责任。因此，用户在使用建筑物时，应注意遵循相关的使用说明和规定，确保建筑物的安全使用。

7. 监督管理

监督管理的核心目的在于确保建设工程的质量和安全，维护公共利益和社会稳定。通过监督管理，可以有效预防和减少工程质量问题的发生，提高建设工程的整体质量水平，保障人民群众的生命财产安全。

监督管理的主体主要包括政府相关部门、质量监督机构以及第三方检测机构等。这些主体负责依据法律法规和标准规范，对建设工程的质量进行全面、细致的监督和管理，确保建设工程的合规性和质量可靠性。

监督管理的对象主要包括建设工程的各参与方，如建设单位、施工单位、监理单位、设计单位等。这些单位在建设工程的各个阶段中承担着不同的职责和义务，是监督管理的主要关注对象。

监督管理的内容涵盖了建设工程的各个方面，包括但不限于工程设计、施工过程、材料采购、质量检测、竣工验收等。监督管理的内容要求全面、细致，对每一个环节都进行严格的把关，确保工程质量的可控和可追溯。

监督管理的方式多种多样，包括但不限于现场检查、抽样检测、质量评估、专项整治等。这些方式可以根据建设工程的特点和需要，灵活运用，以达到最佳的监督效果。同时，监督管理还注重信息技术的应用，如建立信息化管理平台，实现数据共享和实时监控等。

8. 罚则

设单位或施工单位在招投标过程中，若存在弄虚作假、串通投标等违规行为，或未经批准擅自压缩合理工期，导致工程质量下降或存在安全隐患的，将受到责令改正、罚款、暂停施工等处罚。若情节严重的，可能撤销施工许可、吊销营业执照，甚至承担刑事责任。

施工单位在工程建设过程中，必须严格遵守国家、行业和地方规定的工程建设标准。若违反标准进行施工，如使用不符合要求的施工工艺、材料、设备等，将受到责令改正、罚款等处罚。若导致工程质量不合格的，还将承担返工、修复等经济责任。

施工图是工程建设的重要依据，必须经过专业审查机构审查合格后方可施工。若施工单位未经审查或审查不合格擅自施工，将受到责令停工、罚款等处罚。同时，建设单位和审查机构若存在违法违规行为，也将承担相应的法律责任。

工程监理是确保工程质量的重要措施之一。根据规定，建设单位应当委托具有相应资质的工程监理单位进行工程监理。若未实行工程监理或工程监理单位未履行职责，导致工程质量问题或安全事故的，将追究相关责任人的法律责任。

在进行建设工程前，建设单位应当按照规定办理质量监督手续，接受质量监督部门的监督和管理。若未办理质量监督手续或未接受监督的，质量监督部门有权责令其停工整改，并依法给予罚款等处罚。

建材质量直接关系到工程质量。施工单位应当使用符合标准的合格建材。若使用不合格建材或偷工减料，将受到责令更换合格建材、罚款等处罚。若因此导致工程质量问题的，还将承担返工、修复等经济责任。

施工单位应当在资质范围内承揽工程，不得超越资质等级或范围进行施工。若超越资质承揽工程，将受到责令停工、罚款等处罚。若因此导致工程质量问题或安全事故的，还将承担更严重的法律责任。

建设项目档案是记录工程建设全过程的重要资料，对于工程质量追溯和管理具有重要意义。建设单位应当在工程竣工验收合格后，将建设项目档案移交相关部门保存。若未按规定移交建设项目档案，将受到责令改正、罚款等处罚。

第二篇

土建施工专业知识

第九章　土　方　施　工

第一节　土　方　开　挖

土方开挖是电网工程初期至施工过程中的关键工序。将土和岩石进行松动、破碎、挖掘并运出的工程。按岩土性质，土石方开挖分土方开挖和石方开挖。

土方开挖按施工环境是露天、地下或水下，分为明挖（露天）、洞挖（地下）和水下开挖分类。在电网工程中，土方开挖广泛应用于场地平整和削坡，建、构筑物地基开挖。

一、基坑（槽）土方开挖的技术要求

（一）浅基坑的开挖

（1）浅基坑开挖，应先进行测量放线，根据开挖方案，按分块（段）分层挖土，保证施工操作安全。

（2）挖土时，土壁要求平直，挖好一层，支一层支撑。开挖宽度较大的基坑，当在局部地段无法放坡时，应在下部坡脚采取短桩与横隔板支撑或砌砖、毛石或用编织袋、草袋装土堆砌临时矮挡土墙等加固措施，保护坡脚。

（3）相邻基坑开挖时，应遵循先深后浅或同时进行的施工程序。挖土应自上而下、水平分段分层进行，边挖边检查坑底宽度及坡度，不够需及时修整，至设计标高，再统一进行一次修坡清底，检查坑底宽度和标高。

（4）电力工程基坑开挖应防止对地基土的扰动。若用人工挖土，基坑挖好后不能立即进行下道工序时，应预留150～300mm一层土不挖，待下道工序开始再挖至设计标高。采用机械开挖基坑时，为避免破坏基底土，应在基底标高以上预留200～300mm厚土层人工挖除。

（5）若在开挖过程中在水位下施工，应在基坑四周设置临时排水沟和集水井，或采用井点降水［井点降水是一种人工降低地下水位的常用方法，一般在基坑井挖前进行。具体操作：在基坑四周埋设一定数量的滤水管（井），利用抽水设备，真空原理，不断抽出地下水，使地下水位降低到坑底以下，直至基坑工程施工完成作业为止。这种方法可以根本消除地下水的不利影响，例如防止边坡由于受地下水流的扰动而引起的塌方，使坑底的土层减低地下水位差引起的压力，也防止坑底土的上冒，没有了水压力，可使板桩减少横向载荷，由于没有地下水的渗流，也就防止了流沙现象。降低地下水位后，由于土体固结，还能使土层密实，增加地基土的承载能力］，将水位降低至坑底标高以下500mm以上，有利于挖方作业进行。降水工作应持续到基础（包括地下水位下回填土）施工完成。

（6）雨期施工时，基坑应进行分段开挖，挖好一段基坑，浇筑施工一段垫层，并应在坑顶、坑底采取有效的截排水措施；同时，应按一定周期检查边坡和支撑情况，以防止坑壁受水浸泡，导致塌方。

（7）电力工程基坑开挖时，应对平面控制桩、水准点、平面位置、水平标高、边坡坡度、排水、降水系统等按一定周期进行复测检查并记录。

（8）电力工程基坑挖完后应进行验槽，填写地基验槽记录；如发现地基土质与地质勘察报告、设计要求不符时，应与设计、监理、建设管理单位讨论方案及时处理。

（二）深基坑的土方开挖

在深基坑土方开挖前，要编制深基坑土方工程专项施工方案并通过专家论证，要对支护结构、地下水位及周围环境进行必要的监测和保护。

深基坑工程的挖土方案如下：

常用有放坡（放坡是指为了防止土壁塌方，确保施工安全，当挖方超过一定深度或填方超过一定高度时，其边沿应放出的足够的边坡，土方边坡一般用边坡坡度和坡度系数表示）挖土、中心岛式（也称墩式）挖土、盆式挖土和逆作法挖土（逆作法挖土是一种建筑施工方法，其特点是从上向下进行，即先完成地面的结构，然后再挖掘土方）。前者无支护结构，后三种皆采用支护结构。

（1）分层厚度尽量控制在 3m 以内。

（2）多级放坡开挖时，坡间平台宽度不应小于 3m。

（3）边坡防护宜采用水泥砂浆、挂网砂浆、混凝土、钢筋混凝土等方法。

（4）防止桩位移、倾斜。桩体施工完毕后进行基坑开挖，应制订相应的施工方案，防止桩的位移和倾斜。

（5）采用土钉墙支护（土钉支护是在基坑开挖坡面，采用机械钻孔或人工使用洛阳铲成孔，孔内安置钢筋，并注浆，在坡面安装钢筋网，喷射厚 80～100mm 的 C20 混凝土，使土体、钢筋与喷射混凝土面板结合，成为深基坑）的基坑开挖应分层分段进行施工，每层分段长度不宜大于 30m。

（6）采用逆作法的基坑开挖面积较大时，宜采用盆式开挖，先施工中部结构，再分块、对称、限时开挖周边土方和施工主体结构。

（三）岩石基坑开挖

（1）按照岩石分化程度不同可以分为：

1）未风化：岩质新鲜偶见风化痕迹。

2）微风化：结构基本未变，仅节理面有渲染或略有变色，有少量风化裂隙。

3）中风化：结构部分破坏，沿节理面有次生矿物，有风化裂隙发育，岩体被切割成岩块。用镐难挖，干钻不易钻进。

4）强风化：结构大部分破坏，矿物成分显著变化，风化裂隙发育，岩体破碎，用镐可挖，干钻不易钻进。

5）全风化：结构基本破坏，但尚可辨认，有残余结构强度，可用镐挖，干钻可钻进。

6）残积土：组织结构全部破坏，已成土状，锹镐易开挖，干钻易钻进。

（2）岩石基坑可根据设计单位出版的岩土工程勘察报告，选择合理的开挖顺序和开挖方式。

（3）岩石基坑应采取分层分段的开挖方法，如遇不良地质、不稳定或欠稳定的基坑，需采取分层分段间隔开挖的方法，并限时完成支护。

（4）岩石的开挖常采用爆破法，强风化的硬质岩石和中风化的软质岩石，在现场试验满足的条件下，也可采用机械开挖方式。

（5）爆破开挖应先在基坑中间开槽爆破，再向基坑周边进行台阶式爆破开挖。接近支护结构或坡脚附近的爆破开挖，应采取减小对基坑边坡岩体和支护结构影响的措施。爆破后的岩石坡面或基底，应采用机械修整。

（6）周边环境保护要求较高的基坑，基坑爆破开挖应采取静态爆破（静态爆破主要有两种施工方法，传统的施工方法是把一些硅酸盐和氧化钙之类的固体，加水后，搅拌成固体，再放入须填充的地方，发生水化反应，固体硬化，温度升高，体积膨胀，把岩石涨破，名为静态爆破剂、膨胀剂、破碎剂。）等控制振动、冲击波、飞石的爆破方式。

（7）爆破施工应符合规范的规定。

二、地基验槽的技术要求

电力工程建（构）筑物基坑（槽）均应进行施工验槽。基坑（槽）挖至基底设计标高并清理后，施工单位必须会同勘察、设计、建设、监理等单位共同进行验槽，合格后方能进行基础工程施工。

（一）验槽具备的资料和条件

（1）勘察、设计、建设、监理、施工等相关单位技术人员到场。

（2）地基基础设计文件。

（3）岩土工程勘察报告。

（4）轻型动力触探（轻型圆锥动力触探是利用一定的锤击能量（锤重10kg），将一定规格的圆锥探头打入土中，根据贯入锤击数所达到的深度判别土层的类别，确定土的工程性质，对地基土做出综合评价）记录（可不进行时除外）。

（5）地基处理或深基础施工质量检测报告。

（6）基底应为无扰动的原状土，留置有保护层时其厚度不应超过100mm。

（二）天然地基验槽

1. 天然地基验槽内容

（1）根据勘察、设计文件核对基坑的位置、平面尺寸、坑底标高。

（2）根据勘察报告核对坑底、坑边岩土体及地下水情况。

（3）检查空穴、古井、古墓、暗沟、地下埋设物及防空掩体等情况，并应查明其位置、深度和性状。

（4）检查基坑底土质的扰动情况及扰动的范围和程度。

（5）检查基坑底土质受到冰冻、干裂、受水冲刷或浸泡等扰动情况，并查明影响范围和深度。

2. 天然地基验槽注意事项

天然地基验槽前应在基坑（槽）底普遍进行轻型动力触探检验，检验数据作为验槽依据。遇到下列情况之一时，可不进行轻型动力触探。

（1）承压水头（承压含水层某一点，由隔水层顶界面到测压水位面的垂直距离称为该点处承压水的承压水头也即静止水位高出含水层顶板的距离）可能高于基坑底面标高，触探可造成冒水涌砂。

（2）基坑持力层为砾石层或卵石层，且基底以下砾石层或卵石层厚度大于1m时。

（3）基础持力层为均匀、密实砂层，且基底以下厚度大于1.5m时。

3. 地基处理工程验槽

（1）对于换填地基、强夯地基，应现场检查处理后的地基均匀性、密实度等检测报告和承载力检测资料。

（2）对于增强体复合地基（复合地基是指天然地基在地基处理过程中部分土体得到增强，或被置换，或在天然地基中设置加筋材料），加固区是由基体（天然地基土体或被改良的天然地基土体）和增强体两部分组成的人工地基。在荷载作用下，基体和增强体共同承担荷载的作用。根据复合地基荷载传递机理将复合地基分成竖向增强体复合地基和水平向增强复合地基两类，又把竖向增强体复合地基分成散体材料桩复合地基、柔性桩复合地基和刚性桩复合地基三种），应现场检查桩头、桩位、桩间土情况和复合地基施工质量检测报告。

（3）对于特殊土地基，应现场检查处理后地基的湿陷性，黄土在一定压力作用下受水浸湿后，结构迅速破坏而产生显著附加沉陷的性能，称为湿陷性。它是黄土特有的工程地质性质。黄土产生湿陷的最根本原因是：它具有明显的遇水连续减弱结构趋于紧密的有利于湿陷的特殊成分和结构。黄土的湿陷性又分为自重湿陷和非自重湿陷两种类型，前者系指黄土遇水后，在其本身的自重作用少产生沉陷的现象；后者系指黄土浸水后，在附加荷载作用下所产生的附加沉陷，如地震液化（地震液化作用是指由地震使饱和松散沙土或未固结岩层发生液化的作用）。它可使地基软化，建筑物因而倒塌；大量饱和沙土还可从地下如泉水涌出，在地面堆积成丘；使地下某些部位空虚，地面因而沉陷。这种现象多出现在河边、海滨含水的沙层中，内陆地下水丰富的砂岩层也可以出现。地震液化作用主要包括：液化泄水岩脉、水塑性褶皱、液化卷曲变形、液化角砾岩、粒序断层、V 型地裂缝等。根据历史地震记载、现代地震和模拟试验，造成沙土液化的震级大于里氏 5 级，液化过程一般发生于地下一定深度（20m 内）、冻土保温、膨胀土隔水等方面的处理效果检测资料。

4. 桩基工程验槽

（1）电力工程设计计算中考虑桩筏基础、低桩承台等桩间土共同作用时，应在开挖清理至设计标高后对桩间土进行检验。

（2）对人工挖孔桩，应在桩孔清理完毕后，对桩端持力层进行检验检测。对大孔径挖孔桩，应逐孔检验孔底的岩土情况。

5. 验槽方法

验槽方法通常主要采用观察法，而对于基底以下的土层不可见部位，要辅以钎探法配合共同完成。

（1）观察法。

1）观察槽壁、槽底的土质情况，验证基槽开挖深度，初步验证基槽底部土质是否与勘察报告相符，观察槽底土质结构是否被人为破坏。

2）基槽边坡是否稳定，是否有影响边坡稳定的因素存在，如地下渗水、坑边堆载或近距离扰动等。对难于鉴别的土质，应采用洛阳铲等手段挖至一定深度仔细鉴别。

3）基槽内有无旧的房基、洞穴、古井、掩埋的管道和人防设施等。如存在上述问题，应沿其走向进行追踪，查明其在基槽内的范围、延伸方向、长度、深度及宽度。

4）在进行直接观察时，可用袖珍式贯入仪或其他手段作为验槽辅助。

（2）轻型动力触探。

轻型动力触探进行基槽检验时，应检查下列内容：

1）地基持力层的强度和均匀性；

2）浅埋软弱下卧层或浅埋突出硬层；

3）浅埋会影响地基承载力或地基稳定性的古井、墓穴和空洞等。

轻型动力触探宜采用机械自动化实施，检验深度及间距应满足表9-1要求。检验完毕后，触探孔应灌砂填实。

表 9-1 　　　　　　　　　　轻型动力触探检验深度及间距　　　　　　　　　　　　m

排列方式	基坑（槽）宽度	检验深度	检验间距
中心一排	<0.8	1.2	一般 1.0～1.5m，出现明显异常时，需加密至足够掌握异常边界
两排错开	0.8～2.0	1.5	
梅花型	>2.0	2.1	

第二节　土　方　回　填

一、土方填筑、压实的技术要求

填方土料应符合设计、规程、规范要求，保证填方的强度和稳定性。一般不能选用淤泥、淤泥质土、有机质大于5％的土、含水量不符合压实要求的黏性土。填方土应尽量采用同类土。

1. 土的工程性质

（1）土的天然密度土在天然状态下单位体积的质量，称为土的天然密度。土的干密度单位体积中土的固体颗粒的质量称为土的干密度。土的干密度越大，表示土越密实。电力工程上把土的干密度作为评定土体密实程度的标准，以控制基坑底压实及填土工程的压实质量。

（2）土的含水量土的含水量是土中水的质量与固体颗粒质量之比，以百分数表示。土的干湿程度用含水量表示。5％以下称干土、5％～30％称潮湿土、30％以上称湿土。含水量越大，土就越湿，对施工越不利。

土的可松性自然状态下的土经开挖后，其体积因松散而增大，以后虽经回填压实，其体积仍不能恢复原状，这种性质称为土的可松性。土的可松性程度用可松性系数表示。

（3）土的渗透性是指水流通过土中孔隙的难易程度，水在单位时间内穿透土层的能力称为渗透系数。土的渗透性大小取决于不同的土质。地下水的流动以及在土中的渗透速度都与土的渗透性有关。

下面来介绍一下，岩石风化。一般情况下，岩体的风化程度呈现出由表及里逐渐减弱的规律。但由于岩体中岩性并不均一，且有断裂存在，所以岩体风化的情况并不一定完全符合一般规律。岩体风化厚度一般为数米至数十米，沿断裂破碎带和易风化岩层，可形成风化较剧的岩层。断层交会处还可形成风化囊。在这两种情况下深度可超过百米。岩体风化分为：①物理风化，如气温变化使岩石胀缩导致破裂等；②化学风化，如低价铁的黄铁矿在水参与下变为高价铁的褐铁矿；③生物风化，如植物根系可使岩石的裂隙扩张等。岩体风化的速度和程度取决于岩石的性质和结构、地质构造、气候条件、地形条件、人类活动的影响等。

2. 土质类别划分

（1）砂土：粒径不大于2mm的砂类土，包括淤泥、轻亚黏土。

（2）黏土：亚黏土、黏土、黄土，包括土状风化。

（3）砂砾：粒径 2～20mm 的角砾、圆砾含量（指重量比，下同）小于或等于 50%，包括礓石及粒状风化。

（4）砾石：粒径 2～20mm 的角砾、圆砾含量大于 50%，有时还包括粒径 20～200mm 的碎石、卵石，其含量在 10% 以内，包括块状风化。

（5）卵石：粒径 20～200mm 的碎石、卵石含量大于 10%，有时还包括块石、漂石，其含量在 10% 以内，包括块状风化。

（6）软石：饱和单轴极限抗压强度在 40MPa 以下的各类松软的岩石，如盐岩，胶结不紧的砾岩、泥质页岩、砂岩，较坚实的泥灰岩、块石土及漂石土，软而节理较多的石灰岩等。

（7）次坚石：饱和单轴极限抗压强度在 40～100MPa 的各类较坚硬的岩石，如硅质页岩，硅质砂岩，白云岩，石灰岩，坚实的泥灰岩，软玄武岩、片麻岩、正长岩、花岗岩等。

（8）坚石：饱和单轴极限抗压强度在 100MPa 以上的各类坚硬的岩石，如硬玄武岩，坚实的石灰岩、白云岩、大理岩、石英岩、闪长岩、粗粒花岗岩、正长岩等。

3. 基底处理

（1）清除基底上的垃圾、草皮、树根等杂物，将基坑穴中积水排除、淤泥和种植土，将基底充分夯实和碾压密实。

（2）采取措施防止地表滞水流入填方区，防止浸泡地基，造成基土下陷。

（3）当填土场地地面陡于 1/5 时，应先将斜坡挖成阶梯形，阶高 0.2～0.3m，阶宽大于 1m，然后分层填土，以利接合和防止滑动。

4. 土方填筑与压实

（1）填方的边坡坡度应根据填方高度、土的种类和其重要性确定。对使用时间较长的临时性填方边坡坡度，当填方高度小于 10m 时，可采用 1∶1.5；超过 10m，可做成折线形，上部宜采用 1∶1.5，下部宜采用 1∶1.75。

（2）填土应从场地最低处开始，由下而上整个宽度分层铺填。每层虚铺厚度应根据夯实机械确定，一般情况下每层虚铺厚度见下表填土施工分层厚度及压实遍数，见表 9-2。

表 9-2　　　　　　　　　　　　　填土施工分层厚度及压实遍数

压实机具	分层厚度（mm）	每层压实遍数（次）
平碾	250～300	6～8
振动压实机	250～350	3～4
柴油打夯机	200～250	3～4
人工打夯	<200	3～4

（3）填方应在相对两侧或周围同时进行回填和夯实。

（4）填土应尽量采用同类土填筑，填方的密实度要求和质量指标通常以压实系数 λ_c 表示。压实系数为土的控制（实际）干土密度 ρ_d 与最大干土密度 ρ_{dmax} 的比值。最大干土密度 ρ_{dmax} 是当最优含水量时，通过标准的击实方法确定的。填土应控制土的压实系数 λ_c 满足设计要求。

二、回填土质量检验要求

（1）场地回填土宜优先利用基坑土及黏性土，有机质含量不大于5%，不宜使用淤泥质土，含水量应控制在最优含水量的±2%内。

（2）回填土施工时的分层厚度及压实系数不应小于设计值。

（3）回填土每层夯实后，应按规范规定进行环刀法（环刀法是用已知质量及容积的环刀，切取土样，称重后减去环刀质量即得土的质量，环刀的容积即为土的体积，进而可求得土的密度。测定环刀的质量及体积，切取土样将环刀刃口向下置于土样上，将环刀垂直下压，并用切土力沿环刀外侧切，擦净环刀外壁，称环刀加土样质量）、灌水法或灌砂法取样，分层压实系数达到设计要求后，方可进行上一层铺土。

（4）填土全部完成后，根据设计要求标高对表面拉线找平，凡超过标准标高的地方，及时依线铲平；凡低于标准标高的地方，应补土夯实。

（5）施工结束后，应进行标高及压实系数检验，并填写质量验收记录。

第三节　规程、规范相关要求

为方便学习和查找，本节内容均摘自相关规范部分原文。

一、《建筑地基基础工程施工质量验收规范》（GB 50202—2018）

9.1.1　在土石方工程开挖施工前，应完成支护结构、地面排水、地下水控制、基坑及周边环境监测、施工条件验收和应急预案准备等工作的验收，合格后方可进行土石方开挖。

9.1.2　在土石方工程开挖施工中，应定期测量和校核设计平面位置、边坡坡率和水平标高。平面控制桩和水准控制点应采取可靠措施加以保护，并应定期检查和复测。土石方不应堆在基坑影响范围内。

9.1.3　土石方开挖的顺序、方法必须与设计工况和施工方案相一致，并应遵循"开槽支撑，先撑后挖，分层开挖，严禁超挖"的原则。

9.1.4　平整后的场地表面坡率应符合设计要求，设计元要求时，沿排水沟方向的坡率不应小于2‰，平整后的场地表面应逐点检查。土石方工程的标高检查点为每100m²取1点，且不应少于10点；土石方工程的平面几何尺寸（长度、宽度等）应全数检查；土石方工程的边坡为每20m取1点，且每边不应少于1点。土石方工程的表面平整度检查点为每100m²取1点，且不应少于10点。

9.2.1　施工前应检查支护结构质量、定位放线、排水和地下水控制系统，以及对周边影响范围内地下管线和建（构）筑物保护措施的落实，并应合理安排土方运输车辆的行走路线及弃土场。附近有重要保护设施的基坑，应在土方开挖前对围护体的止水性能通过预降水进行检验。

9.2.2　施工中应检查平面位置、水平标高、边坡坡率、压实度、排水系统、地下水控制系统、预留土墩、分层开挖厚度、支护结构的变形，并随时观测周围环境变化。

9.2.3　施工结束后应检查平面几何尺寸、水平标高、边坡坡率、表面平整度和基底土性等。

9.2.4　临时性挖方工程的边坡坡率允许值应符合表9.2.4的规定或经设计计算确定。

表 9.2.4　　　　　　　　　　　**临时性挖方工程的边坡坡率允许值**

序	土的类别		边坡坡率（高：宽）
1	砂土	不包括细砂、粉砂	1：1.25～1：1.50
2	黏土性	坚硬	1：0.75～1：1.00
		硬塑、可塑	1：00～1：1.25
		软塑	1：1.50 或更缓
3	碎石土	充填坚硬黏土、硬塑黏土	1：0.50～1：1.00
		充填砂土	1：1.00～1：1.50

9.2.5 土方开挖工程的质量检验标准应符合表 9.2.5-1～表 9.2.5-4 的规定。

表 9.2.5-1　　　　　**柱基、基坑、基槽土方开挖工程的质量检验标准**

项	序	项目	允许值或允许偏差		检查方法
			单位	数值	
主控项目	1	标高	mm	0～50	水准测量
	2	长度、宽度（由设计中心线向两边量）	mm	+200～50	全站仪或用钢尺量
	3	坡率	设计值		目测法或用坡度尺检查
一般项目	1	表面平整度	mm	±20	用 2m 靠尺
	2	基底土性	设计要求		目测法或土样分析

表 9.2.5-2　　　　　　**挖方场地平整土方开挖工程的质量检验标准**

项	序	项目	允许值或允许偏差			检查方法
			单位	数值		
主控项目	1	标高	mm	人工	±30	水准测量
				机械	±50	
	2	长度、宽度（由设计中心线向两边量）	mm	人工	+300～100	全站仪或用钢尺量
				机械	+500～150	
	3	坡率	设计值			目测法或用坡度尺检查
一般项目	1	表面平整度	mm	人工	±20	用 2m 靠尺
				机械	±50	
	2	基底土性	设计要求			目测法或土样分析

表 9.2.5-3　　　　　　　**管沟土方开挖工程的质量检验标准**

项	序	项目	允许值或允许偏差		检查方法
			单位	数值	
主控项目	1	标高	mm	0～50	水准测量
	2	长度、宽度（由设计中心线向两边量）	mm	+1000	全站仪或用钢尺量
	3	坡率	设计值		目测法或用坡度尺检查
一般项目	1	表面平整度	mm	±20	用 2m 靠尺
	2	基底土性	设计要求		目测法或土样分析

表 9.2.5-4　　　　　　　地（路）面基层土方开挖工程的质量检验标准

项	序	项目	允许值或允许偏差		检查方法
			单位	数值	
主控项目	1	标高	mm	0~50	水准测量
	2	长度、宽度（由设计中心线向两边量）	设计值		全站仪或用钢尺量
	3	坡率	设计值		目测法或用坡度尺检查
一般项目	1	表面平整度	mm	±20	用 2m 靠尺
	2	基底土性	设计要求		目测法或土样分析

9.4.1 施工前应对土石方平衡计算进行检查，堆放与运输应满足施工组织设计要求。

9.4.2 施工中应检查安全文明施工、堆放位置、堆放的安全距离、堆土的高度、边坡坡率、排水系统、边坡稳定、防扬尘措施等内容，并应满足设计或施工组织设计要求。

9.4.3 在基坑（槽）、管沟等周边堆土的堆载限值和堆载范围应符合基坑围护设计要求，严禁在基坑（槽）、管沟、地铁及建构（筑）物周边影响范围内堆土。对于临时性堆土，应视挖方边坡处的土质情况、边坡坡率和高度，检查堆放的安全距离，确保边坡稳定。在挖方下侧堆土时应将土堆表面平整，其顶面高程应低于相邻挖方场地设计标高，保持排水畅通，堆土边坡坡率不宜大于 1 ∶ 1.5 。在河岸处堆土时，不得影响河堤的稳定和排水，不得阻塞污染河道。

9.5.4 施工前应检查基底的垃圾、树根等杂物清除情况，测量基底标高、边坡坡率，检查验收基础外墙防水层和保护层等。回填料应符合设计要求，并应确定回填料含水量控制范围、铺土厚度、压实遍数等施工参数，见表 9.5.4-1、表 9.5.4-2。

表 9.5.4-1　　　柱基、基坑、基槽、管沟、地（路）面基础层填方工程质量检验标准

项	序	项目	允许值或允许偏差		检查方法
			单位	数值	
主控项目	1	标高	mm	0~50	水准测量
	2	分层压实系数	不小于设计值		环刀法、灌水法、灌砂法
一般项目	1	回填土料	设计要求		取样检查或直接鉴别
	2	分层厚度	设计值		水准测量及抽样检查
	3	含水量	最优含水量±2%		烘干法
	4	表面平整度	mm	±20	用 2m 靠尺

表 9.5.4-2　　　　　　　　　场地平整填方工程质量检验标准

项	序	项 目	允许值或允许偏差			检查方法
			单位	数值		
主控项目	1	标高	mm	人工	±30	水准测量
				机械	±50	
	2	分层压实系数	不小于设计值			环刀法、灌水法、灌砂法

续表

项	序	项目	允许值或允许偏差			检查方法
			单位	数值		
一般项目	1	回填土料	设计要求			取样检查或直接鉴别
	2	分层厚度	设计值			水准测量及抽样检查
	3	含水量	最优含水量±4%			烘干法
	4	表面平整度	mm	人工	±20	用2m靠尺
				机械	±30	
	5	有机质含量	≤5%			灼烧减量法
	6	辗迹重叠长度	mm	500～1000		用钢尺量

10.4.1 施工前应检查平面位置、标高、边坡坡率、降排水系统。

10.4.2 施工中，应检验开挖的平面尺寸、标高、坡率、水位等。

10.4.3 预裂爆破或光面爆破的岩质边坡的坡面上宜保留炮孔痕迹，残留炮孔痕迹保存率不应小于50%。

10.4.4 边坡开挖施工应检查监测和监控系统，监测、监控方法应按现行国家标准《建筑边坡工程技术规范》（GB 50330）的规定执行。在采用爆破施工时，应加强环境监测。

10.4.5 施工结束后，应检验边坡坡率、坡底标高、坡面平整度等。

第十章 钢 筋 施 工

第一节 钢 筋 加 工

一、钢筋的分类

电网工程建设中的钢筋是指钢筋混凝土配筋用的直条或盘条状钢材。

钢筋的分类方法有很多，按生产工艺可分为热轧钢筋、冷轧钢筋、冷拉钢筋以及热处理钢筋。其中热轧钢筋在电网工程建设中应用最为广泛，本书将主要围绕热轧钢筋进行介绍与讲解。

热轧钢筋按其外形可分为热轧光圆钢筋和热轧带肋钢筋。

（一）热轧光圆钢筋

热轧光圆钢筋是经热轧成型，横截面通常为圆形，表面光滑的成品钢筋。热轧光圆钢筋的公称直径范围为 6～22mm，推荐的钢筋公称直径为 6、8、10、12、16、20mm。热轧光圆钢筋的截面形状如图 10-1 所示（d 为钢筋直径）。

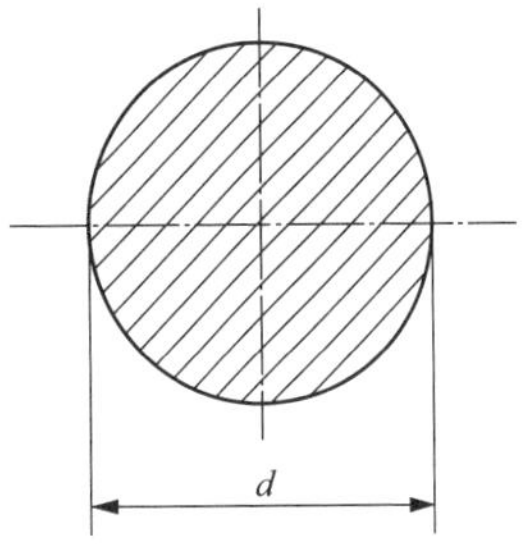

热轧光圆钢筋的公称横截面面积与理论重量列于表 10-1。

图 10-1 热轧光圆钢筋截面形状

表 10-1　　　　　　　热轧光圆钢筋的公称横截面面积与理论重量

公称直径（mm）	公称横截面面积（mm²）	理论重量（kg/m）	备注
6	28.27	0.222	
8	50.27	0.395	
10	78.54	0.671	
12	113.1	0.888	
14	153.9	1.21	
16	201.1	1.58	
18	254.5	2.00	
20	314.2	2.47	
22	380.1	2.98	

注　表中理论重量按密度为 $7.85g/cm^3$ 计算。

（二）热轧带肋钢筋

热轧带肋钢筋是经热轧成型，横截面通常为圆形（有时为带有圆角的方形），且表面带肋的混凝土结构用钢材，包括普通热轧钢筋和细晶粒热轧钢筋。热轧带肋钢筋的公称直径范围为 6～50mm。热轧带肋钢筋的截面形状如图 10-2 所示。

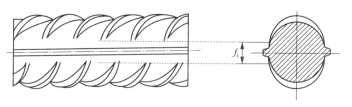

图 10-2 热轧带肋钢筋的截面形状

热轧带肋钢筋的公称横截面面积与理论重量列于表 10-2。

表 10-2 热轧带肋钢筋的公称横截面面积与理论重量

公称直径（mm）	公称横截面面积（mm²）	理论重量（kg/m）	备注
6	28.27	0.222	
8	50.27	0.395	
10	78.54	0.671	
12	113.1	0.888	
14	153.9	1.21	
16	201.1	1.58	
18	254.5	2.00	
20	314.2	2.47	
22	380.1	2.98	
25	490.9	3.85	
28	615.8	4.83	
32	804.2	6.31	
36	1.018	7.99	
40	1.257	9.87	
50	1.964	15.42	

注 表中理论重量按密度为 7.85g/cm³ 计算。

钢筋横肋设计原则应符合以下规定：

（1）横肋与钢筋轴线的夹角 β 应不小于 45°，当该夹角 β 不大于 70°时，钢筋相对两面上横肋的方向应相反。

（2）横肋公称间距不得大于钢筋公称直径的 0.7 倍。

（3）横肋侧面与钢筋表面的夹角 α 不得小于 45°。

（4）钢筋相邻两面上横肋末端之间的间隙（包括纵肋宽度）总和应不大于钢筋公称周长的 20%。

（5）当钢筋公称直径不大于 12mm 时，相对肋面积不应小于 0.055；当钢筋公称直径为 14mm 和 16mm 时，相对肋面积不应小于 0.060；当钢筋公称直径大于 16mm 时，相对肋面积不应小于 0.065。

（6）钢筋相对肋面积的计算公式：

钢筋相对肋面积 f_r 可按下面公式计算

$$f_r = \frac{K \times F_R \times \sin\beta}{\pi \times d \times l}$$

式中　K——横肋排数（两面肋，$K=2$）；

　　　F_R——一个肋的纵向截面积，mm^2；

　　　β——横肋与钢筋轴线的夹角，（°）；

　　　d——钢筋公称直径，mm；

　　　l——横肋间距，mm。

已知钢筋的几何参数，相对肋面积 f_r 也可按下面公式计算

$$f_r = \frac{(d \times \pi - \sum f_i) \times (h + 4h_{1/4})}{6 \times \pi \times d \times l}$$

式中　$\sum f_i$——钢筋相邻两面上横肋末端之间的间隙（包括纵肋宽度）总和，mm；

　　　h——横肋中点高，mm；

　　　$h_{1/4}$——横肋长度四分之一处高，mm；

　　　d——钢筋公称直径，mm；

　　　l——横肋间距，mm。

二、钢筋的力学性能

（一）屈服强度

钢筋的屈服强度是钢筋开始丧失对变形的抵抗能力，并开始产生大量塑性变形时所对应的应力。屈服强度对于电网工程中钢材的使用具有重大意义，当构件的实际应力大于钢材的屈服强度时，会发生无法恢复的永久形变；当应力大于屈服强度时，较高受力部位应力不再继续提高，会将荷载自动重新分配给应力较低的部位。所以，屈服强度是决定允许应力的主要依据。

（二）抗拉强度

抗拉强度是钢筋所能承受住的最大拉应力，即当拉应力达到极限强度时，钢筋会完全丧失对形变的抵抗力而断裂。钢筋的抗拉强度大约为混凝土的百倍。虽然钢筋的抗拉强度不能直接当作计算依据，但钢筋屈服强度与抗拉强度的比值，即"屈强比"对电网建设工程应用具有重大意义。屈强比越小，说明钢筋在应力超过屈服强度时的可靠性越大，即减缓结构损坏过程的能力越大，进而结构安全性越高。在做钢筋拉伸强度试验时，把多次拉伸试验的强度值按照一定的范围进行统计计算，混凝土的强度标准值应该具有大于等于 95% 的保证率。

（三）伸长率

伸长率反映了钢筋拉伸断裂时所能承受住的塑性变形能力，是衡量钢筋塑性的重要技术指标。伸长率是以钢筋试件拉断后标距长度的增加量与原标距长度之比的百分率来表示。

（四）最大力总延伸率

最大力总延伸率指的是钢筋最大力总伸长率，即钢筋在拉断时刻伸长的长度与钢筋原来长度的百分比。

三、钢筋的化学成分

钢筋中除了主要化学成分铁（Fe）以外，还含有少量的碳（C）、磷（P）、硫（S）、硅（Si）、锰（Mn）、氧（O）、氮（N）、钛（Ti）等元素，虽然这些元素含量很少，但却对钢筋的性能有很大影响。

（一）碳

碳是决定钢筋性能最为重要的元素。当钢筋中的含碳量少于 0.8% 时，随着含碳量的增加，钢筋的硬度和强度逐渐提高，而韧性和塑性逐渐降低；但当钢筋含碳量大于 1.0% 时，随着含碳量的增加，钢筋的强度反而逐渐下降。随着含碳量的增加，钢筋的焊接性能变下降（含碳量大于 0.3% 的钢材，可焊性显著下降），时效敏感性和冷脆性增大，耐大气锈蚀性也下降。Ⅰ级钢含碳量为 0.2% 左右，Ⅱ级钢的含碳量相对高些，Ⅱ级钢含碳量为 0.25% 左右，一般工程所用碳素钢均为低碳钢，即含碳量小于 0.25% 的钢材；工程所用低合金钢的含碳量小于 0.25%。

（二）硅

硅是钢中的有益元素，在钢材中的作用是作为脱氧剂。硅含量较低（小于 1.0%）时，可以提高钢材的强度，而对钢材韧性和塑性无明显影响。

（三）锰

锰作为我国低合金结构钢中的主要合金元素，也是钢中的有益元素，作为炼钢时脱氧去硫而存在于钢材中。锰具有很强的脱氧去硫能力，能消除或降低硫、氧所引起的热脆性，显著提高钢材的热加工性能，同时亦可提高钢材的硬度和强度。

（四）磷

磷是钢中很有害的元素。随着钢材含磷量的增加，钢材的强度屈强比、硬度均有所提高，但韧性和塑性显著降低。特别是温度越低，对韧性和塑性的影响就越大，显著增加了钢材的冷脆性。磷也会显著降低钢材的可焊性，但磷可提高钢材的耐蚀性和耐磨性，因此在低合金钢中可配合其他元素作为合金元素使用。

（五）硫

硫也是钢中很有害的元素。硫的存在会提高钢材的热脆性，降低钢材的各项机械性能，也会降低钢材的可焊性、冲击韧性、耐疲劳性和耐腐蚀性等。

四、钢筋的加工

钢筋加工，即为钢筋混凝土工程或预应力混凝土工程提供钢筋制品的制作工艺过程。

电力工程施工现场钢筋的交货状态为直条和盘圆两种，到场钢筋原材料必须有出厂合格证及出厂检验报告，并经复试合格后方可使用。钢筋在成型前要做好调直除锈工作，并要严格按照配料单和有关规范进行成型。

钢筋制作工艺通常采用流水作业，其流程如图 10-3 所示。钢筋经过单根钢筋的调直、切断、弯曲、钢筋网和钢筋骨架的组合，以及预应力钢筋的加工等工序制成成品后，运往施工现场安装。

（一）钢筋加工的注意要点

（1）钢筋在加工弯制前必须进行调直加工，钢筋表面的漆污、油渍、水泥浆和用锤敲击能剥落的铁锈、浮皮等均应清理干净；钢筋应平直无局部弯折，成盘和弯曲的钢筋均应进行调直，钢筋经过钢筋调直机调直加工后不得有死弯；加工调直后的钢筋表面不应有削弱钢筋截面的伤痕；采用冷拉方法调直钢筋时Ⅰ级钢筋的冷拉率不宜大于 2%，Ⅱ、Ⅲ级钢筋的冷拉率不宜大于 1%。

（2）钢筋加工配料时，要准确计算钢筋长度，如有弯钩或弯起钢筋，应加其长度，并扣除钢筋弯曲成型的延伸长度，拼配钢筋的实际需求长度。同钢号同直径不同长度的各种型号钢筋的编号应先按顺序填写配料表，再根据调直加工后的钢筋长度，统一配料，以便减少钢筋的断头废料和焊接量。

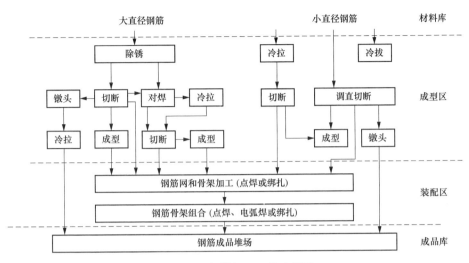

图 10-3　钢筋加工工艺流程图

钢筋的弯起和末端钩应符合设计要求，如设计无规定时，应符合表 10-3 规定。

表 10-3　　　　　　　　　　钢筋的弯起和末端钩设计要求

弯曲部位	弯曲角度	钢筋种类	弯曲直径（D）	平直部分长度	备注
末端弯钩	180°	Ⅰ	$\geqslant 2.5d$ $\geqslant 5d$ （$\phi 20$ 以上）	$\geqslant 3d$	
	135°	Ⅱ	$\geqslant 4d$	按设计要求， 一般$\geqslant 5d$	
		Ⅲ	$\geqslant 5d$		
	90°	Ⅱ	$\geqslant 4d$	按设计要求， 一般$\geqslant 10d$	
		Ⅲ	$\geqslant 5d$		
中间弯起	90°以下	各类	$\geqslant 5d$		

注　d 为钢筋直径。

（3）Ⅳ级带肋钢筋的弯曲直径，当直径为 28mm 以下时不应小于钢筋直径的 6 倍，当直径为 28mm 及以上时不应小于钢筋直径的 7 倍。

（4）用Ⅰ级钢筋制作的箍筋，其末端应做弯钩，弯钩的弯曲直径应大于受力主筋的直径且不小于箍筋直径的 2.5 倍。箍筋弯钩的弯折角度，一般不应小于 90°；对有抗震等要求的结构，应做 135°弯钩。

（5）弯曲钢筋时，应先反复修正并完全符合设计的尺寸和形状，作为样板（筋）使用，然后正式进行加工生产。

（6）弯筋机弯曲钢筋时，在钢筋弯到要求角度后，先停机再逆转取下弯好的钢筋，不得在机器向前运转过程中，立即逆向运转，以免损坏机器。

（7）钢筋在弯制过程中，如果发现钢材过硬、脆断、回弹或对焊处开裂等现象，应及时查找原因并正确处理；钢筋的末端向内弯曲，以避免伸入保护层内。钢筋加工的容许偏差见

表 10-4。

表 10-4	钢筋加工的容许偏差		
序号	项目	容许偏差（mm）	备注
1	受力钢筋沿长度方向的净尺寸	±10	
2	弯起钢筋的弯折位置	±20	
3	箍筋外廓尺寸	±5	

（二）钢筋加工安全注意事项

钢筋的制作场地应平整洁净无杂物，工作台面应稳固牢靠，照明灯具应加设防护网罩，或采用防爆灯具。进场后的钢筋应按型号、规格等分类堆放，并贴醒目标识。钢筋施工场地应满足作业需要，作业前应对机械设备进行检查，合格后方可使用。常用的钢筋加工机械设备包括：电焊机、钢筋切断机、钢筋弯曲机、钢筋调直机等。

（三）钢筋成型

直径小于 10mm 的普通碳素钢热轧圆盘条，采用自动调直切断机或冷拉拉直的方法调直。直径较大的直条钢筋一般先采用闪光对焊和电弧焊等方法把钢筋连接起来后，再冷拉或直接切断。切断钢筋用电动或手动钢筋切断机。切断后按图纸要求的形状，在弯曲机上弯曲成型。箍筋和小直径钢筋在多头弯曲机或联合成型机上弯曲成型。

1. 钢筋调直

（1）调直钢筋时，应设置专人值守，操作调直机的人员必须位于安全位置。

（2）张拉钢筋时，操作人员的位置在张拉设备的两侧，以免钢筋发生断裂时伤人。

（3）维修或停机时，必须切断调直机电源，锁好箱门，并设专人监护。

（4）钢筋调直完毕后，必须将钢筋整理平直，钢筋不得互相压乱。

（5）如果运行中出现钢筋滑脱、绞断等情况时，应立即停机断电。

（6）展开盘圆钢筋时，注意要两端卡牢，防止钢筋回弹伤人。圆盘钢筋放入圈架时应稳固牢靠，如有乱丝或钢筋脱架情况，必须停机处理。进行钢筋调直工作时，不允许无关人员站在机械附近，特别是当料盘上钢筋快使用完时，要严防钢筋端头打人。

（7）在钢筋冷拉过程中，经常检查卷扬机的夹头，钢筋两侧 2m 范围内，严禁人员和车辆通行。

（8）严禁戴手套操作钢筋调直机，钢筋调直到末端时，人员必须躲开；在调直块未固定、防护罩未盖好前不得送料；当钢筋送入调直机后，手与曳轮必须保持一定距离，不得接近；调直作业中严禁打开各部防护罩及调整钢筋间隙。调直长度短于 2m 或直径大于 9mm 的钢筋时，应避免高速加工。

2. 钢筋切断

（1）进行钢筋切断前必须检查切断机刀口，确保安装正确，刀片无裂纹，刀架螺栓紧固，防护罩牢靠，空载运转正常后再进行切断操作。

（2）钢筋切断应在调直后进行，断料时要将钢筋握紧，对螺纹钢进行切断时，只能单根切断。

（3）进行钢筋切断时，要保证手与刀口的距离大于 15cm。切断长度小于 400mm 的钢筋严禁直接用手把持，必须用钳柄大于 500mm 的钳子夹牢。

（4）钢筋切断机运转时严禁直接用手清除刀口附近的钢筋断头和杂物，非操作人员不得在钢筋摆动范围内和刀口附近停留。

（5）钢筋切断时应紧握并摆直钢筋，应在活动切口后退时将钢筋送进刀口，并在固定切刀一的侧紧压住钢筋，禁止在切刀向前运动时送料，禁止两手同时握住切刀两侧钢筋俯身送料。

（6）如果发现切断机运转异常或有刀片歪斜等情况，应立即停机断电检修，并派专人监护。

（7）切断作业时严禁进行机械检修、更换部件、加油。停机维修时，必须切断电源，并派专人监护。

3. 钢筋弯曲

（1）工作台和钢筋弯曲工作盘台应保持水平，操作前应检查弯曲机的芯轴、挡铁轴、成型轴、可变挡架等有无损坏或裂纹，防护罩安装是否牢固可靠，空载运转确认正常后，方可正常进行弯曲作业。

（2）操作时要熟悉开关控制工作盘旋转的方向，钢筋放置要和挡架及工作盘的旋转方向相配合，不得反放。

（3）改变工作盘旋转方向必须在弯曲机停止后进行，即从正转-停-反转-停-正转，不得直接从正转-反转或从反转-正转。

（4）弯曲机运转过程中禁止更换芯轴、成型轴，禁止变换角度及调速，禁止在运转时加油或清扫机器。

（5）弯曲钢筋时，须严格按照弯曲机使用说明书进行操作，严禁超过该机对钢筋根数、直径及机械最大运转速度的规定。

（6）严禁在钢筋弯曲作业的半径内和机身不设固定销的一侧站人。

（7）钢筋弯曲作业中不得直接用手清除金属屑，机械的清理工作必须在停稳后进行。

（8）弯曲机的检修、加油、更换部件及停机，必须切断电源后进行并锁好箱门，需派专人监护。

（9）操作钢筋弯曲机时，人员应站在钢筋活动端的相反方向；小于 400mm 的短钢筋进行弯曲作业时，要防止钢筋弹出伤人。

（四）钢筋网和钢筋骨架的加工

钢筋网和钢筋骨架的加工是指把成型好的单独钢筋组合成钢筋网和钢筋骨架的方法。通常采用人工绑扎、电弧焊和点焊三种形式。人工绑扎是用 20～22 号铁丝在钢筋的各交叉点上绑扎组合而成。当把单片钢筋网组合成钢筋骨架时，可采用电弧焊连接，但最有效的方法是采用点焊工艺进行组合。通常使用的点焊机有固定式和悬挂移动式两种。后者可以焊接较宽的钢筋网或组合钢筋骨架。标准定型的钢筋网和面积较大的钢筋网宜在多头自动点焊机上进行。

采用直螺纹连钢筋接时，操作钢筋剥肋滚轧直螺纹的操作人员不得留长发，需穿无纽扣工作服，工作时应避开钢筋切断机、钢筋切割机、吊车等设备的对面，以防发生安全事故。任何人不得戴手套接触旋转中的机头和丝头。钉端杆锚具适用于 Ⅱ、Ⅲ 级钢筋。

第二节 钢 筋 安 装

一、钢筋的运输与存放

（一）钢筋的运输

钢筋搬运的固有风险级别是 4 级，钢筋搬运中的风险可能导致的后果，包括触电、物体打击、机械伤害。运输钢筋时要注意以下要求：

（1）在多人抬运钢筋时，起、落、转、停等动作应一致，人工上下传递钢筋时不得站在同一垂直线上。在建筑物平台或走道上堆放的钢筋应分散并摆放稳妥，堆放钢筋的总重不得超过平台允许的最大荷重。若采用汽车吊或进行搬运，需做好相应管控措施。

（2）在变电站内搬运钢筋时应与电气设施保持安全距离，防止碰撞。在施工过程中应防止钢筋与任何带电体相触碰。

（3）使用起重机械吊运钢筋时，必须设置溜绳并绑扎牢固，吊运时钢筋不得与其他物件混吊。

（4）搬运钢筋时，人员应互相呼应，配合协调。搬运时必须按顺序逐层自上而下取运，严禁直接从下层抽拿钢筋。

（5）钢筋运输，特别是运输较长钢筋时，必须事先观察运输路径的上方或附近周围是否有高压线缆防止误碰。

（6）已经加工成型的钢筋在运输时，应谨慎装卸，防止碰撞变形，存放时要避免淋雨受潮生锈以及其他有害物质的腐蚀。

（二）钢筋的存放

（1）成型钢筋的品种、规格、形状、尺寸要准确，并注意有无裂纹。

（2）同一类型钢筋应存放在一起，一种型式弯完后，应捆绑好，并挂上编号标签，写明钢筋规格尺寸，必要时应注明使用的工程名称。如需两根钢筋扎结或焊接，应捆在一起。

（3）检查无误后，填写半成品钢筋出厂合格证，并做好钢筋跟踪台账，实行专人发料。

（4）钢筋堆放地要平整，场地平整碾压后铺设 10cm 厚 C20 混凝土，并形成一定坡度以便有组织排水。

（5）钢筋堆放用垫木垫放整齐，垫木的顶面标高要求在一个平面，以使钢筋处于平直状态。钢筋堆放高度不超过 150cm。

（6）钢筋须严格分区堆放，不可分层叠压，并按规定对成品半成品做出挂牌等明确标识。散乱钢筋应随时清理堆放整齐。直条钢筋需成行按捆分类叠放，端头一致并保持平齐，叠放层数控制在三层以内，并且设置防止滑坡及倾覆的措施。

（7）半成品暂存，要严格区分规格、品种、型号，避免造成错用、乱用，重复加工浪费材料的现象。弯曲好的钢筋码放时，弯钩不得朝上。

（8）短节钢筋每班清理运至指定位置，以便选择，充分选用。明确为废品的钢筋，须单独存放做出标记，及时处理。

二、钢筋安装

进行钢筋安装作业时，钢筋的规格型号、数量及连接方式都必须满足设计要求。

（一）钢筋绑扎

钢筋绑扎接头末端弯钩：受拉区内的 I 级钢筋绑扎接头的末端应做弯钩，II、III 级钢筋的绑扎接头末端可不做弯钩，但要增加20％搭接长度。

钢筋绑扎搭接的最小长度要求见表10-5。

表 10-5　　　　　　　　　　　　　　钢筋绑扎搭接的最小长度

钢筋类型	混凝土强度等级			
	C15		≥C30	
	钢筋受力情况			
	受拉力	受压力	受拉力	受压力
Ⅰ级钢筋	35d	25d	30d	20d
Ⅱ级钢筋	40d	30d	35d	25d
Ⅲ级钢筋	45d	35d	40d	30d

注　位于受拉力部位的钢筋搭接长度同时不应小于25cm，位于受压力部位的搭接长度同时不应小于20cm；当无法区
分钢筋受拉力还是压力时，搭接长度按受拉力确定。

直径等于和小于12mm的受压Ⅰ级钢筋的末端，以及轴心受压构件中任意直径的受力钢筋的末端，应在钢筋搭接处中心和两端用铁丝扎牢。绑扎用铁丝规格选择参考表10-6。

表 10-6　　　　　　　　　　　　　　绑 扎 用 铁 丝 规 格

绑扎钢筋直径（mm）	<12	12～25	25～32	备注
常用铁丝规格号数	22	20	18	

其他绑扎要求：

（1）钢筋交叉部位应用铁丝绑扎结实，必要时可用点焊焊接。箍筋、桥面筋其两端交点均绑扎；钢筋弯折角与纵向分布筋交点均绑扎；下缘箍筋弯起部分与蹬筋相交点绑扎；其余各交点采用梅花跳绑；绑扎点拧紧，如有扭断的扎丝必须重绑；为保证绑扎后的钢筋骨架不变形，骨架所有绑扎点的绑扎方向为"人字形"。

（2）梁中的箍筋布置应与主筋方向垂直；箍筋末端应向内侧弯曲；箍筋转角处和钢筋的交接点均应绑扎牢固。箍筋的接头在梁中应沿纵向方向交叉布置。

（3）绑扎垫块和钢筋的铁丝要向内侧弯折，不得伸向钢筋保护层内。为提高钢筋保护层厚度符合设计要求，保护层垫块的尺寸须保证钢筋混凝土保护层厚度的准确性，垫块至少为4个/m²，呈梅花型布置。

（二）钢筋焊接

钢筋焊接作业时，应防止钢筋误碰电源。电焊机必须按要求可靠接地，并不得超负荷作业。钢筋焊接主要有以下三种焊接方法：

（1）闪光对焊：把短钢筋接长最有效、最经济的方法。它借助钢筋本身的电阻和焊接端面的接触电阻而引起的金属烧熔进行焊接。焊接时，须根据所焊钢筋的品种、直径和使用的对焊机的功率，选择不同的焊接工艺，如连续闪光焊、预热闪光焊和闪光预热闪光焊等。

（2）电弧焊：借助焊条引弧，利用电弧放电时产生的热量，熔化焊条和焊件，达到焊接的目的。电弧焊的应用范围很广，用于连接钢筋时主要有帮条焊、搭接焊和坡口焊三种形式。

（3）点焊：搭接电阻焊的一种，是利用电流通过焊件时产生的电阻热作为热源，使重叠的钢筋局部加热至熔化温度，同时施加一定压力，使焊接点熔为一体。点焊主要用于焊接钢筋网和钢筋骨架。

（三）钢筋接头

钢筋接头的位置应符合设计和施工方案要求。有抗震设防要求的结构中，梁端、柱端箍筋加密区范围内不应进行钢筋搭接。接头末端至钢筋弯起点的距离不应小于钢筋直径的10倍。

钢筋机械连接接头、焊接接头的外观质量应符合现行行业标准《钢筋机械连接技术规程》（JGJ 107）和《钢筋焊接及验收规程》（JGJ 18）的规定。

（1）钢筋的接头一般采用焊接形式，螺纹钢筋可采用挤压套管接头。对直径等于或小于25mm的钢筋，在现场不具备焊接条件时，可采用绑扎形式接头，但对轴心受拉和小偏心受拉构件中的主钢筋不得采用绑扎接头，均应焊接连接。

（2）钢筋的纵向焊接应采用闪光电焊，当现场不具备闪光对焊条件时，可采用电弧焊。钢筋在交叉连接时如果没有电阻点焊机，可采用手工电弧焊方式。

（3）钢筋接头在采用帮条电弧焊或搭接焊时，要尽量做成双面焊缝，只有当不具备做成双面焊缝条件时，才允许采用单面焊缝。

（4）钢筋接头采用搭接电弧焊时，两钢筋搭接端位置应预先向一侧弯折，确保两接合钢筋在一条轴线；接头双面焊缝的焊缝长度应$\geqslant 5d$，单面焊缝的焊缝长度应$\geqslant 10d$（d 为焊接钢筋直径）。

（5）钢筋接头采用帮条电弧焊时，选用的帮条应与主筋的级别型号相同，其总截面面积应大于等于被焊钢筋的截面面积。双面焊缝的帮条长度应$\geqslant 5d$，单面焊缝帮条长度应$\geqslant 10d$（d 为钢筋直径）。

（6）焊接时，应在端头收弧之前填满弧坑，并确保主要焊缝和定位焊缝的起始和末端熔合。

（7）钢筋帮条焊的帮条与主钢筋之间采用四点定位焊的方式固定；钢筋焊接采用两点方式固定。定位焊焊缝距离接头端部不小于20mm。

（8）绑扎接头和电弧焊接与钢筋弯曲处的距离不应小于钢筋直径的10倍，也最好不要处于构件的最大弯矩处。

（9）纵向受力钢筋采用焊接接头或机械连接接头形式时，同一区段内的纵向受力钢筋接头面积百分率应符合设计及规范要求，当设计无明确要求时应符合以下规定：

1）受拉接头应$\leqslant 50\%$。

2）直接承受动力荷载的结构构件不宜采用焊接；采用机械连接的承受动力荷载结构构件应$\leqslant 50\%$。

（10）当采用绑扎搭接接头连接纵向受力钢筋时，钢筋接头的横向净间距应大于等于钢筋直径，且应大于等于25mm。

（11）同一连接区段内的纵向受拉钢筋接头截面积的百分率应符合设计及规范要求。当设计无明确要求时，应符合下列规定：

1）建筑物梁、板及墙类构件，$\leqslant 25\%$。

2）建筑物柱类构件，$\leqslant 50\%$。

3）建筑物基础、构支架基础，$\leqslant 50\%$。

4）当工程中明确规定有必要增大接头面积百分率时的梁类构件，≤50％。

（12）建筑物梁、柱类构件的纵向受力钢筋搭接长度范围内的钢筋设置应符合设计及规范要求。当设计无明确要求时，应满足下列规定：

1）箍筋直径应大于等于搭接钢筋中较大直径的四分之一。

2）受拉搭接区段的箍筋间距应小于等于搭接钢筋较小直径的 5 倍，且≤10cm。

3）受压搭接区段的箍筋间距应小于等于搭接钢筋较小直径的 10 倍，且≤20cm。

4）建筑物柱中纵向受力钢筋的直径大于 25mm 时，应在纵向受力钢筋搭接接头两侧端面外 10cm 范围内各设置两道筋，间距宜设置为 5cm。

（四）钢筋网和钢筋骨架的组成及安装

1. 钢筋网和钢筋骨架的制作

电网工程钢筋加工中，对适于预制钢筋网或钢筋骨架的构件，宜先预制成钢筋网片或钢筋骨架片，然后在施工现场就位进行组装（绑扎或焊接），确保安装质量及进度。预制成型的钢筋骨架及钢筋网，必须具有足够的稳定性和刚性，以方便运输和吊装，并且在混凝土浇筑过程中不致松散、移位及变形，必要时可在钢筋骨架或钢筋网的若干连接点处加以焊接或增设加强筋。

2. 钢筋骨架的焊接拼装要求

（1）拼装钢筋骨架时应先按设计图纸放大样，同时还应考虑焊接形变预留拱度。

（2）拼装钢筋前，应检查有焊接接头的钢筋每根接头的焊缝有无开焊、变形等加工缺陷，如有类似情况应及时进行补焊。

（3）为了防止焊接钢筋时发生局部变形，可在拼接时在需要焊接的位置先用楔形卡卡住，等所有钢筋准备焊接的位置卡好后，在焊缝两端以点焊定位，最后再进行焊缝施焊。

（4）焊接钢筋骨架时，不同型号钢筋的中心线应确保在同一水平面上。因此在焊接较小直径钢筋时，下面应垫上厚度适当的垫块。

（5）施焊的顺序宜由中间位置到边缘位置，均匀地向两端进行，先焊接下部骨架，再焊接上部骨架；相邻焊缝用分区对称跳焊方式焊接，不得成一个方向一次性焊成，焊药残渣应随焊随敲除清理干净。

3. 焊接钢筋网时的焊点应符合设计及规范要求

当设计无明确规定时，按下列规则执行：

（1）当钢筋网的受力钢筋为易发生变形的钢筋时，钢筋网内焊点的位置和数量可按运输及安装条件规定。

（2）当焊接钢筋网受力钢筋为Ⅰ级钢筋时：如果焊接网钢筋只受一个方向作用力，钢筋网两端边缘的两根锚固受力钢筋与横向钢筋的相交点必须全部焊接牢固；如果焊接网的两个方向为均匀受力钢筋，则沿网四周边的两根钢筋的连接点应全部焊接牢固；其余的相交点，可根据运输和安装条件决定位置和数量，一般可绑扎或焊接一半相交点。

（3）当选用冷拔低碳钢筋作为焊接钢筋网的受力钢筋时，另一方向的间距小于 100mm 时，网两端边缘的两根锚固横向钢筋的全部相交点必须焊接牢固，而且中间部分的焊点距离可增大至 25cm。

焊接钢筋网和钢筋骨架的容许偏差见表 10-7。

表 10-7　　　　　　　　　　　　　　焊接钢筋网和钢筋骨架的容许偏差

序号	项目	容许偏差（mm）	备注
1	网的长度、宽度	±10	
2	网眼尺寸	±10	
3	骨架宽度、高度	±5	
4	骨架长度	±10	
5	钢筋间距	点焊±10，绑扎±20	

（五）现场绑扎钢筋时有关规定

（1）钢筋的相交点应用铁丝绑扎结实，必要时也可用点焊焊接牢固。所有钢筋规格型号、数量和分部间距均应符合设计及规范要求，绑扎或焊接的钢筋骨架和钢筋网不得有变形、松脱和开焊情况。钢筋安装允许偏差和检验方法见表 10-8。

表 10-8　　　　　　　　　　　　　　钢筋安装允许偏差和检验方法

项目		允许偏差（mm）	检测方法	备注
绑扎钢筋网	长度、宽度	±10	尺量	
	网眼尺寸	±20	尺量连续三档，取最大偏差值	
绑扎钢筋骨架	长度	±10	尺量	
	宽度、高度	±5	尺量	
纵向受力筋	锚固长度	−20	尺量	
	间距	±10	尺量两端、中间各一点，取最大偏差值	
	排距	±5		
纵向受力筋、箍筋的混凝土保护层厚度	基础	±10	尺量	
	梁、柱	±5	尺量	
	板、墙、壳	±3	尺量	
绑扎钢筋、横向钢筋间距		±20	尺量连续三档，取最大偏差值	
钢筋弯起点位置		20	尺量	
预埋件	中心线位置	5	尺量	
	水平高差	+3，0	塞尺量测	

（2）除设计有特殊规定外，柱和梁中的箍筋应与主筋方向垂直，受力钢筋放在下面时，弯钩应向上布置。

（3）箍筋的末端应向内部弯折，箍筋转角与钢筋的相交点均应绑扎牢固。

（4）箍筋接头在柱中应沿竖向线方向交叉布置；在梁中应沿纵线方向交叉布置。

（5）圆形箍筋的搭接长度应大于等于其受拉锚固长度，且两末端弯钩的弯折角度应大于等于 135°，弯折后的平直段长度对一般结构构件的要求是大于等于箍筋直径的 5 倍，对有抗震要求的结构构件要求是大于等于箍筋直径的 10 倍。

（6）基础柱头及建筑物柱中的竖向钢筋搭接时，转角处的钢筋弯钩应与模板成 45°夹角，中间钢筋的弯钩应与模板成 90°夹角。

（7）加工梁、柱、桩等钢筋骨架时，应在绑扎工作台上进行绑扎，悬挑构件的受力钢筋应布置在结构层上部。

（8）在抬运钢筋骨架的过程中，应注意避免钢筋骨架产生变形，必要时可增加斜拉筋用来支撑加固。

（9）入模浇筑前的钢筋应在四周绑好垫块，以保证钢筋保护层厚度符合规范及设计要求。钢筋混凝土结构中受力钢筋的混凝土保护层应按设计要求施工。

结构实体纵向受力钢筋保护层厚度的允许偏差见表10-9。

表 10-9　　　　　　　结构实体纵向受力钢筋保护层厚度允许偏差

结构类别	允许偏差（mm）	备注
梁	+10，−7	
板	+8，−5	

（10）绑扎完毕的钢筋网上不得放置重物或踩踏。

（11）钢筋在搭接长度范围内，应弯出一个直径位置使相互搭接的两根钢筋中心在一直线上，钢筋直径的 35 倍，且不小于 500mm 的区段内。同一根钢筋不得有两个接头，在该区段内的有接头的受力钢筋截面面积应符合规范及设计要求，钢筋机械连接不得出现马蹄头。

（12）新植钢筋在与原有钢筋在搭接部位的净间距，不得大于 $6d$。当净间距超过 $4d$ 时，则搭接长度应增加 $4d$。

（六）钢筋安装安全注意事项

（1）高处钢筋安装时，不得将钢筋集中堆放在模板或脚手架上。在建筑物平台或过道上堆放钢筋，不得超载，不得靠近边缘，摆放方向正确。

（2）绑扎框架钢筋时，作业人员不得站在钢筋骨架上，不得攀登柱骨架上下；绑扎柱钢筋，不得站在钢箍上绑扎，不得将料、管子等穿在钢箍内作脚手板。

（3）4m 以上框架柱钢筋绑扎、焊接时应搭设临时脚手架，不得依附立筋绑扎或攀登上下，柱子主筋应使用临时支撑或缆风绳固定。搭设的临时脚手架应符合脚手架相关规定。

（4）钢筋、预埋件进行焊接作业时应加强对电源的维护管理，严禁钢筋接触电源。焊机必须可靠接地，焊接导线及钳口接线应有可靠绝缘，焊机不得超负荷使用。框架柱竖向钢筋焊接应根据焊接钢筋的高度搭设相应的操作平台，平台应牢固可靠，周围及下方的易燃物应及时清理。作业完毕后应切断电源，检查现场，确认无火灾隐患后方可离开。

（5）在高处修整、扳弯粗钢筋时，作业人员应选好位置系牢安全带。在高处进行粗钢筋的校直和垂直交叉作业应有安全保证措施。

第三节　规程、规范相关要求

为方便学习和查找，本节内容均摘自相关规范部分原文。

一、《混凝土结构工程施工质量验收规范》（GB 50204—2015）

5.1 一般规定

5.1.1 浇筑混凝土之前，应进行钢筋隐蔽工程验收。隐蔽工程验收应包括下列主要内容：

（1）纵向受力钢筋的牌号、规格、数量、位置。

（2）钢筋的连接方式、接头位置、接头质量、接头面积百分率、搭接长度、锚固方式及锚固长度。

（3）箍筋、横向钢筋的牌号、规格、数量、间距、位置，箍筋弯钩的弯折角度及平直段长度。

（4）预埋件的规格、数量和位置。

5.1.2 钢筋、成型钢筋进场检验，当满足下列条件之一时，其检验批容量可扩大一倍：

（1）获得认证的钢筋、成型钢筋。

（2）同一厂家、同一牌号、同一规格的钢筋，连续三批均一次检验合格。

（3）同一厂家、同一类型、同一钢筋来源的成型钢筋，连续三批均一次检验合格。

5.2 材料

5.2.1 钢筋进场时，应按国家现行相关标准的规定抽取试件作屈服强度、抗拉强度、伸长率、弯曲性能和重量偏差检验，检验结果应符合相应标准的规定。

检查数量：按进场批次和产品的抽样检验方案确定。

检验方法：检查质量证明文件和抽样检验报告。

5.2.2 成型钢筋进场时，应抽取试件作屈服强度、抗拉强度、伸长率和重量偏差检验，检验结果应符合国家现行有关标准的规定。

对由热轧钢筋制成的成型钢筋，当有施工单位或监理单位的代表驻厂监督生产过程，并提供原材钢筋力学性能第三方检验报告时，可仅进行重量偏差检验。

检查数量：同一厂家、同一类型、同一钢筋来源的成型钢筋，不超过 30t 为一批，每批中每种钢筋牌号、规格均应至少抽取 1 个钢筋试件，总数不应少于 3 个。

检验方法：检查质量证明文件和抽样检验报告。

5.2.3 对按一、二、三级抗震等级设计的框架和斜撑构件（含梯段）中的纵向受力普通钢筋应采用 HRB335E、HRB400E、HRB500E、HRBF335E、HRBF400E 或 HRBF500E 钢筋，其强度和最大力下总伸长率的实测值应符合下列规定：

（1）抗拉强度实测值与屈服强度实测值的比值不应小于 1.25。

（2）屈服强度实测值与屈服强度标准值的比值不应大于 1.30。

（3）最大力下总伸长率不应小于 9%。

检查数量：按进场的批次和产品的抽样检验方案确定。

检验方法：检查抽样检验报告。

5.2.4 钢筋应平直、无损伤，表面不得有裂纹、油污、颗粒状或片状老锈。

检查数量：全数检查。

检验方法：观察。

5.2.5 成型钢筋的外观质量和尺寸偏差应符合国家现行有关标准的规定。

检查数量：同一厂家、同一类型的成型钢筋，不超过 30t 为一批，每批随机抽取 3 个成型钢筋。

检验方法：观察，尺量。

5.2.6 钢筋机械连接套筒、钢筋锚固板，以及预埋件等的外观质量应符合国家现行有关标准的规定。

检查数量：按国家现行有关标准的规定确定。

检验方法：检查产品质量证明文件；观察，尺量。

5.3 钢筋加工

5.3.1 钢筋弯折的弯弧内直径应符合下列规定：

（1）光圆钢筋，不应小于钢筋直径的 2.5 倍。

（2）335MPa 级、400MPa 级带肋钢筋，不应小于钢筋直径的 4 倍。

（3）箍筋弯折处尚不应小于纵向受力钢筋的直径。

检查数量：同一设备加工的同一类型钢筋，每工作班抽查不应少于 3 件。

检验方法：尺量。

5.3.2 纵向受力钢筋的弯折后平直段长度应符合设计要求。光圆钢筋末端做 180°弯钩时，弯钩的平直段长度不应小于钢筋直径的 3 倍。

检查数量：同一设备加工的同一类型钢筋，每工作班抽查不应少于 3 件。

检验方法：尺量。

5.3.3 箍筋、拉筋的末端应按设计要求做弯钩，并应符合下列规定：

（1）对一般结构构件，箍筋弯钩的弯折角度不应小于 90°弯折后平直段长度不应小于箍筋直径的 5 倍；对有抗震设防要求或设计有专门要求的结构构件，箍筋弯钩的弯折角度不应小于 135°，弯折后平直段长度不应小于箍筋直径的 10 倍。

（2）圆形箍筋的搭接长度不应小于其受拉锚固长度，且两末端弯钩的弯折角度不应小于 135°，弯折后平直段长度对一般结构构件不应小于箍筋直径的 5 倍，对有抗震设防要求的结构构件不应小于箍筋直径的 10 倍。

（3）梁、柱复合箍筋中的单肢箍筋两端弯钩的弯折角度均不应小于 135°，弯折后平直段长度应符合本条第 1 款对箍筋的有关规定。

检查数量：同一设备加工的同一类型钢筋，每工作班抽查不应少于 3 件。

检验方法：尺量。

5.4 钢筋连接

5.4.1 钢筋的连接方式应符合设计要求。

检查数量：全数检查。

检验方法：观察。

5.4.2 钢筋采用机械连接或焊接连接时，钢筋机械连接接头、焊接接头的力学性能、弯曲性能应符合国家现行有关标准的规定。接头试件应从工程实体中截取。

检查数量：按现行行业标准《钢筋机械连接技术规程》（JGJ 107）和《钢筋焊接及验收规程》（JGJ 18）的规定确定。

检验方法：检查质量证明文件和抽样检验报告。

5.4.3 钢筋采用机械连接时，螺纹接头应检验拧紧扭矩值，挤压接头应量测压痕直径，检验结果应符合现行行业标准《钢筋机械连接技术规程》（JGJ 107）的相关规定。

检查数量：按现行行业标准《钢筋机械连接技术规程》（JGJ 107）的规定确定。

检验方法：采用专用扭力扳手或专用量规检查。

5.5 钢筋安装

5.5.1 钢筋安装时，受力钢筋的牌号、规格和数量必须符合设计要求。

检查数量：全数检查。

检验方法：观察，尺量。

5.5.2 钢筋应安装牢固。受力钢筋的安装位置、锚固方式应符合设计要求。

检查数量：全数检查。检验方法：观察，尺量。

二、《钢筋机械连接技术规程》（JGJ 107—2016）

4.0.3 结构构件中纵向受力钢筋的接头宜相互错开。钢筋机械连接的连接区段长度应按 $35d$ 计算，当直径不同的钢筋连接时，按直径较小的钢筋计算。位于同一连接区段内的钢筋机械连接接头的面积百分率应符合下列规定：

（1）接头宜设置在结构构件受拉钢筋应力较小部位，高应力部位设置接头时，同一连接区段内Ⅲ级接头的接头面积百分率不应大于 25%，Ⅱ级接头的接头面积百分率不应大于 50%。

（2）接头宜避开有抗震设防要求的框架的梁端、柱端箍筋加密区；当无法避开时，应采用Ⅱ级接头或Ⅰ级接头，且接头面积百分率不应大于 50%。

（3）受拉钢筋应力较小部位或纵向受压钢筋，接头面积百分率可不受限制。

（4）对直接承受重复荷载的结构构件，接头面积百分率不应大于 50%。

第十一章 模 板 施 工

第一节 模板选用及制作

模板是指在电网土建工程施工中应用的一种临时性支护结构，按设计要求制作，使混凝土结构、构件按规定的位置、几何尺寸成形，保持其正确位置，并承受建筑模板自重及作用在其上的外部荷载。进行模板工程的目的，是保证混凝土工程质量与施工安全、加快施工进度和降低工程成本。

一、模板材料选用原则

模板是混凝土浇筑成形的模壳和支架，按材料的不同可分为木模板、胶合板模板、钢模板、塑料模板、玻璃钢模板、铝合金模板等。建筑模板按施工工艺条件可分为现浇混凝土模板、预组装模板、大模板、跃升模板等。模板系统主要包括面板、支撑体系和连接配件三个部分，如图 11-1 所示。

图 11-1 模板系统

1. 木胶合板模板

通常由 5、7、9、11 等奇数层单板（薄木板）经热压固化而胶合成型，相邻纹理方向相互垂直，表面常覆有树脂面层，具有强度高、板幅大、自重轻、锯截方便、不翘曲、接缝少、不开裂等优点，在施工中用量较大。木胶合板（图 11-2）分为三类：

素板：未经表面处理的混凝土胶合板模板。

涂胶板：经树脂饰面处理的混凝土胶合板模板。

覆膜板：经浸渍胶膜纸贴面处理的混凝土胶合板模板。

2. 竹胶合板模板

竹胶合板模板，简称竹胶板，由若干层组胚结构与两表层木单板经热压复合而成，组胚结构有竹席、竹帘、竹片等，比木胶合板模板强度更高，表层经树脂涂层处理后可作为清水混凝土模板，但现场拼装较困难，如图 11-3 所示。

图 11-2　木胶合板模板　　　　　　　　　　图 11-3　竹胶合板模板

3. 钢模板

一般做成定型模板，用连接件拼装成各种形状和尺寸，适用于多种结构形式，在工程施工中广泛应用。钢模板周转次数多，但一次投资量大，在使用过程中应该特别注意保管和维护，防止生锈以延长钢模板的使用寿命。钢模板可采用定型或组合的形式，如图 11-4 所示。

图 11-4　钢模板

4. 塑料模板、玻璃钢模板、铝合金模板

具有重量轻、刚度大、拼装方便、周转率高的特点，目前在工程 中已有一定规模的使用。塑料模板是一种节能的绿色环保产品，模板在使用上"以塑代木""以塑代钢"，是节能环保的发展趋势，如图 11-5 所示。

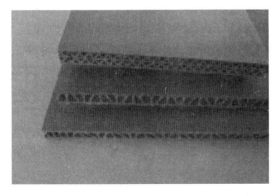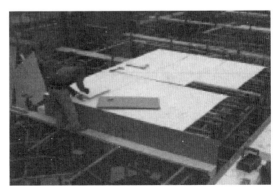

图 11-5　塑料模板

5. 材料选用

（1）胶合板模板的选用。木胶合板应选用表面平整、四边平直齐整，且有耐水性的夹板；对平台、楼板、墙体结构宜优选胶合板模板，胶合板的尺寸和厚度应根据成品供应情况和模板设计要求选定。竹胶合板在选用时应注意无变质、厚度均匀、含水率小等，并优先采用防水胶质型。竹胶板通常也与钢框配合使用。胶合板在大面积、多次重复使用胶合板时，对胶合板表面应进行防护处理，可以刷油、刷防水隔离剂等，在每次使用前应满刷脱模剂，如图 11-6 和图 11-7 所示。

图 11-6　竹胶合板模板选用　　　　　　　　图 11-7　木胶合板选用

（2）钢模板的选用。钢模板有定型钢模板及组合钢模板。异形的较大构件，周转次数较多时常采用定型制作的钢模板；一般尺寸构件可采用通用组合式钢模板，工厂成型，有完整的、配套使用的通用配件，具有通用性强、装拆方便、周转次数多等特点。在现浇钢筋混凝土结构施工中，用它能事先按设计要求组拼成梁、柱、墙、楼板等大型模板，整体吊装就位，可提高施工效率；也可采用散装、散拆方法，如图 11-8 和图 11-9 所示。

图 11-8　圆柱组合钢模板　　　　　　　　图 11-9　桥墩组合钢模板

（3）其他模板的选用。塑料模板、玻璃钢模板、铝合金模板具有重量轻、刚度大、拼装方便、周转率高的特点，但由于造价较高，尚未在电网建设工程中普遍使用。

二、模板制作技术要求

为保证混凝土结构或构件在浇筑过程中保持正确的形状、准确的尺寸和相对位置，在硬化过程中进行有效的防护和养护，对于模板系统，不论采用哪一种模板，模板的安装支设应满足几个基本要求：

（1）模板系统应具有足够的强、刚度和稳定性，能可靠地承受浇筑混凝土的自重、侧压力及施工荷载，保证不出现严重变形、倾覆或失去稳定，以保证施工质量和安全。

（2）要保证工程结构和构件各部分形状尺寸和相互位置的正确，满足设计要求。

（3）模板系统的组成要尽量构造简单，装、拆方便，并便于钢筋的绑扎和安装，符合混凝土的浇筑及养护等工艺要求。

（4）模板的拼（接）缝应严密，不得出现漏浆现象，如图 11-10 所示。

图 11-10　模板拼缝不严密

（5）清水混凝土工程及装饰混凝土工程所使用的模板，应满足设计要求的效果。

（6）合理选材，用料经济，能够多次周转使用，降低工程造价。近年来，越来越多的电网工程对建筑物的表面质量有更高的要求。因此，在采用模板方面，相对应必然对所用模板材料提出了更高、更新的要求：一是要求模板的面板具有一定的硬度和耐摩擦、耐冲击节耐酸碱、耐水及耐热等性能；二是要求模板板面面积大、重量较轻、表面平整，能够确保成型的混凝土表面平整、光洁，应根据工程具体需要选择适宜的模板。

（7）配制方法。

1）按设计图纸尺寸直接配制模板。形体简单的结构构件，可根据结构施工图纸直接按尺寸列出模板规格和数量进行配制。模板厚度、横档及楞木的断面和间距，以及支撑系统的配置，可按支撑要求通过计算选用。

2）采用放大样方法配制模板。形体复杂的结构构件，如楼梯、圆形水池等，可在平整的地坪上，按结构图的尺寸画出结构构件的实样，量出各部分模板的准确尺寸或套制样板，同时确定模板及其安装的节点构造，进行模板的制作。

3）用计算方法配制模板。形体复杂不易采用放大样方法，但有一定几何形体规律的构件，可用计算方法结合放大样方法，进行模板的配制。

4）采用结构表面展开法配制模板。一些形体复杂且又由各种不同形体组成的复杂体型结构构件，如设备基础，其模板的配制，可采用先画出模板平面图和展开图，再进行配模设计和模板制作。

（8）配制要求。

1）应整张直接使用，尽量减少随意锯截，造成胶合板浪费。

2）小胶合板常用厚度一般为 12mm 或 15mm，竹胶合板常用厚度一般为 12mm，内、外背楞的间距可随胶合板的厚度，通过设计计算进行调整。

3）支撑系统可以选用钢管脚手架，也可以用木支撑。采用木支撑时，不得选用脆性、严重扭曲和受潮容易变形的木材。

4）钉子长度应为胶合板厚度的 1.5～2.5 倍，每块胶合板与木方相叠处至少钉两颗钉子。第二块板的钉子要转向第一块模板方向斜钉，使拼缝严密。

5）配制好的模板应在反面编号并写明规格，分别堆放保管，以免错用。

第二节 模板安装及拆除

一、模板安装技术要求

（1）模板安装应满足的要求：

1）模板的接缝不应漏浆；在浇筑混凝土前，木模板应浇水湿润，但模板内不应有积水。

2）模板与混凝土的接触面应清理干净并涂刷隔离剂，但不得采用影响结构性能或妨碍装饰工程施工的隔离剂。

3）浇筑混凝土前，模板内的杂物应清理干净。

4）对清水混凝土工程及装饰混凝土工程，应使用能达到设计效果的模板。

（2）用作模板的地坪、胎模等应平整光洁，不得产生影响构件质量的下沉、裂缝、起砂或起鼓。

（3）对跨度不小于 4m 的现浇钢筋混凝土梁、板，其模板应按设计要求起拱；当设计无具体要求时，起拱高度宜为跨度的 $1/1000～3/1000$。

（4）固定在模板上的预埋件、预留孔和预留洞均不得遗漏，且应安装牢固，其偏差应符合表 11-1 的规定。

表 11-1　　　　　　　　　　预埋件和预留孔洞的允许偏差

项目		允许偏差（mm）
预埋钢板中心线位置		3
预埋管、预留孔中心线位置		3
插筋	中心线位置	5
	外露长度	+10，0
预埋螺栓	中心线位置	2
	外露长度	+10，0
预留洞	中心线位置	10
	尺寸	+10，0

注　检查中心线位置时，应沿纵、横两个方向量测，并取其中的较大值。

（5）现浇结构模板安装的偏差应符合表 11-2 的规定。

表 11-2　　　　　　　　　现浇结构模板安装的允许偏差及检验方法

项目		允许偏差（mm）	检验方法
轴线位置		5	钢尺检查
底模上表面标高		±5	水准仪或拉线、钢尺检查
截面内部尺寸	基础	±10	钢尺检查
	柱、墙、梁	+4，-5	钢尺检查

续表

项目		允许偏差（mm）	检验方法
层高垂直度	不大于5m	6	经纬仪或吊线、钢尺检查
	大于5m	8	经纬仪或吊线、钢尺检查
相邻两板表面高低差		2	钢尺检查
表面平整度		5	2m靠尺和塞尺检查

注 检查轴线位置时，应沿纵、横两个方向量测，并取其中的较大值。

二、模板拆除技术要求

模板拆除的原则和工序如下：

（1）模板拆除的原则。应遵循先支后拆，后支先拆，先拆非承重部位，后拆承重部位以及自上而下排除的原则。

（2）模板拆除的工序。

1）柱墙分散拆除的顺序：拆除立杆或斜撑→自上而下拆除柱箍或横楞→拆除竖楞→自上而下拆除配件及模板→运走分类堆放→清理→拔钉→钢模维修→刷防锈油或隔离剂→入库备用。

2）柱墙分片拆除的顺序：拆除全部支撑系统→自上而下拆除柱箍或横楞→拆除柱角U形卡→分片拆除模板→原地清理→刷防锈漆或隔离剂→分片运至新支模地点备用。

3）梁板模板拆除的顺序：拆除侧模→拆除板下支撑体系→拆除底模→拆除梁下支持体系→拆除底模→原地清理→刷防锈漆或隔离剂→分片运至新支模地点备用。

（3）木模板的拆除。

1）根据拆模的内容，准备拆模工具以及堆放场地，如需要拆除楼层上的胶合板，应提前完成卸料平台的搭设，以利于周转空间的提供。

2）如墙、柱、梁胶合板侧模，应在能确保混凝土表面不被损坏、不造成缺棱掉角时，即可开始拆除模板。

3）先松动、拆除墙、柱或梁的对拉螺栓，将主梁木背楞由上往下，由一端至另一端有序拆除。

4）再将模板次梁木背肋依次拆除；边拆时边整理至计划场地中。

5）翘胶合板侧模应按计划，从上至下、从一端至另一端有顺序进行。

6）梁、板底木模，应根据审批的拆模令，混凝土强度达到规定要求，再进行拆除；拆除时上下不许交叉进行。

7）随拆随对胶合板模板按编号归类并进行清理，利于入库或涂刷隔离剂等，以方便下一次使用。

（4）钢模板的拆除。

1）根据拆模的内容，准备拆模工具以及堆放场地；楼层上钢模板的拆除，提前完成卸料平台的搭设，以利于周转空间的提供。

2）墙、柱、梁钢侧模，应在能确保混凝土表面不被损坏、不造成缺棱掉角时，即可开始拆除钢模板。

3）先松动、拆除墙、柱或梁的对拉螺栓或对拉片，将主梁钢背楞由上往下，由一端至另一端有序拆除。

4）再将钢模板次梁背肋依次拆除；边拆时边整理至计划场地中。

5）翘钢侧模应按计划，从上至下、从一端至另一端有顺序进行。

6）梁、板底板钢模板，应根据审批的拆模令，混凝土强度达到规定要求，再进行拆除；拆除钢模板时上下不许交叉进行，以防发生吊坠砸伤人。

7）随拆随归类并进行钢模板表面清理，以利于入库或下一次备用。

8）钢模板的U型扣件、蝶形卡螺栓、十字扣件等辅助件，分类清理入袋。

（5）模板支撑系统的拆除。

1）当拆除主次钢楞、主次木楞、钢桁架时，应在其下面临时搭设防护支架，使所拆楞梁及桁架先落在临时支架上。

2）当立柱的水平杆超过两层时，应首先拆除两层以上的拉杆。当拆除最后一道水平杆时，应与拆除立杆同时进行。

3）当拆除4～8m跨度的梁下立柱时，应先从跨中开始，对称地分别向两端拆除。拆除时，严禁采用连梁底板向旁侧一片拉倒的拆除方法。

4）对于多层楼板模板的立柱，当上层及以上楼板正在浇筑混凝土时，下层楼板立柱的拆除，应根据下层楼板结构混凝土强度的实际情况，经计算确定。

5）阳台模板应保证三层原模板支撑，不宜拆除后再加临时支撑。

6）后浇带模板应保持原支撑，如果因施工方法需要也应先加临时支撑支顶后再拆模。

第三节　规程、规范相关要求

为方便学习和查找，本节内容均摘自相关规范部分原文。

《混凝土结构工程施工规范》（GB 50666—2011）

3.1.1 模板拆除时，可采取先支的后拆，后支的先拆，先拆非承重模板，后拆承重模板的顺序，并应从上而下进行拆除。

3.1.2 底模及支架应在混凝土强度达到设计要求后再拆除。

3.1.3 当混凝土强度能保证其表面及楼角不受损伤时方可拆除侧模。

3.1.4 多个楼层间连续支模的底层支架拆除时间应根据连续支模的楼层间荷载分配和混凝土强度的增长情况确定。

3.1.5 快拆支架体系的支架立杆间距不应大于2m，拆模时保留立杆并顶托支撑楼板，拆模时混凝土强度达到设计要求的50%。

3.1.6 对后张法预应力混凝土结构构件，侧模宜在预应力张拉前拆除，底模及支架不应在结构构件建立预应力前拆除。

3.1.7 拆下的模板及支架杆件不得抛，应分散堆放在指定地点，并应及时清运。

3.1.8 模板拆除后应将其表面清理干净，对变形及损伤部位应进行修复。

3.2《混凝土结构工程施工质量验收规范》（GB 50204—2015）

3.2.1 模板及其支架应根据安装、使用和拆除工况进行设计，并应满足承载力、刚度和整体稳固性要求。

3.2.2 模板和支架系统在安装、使用或拆除过程中，必须采取防倾覆的临时固定措施。

3.2.3 对模板及支架，应进行设计。模板及支架应具有足够的承载力、刚度和稳定性，应能可靠地承受施工过程中所产生的各类荷载。

3.2.4 大模板的支撑系统应能保持大模板竖向放置的安全可靠和在风荷载作用下的自身稳定性。地脚调整螺栓长度应满足调节模板安装垂直度和调整自稳角的需要；地脚调整装置应便于调整、转动灵活。

3.2.5 大模板钢吊环应采用 Q235A 材料制作并应具有足够的安全储备，严禁使用冷加工钢筋。焊接式钢吊环应合理选择焊条型号，焊缝长度和焊缝高度应符合设计要求；装配式吊环与大模板采用螺栓连接时必须采用双螺母。

3.2.6 配板设计应遵循原则：大模板的重量必须满足现场起重设备能力的要求。

3.2.7 吊装大模板时应设专人指挥，模板起吊应平稳，不得偏斜和大幅度摆动。操作人员必须站在安全可靠处，严禁人员随同大模板一同起吊。

第十二章　混凝土施工

第一节　混凝土原材料

混凝土是由多种原材料按照一定比例配合而成的工程复合材料。通常来讲，混凝土的主要原材料包括水泥、细骨料（如砂）和粗骨料（如碎石或碎砾）、水。除了上述主要原材料外，混凝土还可以加入一些其他材料以改善其性能或满足特定需求。

一、混凝土原材料的识别方法

（一）水泥识别方法

通用硅酸盐水泥是以硅酸盐水泥熟料和适量的石膏，以及规定的混合材料制成的水硬性胶凝材料。通用硅酸盐水泥在电力工程的基础设施建设中有重要应用。这包括电厂、变电站、输电线路塔等建筑的地基处理、墙体浇筑、地面硬化等方面。通用硅酸盐水泥的高强度、耐久性和抗腐蚀性，使其成为构建稳定、安全的电力基础设施的理想选择。

在电力设备的安装和固定中，通用硅酸盐水泥也发挥着重要作用。例如在输电线路塔的建设中，需要使用水泥进行基础的浇筑和固定。通用硅酸盐水泥的硬化速度快、强度高的特点，有助于确保塔基的稳固和可靠。

通用硅酸盐水泥还可用于电力工程中的防护和修复工作。例如在防止土壤侵蚀和水患对电力设施的影响方面，可以使用硅酸盐水泥进行地面加固和排水沟道的建设。同时，在电力设施出现损坏或老化时，通用硅酸盐水泥也可用于修复和加固，提高设施的使用寿命和安全性。

水泥是混凝土中最重要的胶凝材料，其质量直接关系到混凝土的性能。以下是水泥识别的几个主要方法：

（1）外观识别：合格的水泥一般呈灰白色，颜色过深或过浅都可能表示其含有杂质或质量不佳。同时，观察水泥的粒度，正常情况下应为均匀的细粉状。

（2）标签识别：查看水泥的包装标签，确认其品牌、型号、生产日期等信息，确保水泥符合设计要求。

（3）性能试验：通过试验可以了解水泥的强度、安定性、凝结时间等关键性能指标。这些试验通常由专业的建材实验室进行。

（4）强度等级：水泥品种及强度等级，见表 12-1。

表 12-1　水泥品种强度等级表

品种	代号	强度等级	备注
硅酸盐水泥	P·Ⅰ	42.5、42.5R、52.5、52.5R、62.5、62.5R	
	P·Ⅱ		
普通硅酸盐水泥	P·O	42.5、42.5R、52.5、52.5R	

续表

品种	代号	强度等级	备注
矿渣硅酸盐水泥	P·S·A		
	P·S·B	32.5、32.5R、42.5、42.5R、52.5、52.5R	
火山灰质硅酸盐水泥	P·P		
粉煤灰硅酸盐水泥	P·F		
复合硅酸盐水泥	P·C		

注 当使用中对水泥质量有怀疑或水泥出厂超过 3 个月（快硬硅酸盐水泥超过一个月）时，应复查试验，并按其复检结果使用。

物理要求主要包括以下几个方面：

（1）凝结时间：硅酸盐水泥的初凝时间不小于 45min，终凝时间不大于 390min。普通硅酸盐水泥、矿渣硅酸盐水泥、粉煤灰硅酸盐水泥、火山灰硅酸盐水泥、复合硅酸盐水泥的初凝时间不小于 45min，终凝时间不大于 600min。这是为了确保施工操作和硬化效果能够达到预期标准。

（2）安定性：水泥必须经过沸煮法检验合格，并且压蒸安定性也要合格。安定性合格的水泥在使用过程中不会产生过大的体积膨胀，从而保证工程结构的稳定性和耐久性。

（3）强度：通用硅酸盐水泥在不同龄期的强度需要符合标准规定（通用硅酸盐水泥不同龄期强度要求见表 12-2），这是确保水泥制品在规定时间内能够达到预期的抗压强度，进而保证工程质量和使用效果。

表 12-2 通用硅酸盐水泥不同龄期强度要求

强度等级	抗压强度（MPa）		抗折强度（MPa）	
	3d	28d	3d	28d
32.5	≥12.0	≥32.5	≥3.0	≥5.5
32.5R	≥17.0		≥4.0	
42.5	≥17.0	≥42.5	≥4.0	≥6.5
42.5R	≥22.0		≥4.5	
52.5	≥22.0	≥52.5	≥4.5	≥7.0
52.5R	≥27.0		≥5.0	
62.5	≥27.0	≥62.5	≥5.0	≥8.0
62.5R	≥32.0		≥5.5	

（4）细度：硅酸盐水泥的细度也是一个重要的物理指标。它采用比表面积测定仪检验，其比表面积应不小于 300m^2/kg。细度的大小会影响水泥的活性和强度发展，因此需要严格控制。

经确认水泥各项技术指标及包装质量符合要求时方可出厂。

水泥出厂时，生产者应向买方提供产品质量证明材料。产品质量证明材料包括水溶性铬（Ⅵ）、放射性核素限量、压蒸法安定性等型式检验项目的检验结果，以及所有出厂检验项目的检验结果或确认结果。

出厂检验报告内容应包括本文件编号、水泥品种、代号、出厂编号、混合材料种类及掺量等出厂检验项目以及密度（仅限硅酸盐水泥）、标准稠度用水量、石膏和助磨剂的品种及掺加量、合同约定的其他技术要求等。当买方要求时，生产者应在水泥发出之日起10d内报告除28d强度以外的各项检验结果，35d内补报28d强度的检验结果。

水泥在运输与储存时不得受潮和混入杂物，不同品种和强度等级的水泥在储运中避免混杂。

（二）砂识别方法

电网工程建设中如变电站、输电塔等建筑结构的建造，以及某些设备基础或支撑结构也可能需要使用到砂子。这些结构需要具备一定的承载能力和稳定性，而优质的建设用砂能够提供必要的力学性能和耐久性，从而确保设备的安全运行。

按照其来源和加工方式，主要分为天然砂和机制砂两大类。天然砂是指自然形成的砂，包括河砂、海砂、山砂等；机制砂则是通过机械破碎、筛分等工艺制成的砂，通常是以岩石为原料加工而成。

砂子是混凝土中的主要骨料，对混凝土的强度、工作性等有重要影响。砂子的识别主要包括以下几个方面：

天然砂：自然生成的，经人工开采和筛分的粒径小于4.75mm的岩石颗粒，包括河砂、湖砂、山砂、淡化海砂，但不包括软质、风化的岩石颗粒。

机制砂：经除土处理，由机械破碎、筛分制成的，粒径小于4.75 mm的岩石、矿山尾矿或工业废渣颗粒，但不包括软质、风化的颗粒，俗称人工砂。

建设用砂的筛分规格是根据其细度模数进行划分的。不同规格的砂子适用于不同的电网工程建设需求。例如，粗砂多用于较大粒径的混凝土骨料，而细砂则更多用于砂浆或某些特殊要求的混凝土中。

砂按细度模数分为粗、中、细三种规格，其细度模数见表12-3。

表 12-3   砂 细 度 模 数

细度模数	模数范围	备注
粗	3.7～3.1	
中	3.0～2.3	
细	2.2～1.6	

砂颗粒级配是指砂子中不同大小颗粒的比例分布，它是评价砂子质量的重要参数之一，对混凝土的性能有着直接影响。一般而言，颗粒级配良好的砂子能够提供较好的堆积密度和流动性，有利于混凝土的施工和性能表现。

砂的颗粒级配应符合表12-4的规定。对于砂浆用砂，4.75 mm筛孔的累计筛余量应为0。砂的实际颗粒级配除4.75mm和$600\mu m$筛档外，可以略有超出，但各级累计筛余超出值总和应不大于5%。

表 12-4   颗 粒 级 配

砂的分类	天然砂			机制砂		
级配区	1 区	2 区	3 区	1 区	2 区	3 区
方筛孔	累计筛余（%）					
4.75mm	10—0	10—0	10—0	10—0	10—0	10—0

续表

砂的分类	天然砂			机制砂		
2.36mm	35—5	25—0	15—0	35—5	25—0	15—0
1.18mm	65—35	50—10	25—0	65—35	50—10	25—0
600μm	85—71	70—41	40—16	85—71	70—41	40—16
300μm	95—80	92—70	85—55	95—80	92—70	85—55
150μm	100—90	100—90	100—90	97—85	94—80	94—75

砂的表观密度、松散堆积密度和孔隙率是反映砂子物理性质的重要指标。

表观密度：指单位体积砂子的质量，通常表示为每立方米多少千克（kg/m³）。砂的表观密度与砂的颗粒级配、细度模数以及密度等级等因素有关。在电网工程建设中，常用的砂子表观密度一般不小于每立方米 2500kg。

松散堆积密度：指砂子在自然堆积状态下单位体积的质量，其值一般小于表观密度。松散堆积密度受到砂子颗粒级配、形状、含水率等多种因素的影响。在电网工程建设中，常用的砂子松散堆积密度一般不小于每立方米 1400kg。

孔隙率：指砂子中孔隙体积占总体积的比例，用百分数表示。孔隙率的大小反映了砂子的密实程度，孔隙率越大，表示砂子越不密实。在电网工程建设中，为了保证砂浆和混凝土的强度，孔隙率一般不应大于 44%。

砂的表观密度、松散堆积密度和孔隙率是评估砂子质量的重要指标，对于选择适合的砂子进行电网工程施工具有重要意义。在实际工程中，应根据具体情况进行试验确定这些指标的具体数值。

（三）卵石、碎石识别方法

卵石和碎石作为常见的建筑材料，在电网建设中扮演着重要的角色。它们常被用作地基加固、道路铺设以及混凝土的主要材料。在电网建设工程中，应严格遵守该标准的相关规定和要求，确保卵石、碎石材料的质量和使用符合规范，为电网的安全、稳定和高效运行提供有力保障。

卵石、碎石是混凝土中的粗骨料，对混凝土的抗压强度和耐久性有重要作用。在电网工程建设中，选择适合的卵石或碎石对于保证混凝土和其他建筑材料的性能至关重要。以下是碎石识别的关键步骤：

1. 分类

建设用石主要分为碎石和卵石两大类。

卵石是在自然作用条件下岩石产生破碎、风化、分选、移运、堆（沉）积，而形成的粒径大于 4.75mm 的岩石颗粒。而碎石则是天然岩石、卵石或矿山废石经机械破碎、筛分制等机械加工而成的，粒径大于 4.75mm 的岩石颗粒。这两者在形成方式和物理特性上有所区别，因此在实际应用中也会根据工程的具体需求选择使用。

2. 外观检查

合格卵石应呈圆形或近似圆形，表面应光滑圆润，无尖锐的棱角。

碎石应具有棱角，破碎面应平整，不应有过度破碎的现象。颗粒大小应基本均匀，无大量异常大小的颗粒，粒径分布应满足设计要求的范围。

颗粒表面应清洁，无泥土、油污和其他杂质。不应有明显的裂纹、破损或风化迹象。含泥量应保证卵石碎石中粒径小于 $75\mu m$ 的颗粒含量。

建设用石按卵石含泥量（碎石泥粉含量），泥块含量，针、片状颗粒含量，不规则颗粒含量，硫化物及硫酸盐含量，坚固性，压碎指标，连续级配松散堆积空隙率，吸水率技术要求分为Ⅰ类、Ⅱ类和Ⅲ类。

卵石含泥量是指卵石中粒径小于 $75\mu m$ 的黏土颗粒含量。碎石泥粉含量是指碎石中粒径小于 $75\mu m$ 的黏土和石粉颗粒含量。同时卵石含泥量、碎石泥粉含量和泥块含量应符合表 12-5 的规定。

表 12-5　　　　　　　　　卵石含泥量、碎石泥粉含量和泥块含量

类别	Ⅰ类	Ⅱ类	Ⅲ类
卵石含泥量（质量分数）（%）	≤0.5	≤1.0	≤1.5
碎石泥粉含量（质量分数）（%）	≤0.5	≤1.5	≤2.0
泥块含量（质量分数）（%）	≤0.1	≤0.2	≤0.7

颗粒级配对于保证混凝土的强度、工作性和耐久性至关重要。不同粒级的卵石或碎石在混凝土中起到不同的作用，连续粒级的颗粒级配有助于提高混凝土的密实性和强度，而单粒级的颗粒级配则可以用于特殊需求，如改善级配或配成具有较大粒度的连续粒级。卵石或碎石的颗粒级配是一个关键的技术指标。这些材料需要按照特定的筛孔尺寸进行筛分，以确保其颗粒级配符合表 12-6 中规定要求。

表 12-6　　　　　　　　　　　　　　颗 粒 级 配

公称粒级（mm）		累计筛余（%）											
		方孔筛孔径（mm）											
		2.36	4.75	9.50	16.00	19.00	26.5	31.5	37.5	53.0	63.0	75.0	90
连续粒级	5~16	95~100	85~100	30~60	0~10	0	—	—	—	—	—	—	—
	5~20	95~100	90~100	40~80	—	0~10	0	—	—	—	—	—	—
	5~25	95~100	90~100	—	30~70	—	0~5	0	—	—	—	—	—
	5~31.5	95~100	90~100	70~90	—	15~45	—	0~5	0	—	—	—	—
	5~40	—	95~100	70~90	—	30~65	—	—	0~5	0	—	—	—
单粒粒级	5~10	95~100	80~100	0~15	0	—	—	—	—	—	—	—	—
	10~16	—	95~100	80~100	0~15	0	—	—	—	—	—	—	—
	10~20	—	95~100	85~100	—	0~15	0	—	—	—	—	—	—
	16~25	—	—	95~100	55~70	25~40	0~10	0	—	—	—	—	—
连续粒级	16~31.5	—	95~100	—	85~100	—	—	0~10	0	—	—	—	—
	20~40	—	—	95~100	—	80~100	—	—	0~10	0	—	—	—
	25~31.5	—	—	—	95~100	—	80~100	0~10	0	—	—	—	—
	40~80	—	—	—	—	95~100	—	—	70~100	—	30~60	0~10	0

注　"—"表示该孔径累计筛余不做要求；"0"表示该孔径累计筛余为 0。

在进行混凝土用卵石、碎石的外观检查时，应使用放大镜或显微镜进行仔细观察，以确保准确判断其质量和适用性。同时，还可以结合其他检测方法，如粒径分析、含泥量测定

等，来综合评估卵石或碎石的性能。

二、混凝土试块制作要点

1. 材料选择

（1）水泥：选用符合国家标准的水泥，确保水泥质量稳定，强度等级满足设计要求。

（2）骨料：粗骨料（碎石或卵石）应符合规范要求的粒径、级配和强度，无泥土、油污等杂质。细骨料（砂）应符合细度模数要求，含泥量低。

（3）外加剂：根据需要选用合适的外加剂，如减水剂、缓凝剂等，以提高混凝土的性能。

2. 配合比设计

（1）根据设计强度等级、材料性能等因素，进行混凝土配合比设计。

（2）配合比应满足强度、耐久性和工作性等方面的要求。

（3）配合比设计应考虑施工现场的实际情况，如温度、湿度等因素。

3. 搅拌与浇筑

（1）搅拌前应对材料进行计量，确保配合比准确。

（2）搅拌过程中应控制搅拌时间、加料顺序和搅拌速度，确保混凝土搅拌均匀。

（3）浇筑前应对模具进行检查，确保尺寸准确、无杂物。

（4）浇筑过程中应控制混凝土的坍落度，避免出现泌水、离析等现象。

4. 养护条件

（1）试块浇筑后应立即进行养护，避免阳光直射和水分过快蒸发。

（2）采用标准养护期间应确保试块所处环境的温度适宜，通常控制在 20～25℃ 之间，相对湿度大于 50% 的室内静置 1～2 天后编号脱模。脱模后混凝土试件应立即放入温度为 20～22℃，相对湿度为 95% 以上的标准养护室中进行养护。为确保试块均匀受热和受湿，应定期翻动试块。翻动频率应根据养护环境和试块状态进行调整，一般建议每隔 24h 翻动一次，养护时间应根据设计要求和规范进行确定，通常为 28d。过高的温度可能导致试块强度过早发展，而过低的温度则可能延缓水泥水化过程，影响试块质量。

（3）同条件试块的养护时间应根据实际构件的养护时间来确定。通常，试块应在达到等效养护龄期时进行混凝土强度试验。等效养护龄期可通过日平均温度逐日累计达到 600℃·d 时所对应的龄期来确定，但不应小于 14d，也不宜大于 60d。在进行同条件试块养护时，应确保养护环境与实际构件所处环境尽可能一致，以保证试验结果的准确性。养护期间应避免对试块施加外力，以免导致试块变形。堆放试块时，应确保试块之间留有足够的间隙，避免相互挤压。若发现试块出现异常情况（如开裂、变形等），应及时记录并采取相应措施进行处理。在进行强度试验前，应对试块进行外观检查，确保其完好无损。

5. 试块尺寸

（1）试块尺寸应符合规范要求，通常为 100mm×100mm×100mm、150mm×150mm×150mm、200mm×200mm×200mm 的立方体。用于抗渗检测的混凝土试块通常采用 150mm×175mm×185mm 的圆柱体形状。

（2）试块模具按制作材料分为铸铁试模、铸钢试模、工程塑料试模。制作试块时应使用标准的模具，确保尺寸准确。

6. 标记与记录

（1）每个试块应标明制作日期、强度等级、试件编号等信息，编号应具有唯一性且相关信息应字迹清晰、附着牢固。

（2）制作过程中应详细记录各项参数和操作情况，以便后续分析。

（3）在养护期间，应详细记录养护环境的温度、湿度、翻动情况等。

三、混凝土试块取样的规定

1. 取样频率

在进行混凝土施工前，应根据工程的重要性和混凝土的预计使用量，确定合适的取样频率。混凝土取样数量见表 12-7。

表 12-7　　　　　　　　　　混 凝 土 取 样 数 量 表

搅拌环境	取样要求	取样数量	备注
现场搅拌 混凝土	每搅制 100 盘但超过 $100m^3$ 的同配合比混凝土	不得少于一次	
	每工作班拌制的同一配合比的混凝土不足 100 盘	不得少于一次	
	当一次连续浇筑超过 $1000m^3$ 时，同一配合比	每 $200m^3$ 取样 不得少于一次	
	同一楼层、同一配合比的混凝土	不得少于一次	
预拌（商品） 混凝土	每 $100m^3$ 相同配合比的混凝土	取样不少于一次	用于交货检验的混凝土试样应在交货地点采取
	一个工作班拌制的相同配合比的混凝土不足 $100m^3$ 时	不得少于一次	
	当在一个分项工程中连续供应相同配合比的混凝土量大于 $1000m^3$ 时，其交货检验的试样	每 $200m^3$ 取样 不得少于一次	
	每 100 盘相同配合比的混凝土	不得少于一次	用于出厂检验的混凝土试样应在搅拌地点采取
	每一工作班组相同的配合比的混凝土不足 100 盘时	不得少于一次	

注　1. 预拌（商品）混凝土，除应在预拌混凝土厂内按规定留置试块外，混凝土运到施工现场后还应根据《预拌混凝土》（GB 14902—2012）规定取样。

　　2. 每次取样至少应留置一组标准养护试件，同条件养护试件的留置组数应根据实际需要确定。

　　3. 每组试块应包含至少三个试块。

若混凝土的性能变化较大，或者在施工过程中出现任何可能影响混凝土质量的因素，应增加取样频率。

2. 取样方法

（1）在取样时，应确保取样器具的干净、无污染。

（2）在搅拌车内取样时，应在搅拌车的出料口处取样，确保试块能代表整批混凝土的质量。

（3）在现场取样时，应在混凝土浇筑前、中、后三个阶段分别取样，确保试块能反映混凝土施工过程中的质量变化。

3. 见证送检

（1）取样人员应具备相应的专业知识和技能，能够正确进行取样和记录。见证取样前施工单位应在取样及送检前通知见证人员。

（2）试样检测机构接收试样时应核实见证人员及见证记录，见证人员与备案见证人员不符或见证记录无备案见证人员签字时不得接收试样。

（3）见证人员应对取样、送检的全过程进行见证并填写见证记录。应核查检测的项目、数量是否满足相关规定。

（4）试块在运输过程中应保持稳定，避免剧烈震动和冲击。运输过程中应注意防潮、防晒、防冻等措施，确保试块不受损坏。到达试验室后，试块应存放在指定区域，避免混淆和损坏。

第二节 混凝土配合比控制

一、混凝土配合比要求

1. 材料特性与要求

混凝土的材料特性是确定其配合比的基础。主要材料包括水泥、骨料（砂、石）、水和掺合料。水泥应具有合适的强度和安定性；骨料应符合粒径、级配、含泥量等要求；水应为清洁水，不含对混凝土有害的物质。

混凝土的强度是其最基本的性能指标，直接影响到结构的安全性和承载能力。耐久性则是指混凝土在使用过程中抵抗各种环境因素（如冻融、化学侵蚀、碳化等）的能力。为确保混凝土的强度和耐久性，需要选择合适的水泥、骨料、掺合料等，在电网工程建设中通常采用质量法进行合理的配比设计。

2. 工作性与和易性

混凝土的工作性是指在施工过程中的流动性、可泵性、填充性等特性，它决定了混凝土的施工难易程度和质量。和易性则是指混凝土在硬化过程中的体积稳定性和变形性能。为满足施工要求，混凝土应具备良好的工作性与和易性，通常通过调整水灰比、使用外加剂等方法来实现。

3. 配合比设计要求

混凝土的配合比设计是确保其性能的关键环节。合理的配合比应满足强度、耐久性、工作性等多方面的要求。在配合比设计时，应充分考虑原材料的特性、施工条件和使用环境等因素，并进行必要的试验验证。

在试拌配合比确定后，为了进一步验证混凝土的强度性能和选择最优的配合比，确实需要进行混凝土强度试验。为确保试验结果的准确性和可靠性，通常建议采用三个不同的配合比进行试验。其中，一个为试拌配合比，另外两个配合比的水胶比（即水与胶凝材料的质量比）应相对于试拌配合比增加和减少 0.05。用水量与试拌配合比相同，砂率可分别增加或减少 1%。

二、混凝土搅拌的要求

混凝土搅拌是将水泥、石灰、水等材料混合后搅拌均匀的一种操作方法，是混凝土施工工艺中的重要环节。混凝土搅拌分为人工搅拌和机械搅拌两种方式。

混凝土搅拌时，根据投料顺序的不同，常用的投料方法主要有以下几种：

（1）一次投料法：这是最简单的方法，即先在搅拌筒内加入石子、水泥、砂，然后再一次加入全部水量进行搅拌。这种方法适用于混凝土坍落度较小的情况。

（2）二次投料法：这种方法又分为预拌水泥砂浆法和预拌水泥净浆法两种。预拌水泥砂浆法是先将水泥、砂和水加入搅拌筒内进行充分搅拌，成为均匀的水泥砂浆后，再加入石子搅拌成混凝土；预拌水泥净浆法则是先将水泥和水充分搅拌成均匀的水泥净浆后，再加入砂和石子搅拌成混凝土。二次投料法可以提高混凝土的强度约 10%～15%。

（3）水泥裹砂法：这种方法是先将一定量的水泥加入砂中，并加入少量水，使水泥在砂的表面形成一层低水灰比的水泥砂浆（即水泥裹砂），然后再加砂、石和水搅拌成混凝土。这种方法可以提高混凝土的强度约10%。

在选择投料方法时，应根据工程要求、混凝土的性能需求以及施工现场的条件来决定。不同的投料方法可能会对混凝土的工作性、强度和其他性能产生不同的影响。同时，为了确保混凝土的质量，还应严格控制原材料的质量、搅拌工艺和搅拌时间等因素。

混凝土搅拌必须达到三个基本要求：计量准确、搅拌透彻、坍落度稳定。若混凝土搅拌不满足这些要求，可能会导致水泥砂浆或水泥浆分布不均匀，给混凝土灌注带来先天性不足，并在混凝土表面留下色差或"胎记"。此外，还可能导致混凝土在振捣时容易离析、泌水等非匀质现象。强度等级不低于C60的混凝土被称为高强混凝土。而C100强度等级以上的混凝土则被称为超高强混凝土。这些强度等级是基于立方体抗压强度标准值来确定的。

在混凝土搅拌站中，通常使用自落式搅拌机进行搅拌。在搅拌前，需要按照一定比例测量和加入各种材料，如水泥、骨料、水等。加料顺序也会影响混凝土的搅拌效果，一般先加入一部分水，再加入骨料和水泥，最后再加入剩余的水。搅拌时间也需要根据具体情况进行控制，以确保混凝土搅拌均匀。

按照相关标准和规定，对于同一厂家、同一品种、同一代号、同一强度等级、同一批号且连续进场的水泥，袋装的不超过200吨可以视为一批，而散装的水泥则不超过500吨视为一批。对于每一批水泥，抽样检验的数量不应少于一次，水泥进场时，应对其品种、代号、强度等级、包装或散装仓号、出厂日期等进行检查，并应对水泥的强度、安定性和凝结时间进行检验。当水泥出厂超过规定的期限（普通硅酸盐水泥超过三个月，快硬硅酸盐水泥超过一个月）时，应当进行复验。复验是对水泥的各项性能指标进行重新检测，以评估其当前状态是否仍然符合工程要求。如果复验结果显示水泥性能有所下降或不符合要求，那么应当按照复验结果来决定是否可以继续使用，或者采取其他措施，例如更换新的水泥，这些都是确保水泥质量符合相关标准和工程要求的重要步骤。通过检查这些属性，可以评估水泥的性能、稳定性和适用性，从而确保电网工程建设的安全和质量。

粒径大于4.75mm的骨料是粗骨料。粗骨料在混凝土中起骨架作用，并降低水泥用量和混凝土成本。粗骨料的粒径越大，骨料的比表面积越小，所需的水泥浆量也越小。在一定范围内，骨料的粒径越大，混凝土的强度也越高。然而，过大的骨料粒径可能导致混凝土产生离析和泌水等问题，影响混凝土的工作性和质量。

泵送混凝土的砂率宜为35%～45%。这个砂率范围能够减小骨料内摩擦，降低塑性黏度，提高保水性能，同时使混凝土的可泵性良好。具体砂率的选择还需要考虑混凝土的强度等级、骨料种类和粒径、掺合料种类和用量等因素，并遵循相关的建筑规范和技术标准，以确保混凝土的质量和性能符合要求。

在混凝土拌制过程中，当使用饮用水作为混凝土用水时，通常不需要进行额外的水质检验。这是因为饮用水已经经过了自来水厂的净化处理，满足了基本的饮用标准，其质量和稳定性相对较好。然而，需要注意的是，即使使用饮用水，仍然需要确保水的质量符合混凝土拌制的要求，例如控制水的pH值、硫酸盐含量等，以避免对混凝土的性能产生不良影响。

另外，如果使用非饮用水（如河水、湖水、地下水等）作为混凝土用水，或者对水质有疑虑时，就需要进行水质检验，以确保水的质量满足混凝土施工的要求。这是因为非饮用水可能含有杂质、有害物质或微生物等，如果不经过检验直接使用，可能会对混凝土的性能和质量产生不利影响。

因此，在混凝土拌制时，选择合适的水源并进行必要的水质检验是非常重要的，以确保混凝土的质量和稳定性。在混凝土原材料中，计量允许偏差最小的一般是水和外加剂。这是因为水在混凝土中的作用主要是调节混凝土的稠度，对混凝土强度的影响相对较小。因此，在混凝土配合比设计中，对水的计量精度要求相对较低。然而，即使水的计量允许偏差较小，也不应忽视其重要性，因为不准确的水量可能会导致混凝土的工作性能不佳或影响硬化后的混凝土性能。

相比之下，对水泥、骨料（砂、石）等原材料的计量精度要求更高，因为这些原材料对混凝土的强度、耐久性等性能有更大的影响。例如，水泥用量的偏差可能会导致混凝土强度不达标，而骨料用量的偏差可能会影响混凝土的和易性和密实性。

因此，虽然水的计量允许偏差相对较小，但在混凝土生产过程中，仍应严格控制各种原材料的计量精度，以确保混凝土的质量和性能符合设计要求。

泵送混凝土的用水量和胶凝材料总量之比不宜大于 0.6。这一比例的选择是为了确保混凝土的可泵性和工作性，同时避免混凝土在泵送过程中出现离析和泌水等问题。

混凝土搅拌运输车在给混凝土泵喂料前，应高速旋转拌筒，以确保混凝土拌和均匀。总转数的具体要求可能因不同的设备型号和制造商而有所不同。然而，通常情况下，为了获得较好的混凝土匀质性，建议的总转数不少于 100 转。

混凝土入泵坍落度与最大泵送高度之间存在一定的关系。一般来说，当混凝土入泵坍落度在 100～140mm 范围内时，最大泵送高度通常为 30～50m。这个范围并不是绝对的，因为还受到其他因素的影响，如混凝土的成分、泵的类型和性能、输送管道的布局和直径等。

在实际工程中，为了确保泵送混凝土的顺利进行，建议根据具体的工程要求和现场条件，进行试验或咨询专业的混凝土泵送服务提供商，以确定最合适的泵送高度和混凝土坍落度。

第三节　规程、规范相关要求

为方便学习和查找，本节内容均摘自相关规范部分原文。

一、《混凝土结构工程施工规范》（GB 50666—2011）

7.2 原材料

7.2.1 混凝土原材料的主要技术指标应符合本规范附录 F 和国家现行有关标准的规定。

7.2.2 水泥的选用应符合下列规定：

（1）水泥品种与强度等级应根据设计、施工要求，以及工程所处环境条件确定。

（2）普通混凝土宜选用通用硅酸盐水泥；有特殊需要时，也可选用其他品种水泥。

（3）有抗渗、抗冻融要求的混凝土，宜选用硅酸盐水泥或普通硅酸盐水泥。

（4）处于潮湿环境的混凝土结构，当使用碱活性骨料时，宜采用低碱水泥。

7.2.3 粗骨料宜选用粒形良好、质地坚硬的洁净碎石或卵石，并应符合下列规定：

（1）粗骨料最大粒径不应超过构件截面最小尺寸的 1/4，且不应超过钢筋最小净间距的 3/4；对实心混凝土板，粗骨料的最大粒径不宜超过板厚的 1/3，且不应超过 40mm。

（2）粗骨料宜采用连续粒级，也可用单粒级组合成满足要求的连续粒级。

(3) 含泥量、泥块含量指标应符合本规范附录 F 的规定。

7.2.4 细骨料宜选用级配良好、质地坚硬、颗粒洁净的天然砂或机制砂，并应符合下列规定：

(1) 细骨料宜选用 Ⅱ 区中砂。当选用 Ⅰ 区砂时，应提高砂率，并应保持足够的胶凝材料用量，同时应满足混凝土的工作性要求；当采用 Ⅲ 区砂时，宜适当降低砂率。

(2) 混凝土细骨料中氯离子含量，对钢筋混凝土，按干砂的质量百分率计算不得大于 0.06％。对预应力混凝土，按干砂的质量百分率计算不得大于 0.02％。

(3) 含泥量、泥块含量指标应符合本规范附录 F 的规定。

(4) 海砂应符合现行行业标准《海砂混凝土应用技术规范》（JGJ 206）的有关规定。

7.2.5 强度等级为 C60 及以上的混凝土所用骨料，除应符合本规范第 7.2.3 和 7.2.4 条的规定外，尚应符合下列规定：

(1) 粗骨料压碎指标的控制值应经试验确定。

(2) 粗骨料最大粒径不宜大于 25mm，针片状颗粒含量不应大于 8.0％，含泥量不应大于 0.5％，泥块含量不应大于 0.2％。

(3) 细骨料细度模数宜控制为 2.6～3.0，含泥量不应大于 2.0％，泥块含量不应大于 0.5％。

7.2.6 有抗渗、抗冻融或其他特殊要求的混凝土，宜选用连续级配的粗骨料，最大粒径不宜大于 40mm，含泥量不应大于 1.0％，泥块含量不应大于 0.5％；所用细骨料含泥量不应大于 3.0％，泥块含量不应大于 1.0％。

7.2.7 矿物掺合料的选用应根据设计、施工要求，以及工程所处环境条件确定，其掺量应通过试验确定。

7.2.8 外加剂的选用应根据设计、施工要求、混凝土原材料性能，以及工程所处环境条件等因素通过试验确定，并应符合下列规定：

(1) 当使用碱活性骨料时，由外加剂带入的碱含量（以当量氧化钠计）不宜超过 $1.0 kg/m^3$，混凝土总碱含量尚应符合现行国家标准《混凝土结构设计规范》（GB 50010）等的有关规定。

(2) 不同品种外加剂首次复合使用时，应检验混凝土外加剂的相容性。

7.2.9 混凝土拌和及养护用水，应符合现行行业标准《混凝土用水标准》（JG J63）的有关规定。

7.2.10 未经处理的海水严禁用于钢筋混凝土结构和预应力混凝土结构中混凝土的拌制和养护。

7.2.11 原材料进场后，应按种类、批次分开储存与堆放，应标识明晰，并应符合下列规定：

(1) 散装水泥、矿物掺合料等粉体材料，应采用散装罐分开储存；袋装水泥、矿物掺合料、外加剂等，应按品种、批次分开码垛堆放，并应采取防雨、防潮措施，高温季节应有防晒措施。

(2) 骨料应按品种、规格分别堆放，不得混入杂物，并应保持洁净与颗粒级配均匀。骨料堆放场地的地面应做硬化处理，并应采取排水、防尘和防雨等措施。

(3) 液体外加剂应放置阴凉干燥处，应防止日晒、污染、浸水，使用前应搅拌均匀；有离析、变色等现象时，应经检验合格后再使用。

7.3 混凝土配合比

7.3.1 混凝土配合比设计应经试验确定，并应符合下列规定：

（1）应在满足混凝土强度、耐久性和工作性要求的前提下，减少水泥和水的用量。

（2）当有抗冻、抗渗、抗氯离子侵蚀和化学腐蚀等耐久性要求时，尚应符合现行国家标准《混凝土结构耐久性设计规范》（GB/T 50476）的有关规定。

（3）应分析环境条件对施工及工程结构的影响。

（4）试配所用的原材料应与施工实际使用的原材料一致。

7.3.2 混凝土的配制强度应按下列规定计算：

（1）当设计强度等级小于 C60 时，配制强度应按下式确定

$$f_{cu,0} \geqslant f_{cu,k} + 1.645\sigma \qquad (7.3.2-1)$$

式中　$f_{cu,0}$——混凝土的配制强度，MPa；

　　　$f_{cu,k}$——混凝土强度标准值，MPa；

　　　σ——混凝土的强度标准差，MPa。

（2）当设计强度等级大于或等于 C60 时，配制强度应按下式确定

$$f_{cu,0} \geqslant 1.15 f_{cu,k} \qquad (7.3.2-2)$$

7.3.3 混凝土强度标准差应按下列规定计算确定

（1）当具有近期的同品种混凝土的强度资料时，其混凝土强度标准差 σ 应按下列公式计算

$$\sigma = \sqrt{\frac{\sum_{i=1}^{n} f_{cu,i}^2 - n m_{fcu}^2}{n-1}} \qquad (7.3.3)$$

式中　$f_{cu,i}$——第 i 组的试件强度，MPa；

　　　m_{fcu}——n 组试件的强度平均值，MPa；

　　　n——试件组数，n 值不应小于 30。

（2）按第 1 款计算混凝土强度标准差时，对于强度等级小于等于 C30 的混凝土，计算得到的 σ 大于等于 3.0MPa 时，应按计算结果取值；计算得到的 σ 小于 3.0MPa 时，σ 应取 3.0MPa；对于强度等级大于 C30 且小于 C60 的混凝土，计算得到的 σ 大于等于 4.0MPa 时，应按计算结果取值；计算得到的 σ 小于 4.0MPa 时，σ 应取 4.0MPa。

3 当没有近期的同品种混凝土强度资料时，其混凝土强度标准差可按表 7.3.3 取用。

表 7.3.3　　　　　　　　　　　　标准差值 σ 值　　　　　　　　　　　　MPa

混凝土强度标准值	≤C20	C25～C45	C50～C55
σ	4.0	5.0	6.0

7.3.4 混凝土的工作性，应根据结构形式、运输方式和距离、泵送高度、浇筑和振捣方式以及工程所处环境条件等确定。

7.3.5 混凝土最大水胶比和最小胶凝材料用量应符合现行行业标准《普通混凝土配合比设计规程》（JGJ 55）的有关规定。

7.3.6 当设计文件对混凝土提出耐久性指标时，应进行相关耐久性试验验证。

7.3.7 大体积混凝土的配合比设计应符合下列规定：

（1）在保证混凝土强度及工作性要求的前提下，应采取提高矿物掺合料、骨料含量等措施降低水泥用量，并宜采用低、中水化热水泥。

（2）温度控制要求较高的大体积混凝土，其胶凝材料用量、品种等宜通过水化热和绝热

温升试验确定。

（3）宜采用高性能减水剂。

7.3.8 混凝土配合比的试配、调整和确定应按下列步骤进行：

（1）采用工程实际使用的原材料和计算配合比进行试配。每盘混凝土试配量不应小于20L。

（2）进行试拌，并调整砂率和外加剂掺量等使拌和物满足工作性要求，提出试拌配合比。

（3）在试拌配合比的基础上，调整胶凝材料用量，提出不少于3个配合比进行试配。根据试件的试压强度和耐久性试验结果，选定设计配合比。

（4）应对选定的设计配合比进行生产适应性调整，确定施工配合比。

（5）对采用搅拌运输车运输的混凝土，当运输时间较长时，试配时应控制混凝土坍落度经时损失值。

7.3.9 施工配合比应经有关人员批准。混凝土配合比使用过程中，应根据反馈的混凝土动态质量信息对配合比进行调整。

7.3.10 遇有下列情况时，应重新进行配合比设计：

（1）当混凝土性能指标有变化或有其他特殊要求时。

（2）当原材料品质发生显著改变时。

（3）同一配合比的混凝土生产间断三个月以上时。

7.4 混凝土搅拌

7.4.1 当粗、细骨料的实际含水量发生变化时，应及时调整粗、细骨料和拌和用水的用量。

7.4.2 混凝土搅拌时应对原材料用量准确计量，并应符合下列规定：

（1）计量设备的精度应符合现行国家标准《混凝土搅拌站（楼）技术条件》（GB 10172）的有关规定，并应定期校准。使用前设备应归零；

（2）原材料的计量应按重量计，水和外加剂溶液可按体积计，其允许偏差应符合表7.4.2的规定。

表 7.4.2　　　　　　　　　　　　混凝土原材料计量允许偏差　　　　　　　　　　　　%

原材料品种	水泥	细骨料	粗骨料	水	矿物掺合物	外加剂
每盘计量允许偏差	±2	±3	±3	±1	±2	±1
累计计量允许偏差	±1	±2	±2	±1	±1	±1

注　1. 现场搅拌时原材料计量允许偏差应满足每盘计量允许偏差要求；
　　2. 累计计量允许偏差指每一运输车中各盘混凝土的每种材料计量称的偏差。该项指标仅适用于采用计算机控制计量的搅拌站。
　　3. 骨料含水率应经常测定，雨雪天施工应增加测定次数。

7.4.3 采用分次投料搅拌方法时，应通过试验确定投料顺序、数量及分段搅拌的时间等工艺参数。矿物掺合料宜与水泥同步投料，液体外加剂宜滞后于水和水泥投料；粉状外加剂宜溶解后再投料。

7.4.4 混凝土应搅拌均匀，宜采用强制式搅拌机搅拌。混凝土搅拌的最短时间可按表7.4.4采用，当能保证搅拌均匀时可适当缩短搅拌时间。搅拌强度等级C60及以上的混凝土时，搅拌时间应适当延长。

表 7.4.4　　　　　　　　　　　混凝土搅拌的最短时间　　　　　　　　　　　　　　　　s

混凝土坍落度（mm）	搅拌机型	搅拌机出料量（L）		
		<250	250~500	>500
≤40	强制式	60	90	120
>40，且<100	强制式	60	60	90
≥100	强制式	60		

注　1. 混凝土搅拌时间系指从全部材料装入搅拌筒中起，到开始卸料时止的时间段；
　　2. 当掺有外加剂与矿物掺合料时，搅拌时间应适当延长；
　　3. 采用自落式搅拌机时，搅拌时间宜延长 30s；
　　4. 当采用其他形式的搅拌设备时，搅拌的最短时间也可按设备说明书的规定或经试验确定。

7.4.5 对首次使用的配合比应进行开盘鉴定，开盘鉴定应包括下列内容：

（1）混凝土的原材料与配合比设计所采用原材料的一致性；

（2）出机混凝土工作性与配合比设计要求的一致性；

（3）混凝土强度；

（4）有特殊要求时，还应包括混凝土耐久性能。

7.5 混凝土运输

7.5.1 采用混凝土搅拌运输车运输混凝土时，应符合下列规定：

（1）接料前，搅拌运输车应排净罐内积水；

（2）在运输途中及等候卸料时，应保持搅拌运输车罐体正常转速，不得停转；

（3）卸料前，搅拌运输车罐体宜快速旋转搅拌 20s 以上后再卸料。

7.5.2 采用混凝土搅拌运输车运输时，施工现场车辆出入口处应设置交通安全指挥人员，施工现场道路应顺畅，有条件时宜设置循环车道；危险区域应设置警戒标志；夜间施工时，应有良好的照明。

7.5.3 采用搅拌运输车运送混凝土，当坍落度损失较大不能满足施工要求时，可在运输车罐内加入适量的与原配合比相同成分的减水剂。减水剂加入量应事先由试验确定，并应做出记录。加入减水剂后，混凝土罐车应快速旋转搅拌均匀，并应达到要求的工作性能后再泵送或浇筑。

7.5.4 当采用机动翻斗车运输混凝土时，道路应通畅，路面应平整、坚实，临时坡道或支架应牢固，铺板接头应平顺。

二、《混凝土结构工程施工质量验收规范》（GB 50204—2015）

7 混凝土分项工程

7.1 一般规定

7.1.1 混凝土强度应按现行国家标准《混凝土强度检验评定标准》（GB/T 50107）的规定分批检验评定。划入同一检验批的混凝土，其施工持续时间不宜超过 3 个月。

检验评定混凝土强度时，应采用 28d 或设计规定龄期的标准养护试件。

试件成型方法及标准养护条件应符合现行国家标准《普通混凝土力学性能试验方法标准》（GB/T 50081）的规定。采用蒸汽养护的构件，其试件应先随构件同条件养护，然后再置入标准养护条件下继续养护至 28d 或设计规定龄期。

7.1.2 当采用非标准尺寸试件时，应将其抗压强度乘以尺寸折算系数，折算成边长为 150mm 的标准尺寸试件抗压强度。尺寸折算系数应接现行国家标准《混凝土强度检验评定标准》（GB/T 50107）采用。

7.1.3 当混凝土试件强度评定不合格时，可采用非破损或局部破损的检测方法，并按国家现行有关标准的规定对结构构件中的混凝土强度进行推定，并应按本规范第 10.2.2 条的规定进行处理。

7.1.4 混凝土有耐久性指标要求时，应按现行行业标准《混凝土耐久性检验评定标准》（JGJ/T 193）的规定检验评定。

7.1.5 大批量、连续生产的同一配合比混凝土，混凝土生产单位应提供基本性能试验报告。

7.1.6 预拌混凝土的原材料质量、制备等应符合现行国家标准《预拌混凝土》（GB/T 14902）的规定。

7.2 原材料

主控项目

7.2.1 水泥进场时，应对其品种、代号、强度等级、包装或散装仓号、出厂日期等进行检查，并应对水泥的强度、安定性和凝结时间进行检验，检验结果应符合现行国家标准《通用硅酸盐水泥》（GB 175）的相关规定。

检查数量：按同一厂家、同一品种、同一代号、同一强度等级、同一批号且连续进场的水泥，袋装不超过 200t 为一批，散装不超过 500t 为一批，每批抽样数量不应少于一次。

检验方法：检查质量证明文件和抽样检验报告。

7.2.2 混凝土外加剂进场时，应对其品种、性能、出厂日期等进行检查，并应对外加剂的相关性能指标进行检验，检验结果应符合现行国家标准《混凝土外加剂》（GB 8076）和《混凝土外加剂应用技术规范》（GB 50119）的规定。

检查数量：按同一厂家、同一品种、同一性能、同一批号且连续进场的混凝土外加剂，不超过 50t 为一批，每批抽样数量不应少于一次。

检验方法：检查质量证明文件和抽样检验报告。

7.2.3 水泥、外加剂进场检验，当满足下列条件之一时，其检验批容量可扩大一倍：

（1）获得认证的产品。

（2）同一厂家、同一品种、同一规格的产品，连续三次进场检验均一次检验合格。

一般项目

7.2.4 混凝土用矿物掺合料进场时，应对其品种、性能、出厂日期等进行检查，并应对矿物掺合料的相关性能指标进行检验，检验结果应符合国家现行有关标准的规定。

检查数量：按同一厂家、同一品种、同一批号且连续进场的矿物掺合料，粉煤灰、矿渣粉、磷渣粉、钢铁渣粉和复合矿物掺合料不超过 200t 为一批，沸石粉不超过 120t 为一批，硅灰不超过 30t 为一批，每批抽样数量不应少于一次。

检验方法：检查质量证明文件和抽样检验报告。

7.2.5 混凝土原材料中的粗骨料、细骨料质量应符合现行行业标准《普通混凝土用砂、石质量及检验方法标准》（JGJ 52）的规定，使用经过净化处理的海砂应符合现行行业标准《海砂混凝土应用技术规范》（JCJ 206）的规定，再生混凝土骨料应符合现行国家标准《混凝土用再生粗骨料》（GBT 25177）和《混凝土和砂浆用再生细骨料》（GB/T 25176）的规定。

检查数量：按现行行业标准《普通混凝土用砂、石质量及检验方法标准》（JG J52）的规定确定。

检验方法：检查抽样检验报告。

7.2.6 混凝土拌制及养护用水应符合现行行业标准《混凝土用水标准》（JGJ 63）的规定。采用饮用水作为混凝土用水时，可不检验；采用中水、搅拌站清洗水、施工现场循环水等其他水源时，应对其成分进行检验。

检查数量：同一水源检查不应少于一次。

检验方法：检查水质检验报告。

7.3 混凝土拌和物

主控项目

7.3.1 预拌混凝土进场时，其质量应符合现行国家标准《预拌混凝土》（GB/T 14902）的规定。

检查数量：全数检查。

检验方法：检查质量证明文件。

7.3.2 混凝土拌和物不应离析。

检查数量：全数检查。

检验方法：观察。

7.3.3 混凝土中氯离子含量和碱总含量应符合现行国家标准《混凝土结构设计规范》（GB 50010）的规定和设计要求。

检查数量：同一配合比的混凝土检查不应少于一次。

检验方法：检查原材料试验报告和氯离子、碱的总含量计算书。

7.3.4 首次使用的混凝土配合比应进行开盘鉴定，其原材料、强度、凝结时间、稠度等应满足设计配合比的要求。

检查数量：同一配合比的混凝土检查不应少于一次。

检验方法：检查开盘鉴定资料和强度试验报告。

一般项目

7.3.5 混凝土拌和物稠度应满足施工方案的要求。

检查数量：对同一配合比混凝土，取样应符合下列规定：

（1）每拌制 100 盘且不超过 $100m^3$ 时，取样不得少于一次。

（2）每工作班拌制不足 100 盘时，取样不得少于一次。

（3）每次连续浇筑超过 $1000m^3$ 时，每 $200m^3$ 取样不得少于一次。

（4）每一楼层取样不得少于一次。

检验方法：检查稠度抽样检验记录。

7.3.6 混凝土有耐久性指标要求时．应在施工现场随机抽取试件进行耐久性检验，其检验结果应符合国家现行有关标准的规定和设计要求。

检查数量：同一配合比的混凝土，取样不应少于一次，留置试件数量应符合国家现行标准《普通混凝土长期性能和耐久性能试验方法标准》（GB/T 50082）和《混凝土耐久性检验评定标准》（JGJ/T 193）的规定。

检验方法：检查试件耐久性试验报告。

7.3.7 混凝土有抗冻要求时，应在施工现场进行混凝土含气量检验，其检验结果应符合国家现行有关标准的规定和设计要求。

检查数量：同一配合比的混凝土，取样不应少于一次，取样数量应符合现行国家标准《普通混凝土拌和物性能试验方法标准》（GB/T 50080）的规定。

检验方法：检查混凝土含气量检验报告。

7.4 混凝土施工

主控项目

7.4.1 混凝土的强度等级必须符合设计要求。用于检验混凝土强度的试件应在浇筑地点随机抽取。

检查数量：对同一配合比混凝土，取样与试件留置应符合下列规定：

（1）每拌制 100 盘且不超过 100m³ 时，取样不得少于一次。

（2）每工作班拌制不足 100 盘时，取样不得少于一次。

（3）连续浇筑超过 1000m³ 时，每 200m³ 取样不得少于一次。

（4）每一楼层取样不得少于一次。

（5）每次取样应至少留置一组试件。

检验方法：检查施工记录及混凝土强度试验报告。

一般项目

7.4.2 后浇带的留设位置应符合设计要求，后浇带和施工缝的留设及处理方法应符合施工方案要求。

检查数量：全数检查。

检验方法：观察。

7.4.3 混凝土浇筑完毕后应及时进行养护，养护时间以及养护方法应符合施工方案要求。

检查数量：全数检查。

检验方法：观察，检查混凝土养护记录。

8 现浇结构分项工程

8.1 一般规定

8.1.1 现浇结构质量验收应符合下列规定：

（1）现浇结构质量验收应在拆模后、混凝土表面未作修整和装饰前进行，并应做出记录。

（2）已经隐蔽的不可直接观察和量测的内容，可检查隐蔽工程验收记录。

（3）修整或返工的结构构件或部位应有实施前后的文字及图像记录。

8.1.2 现浇结构的外观质量缺陷应由监理单位、施工单位等各方根据其对结构性能和使用功能影响的严重程度按表 8.1.2 确定。

表 8.1.2　　　　　　　　　　现浇结构外观质量缺陷

名称	现象	严重缺陷	一般缺陷
露筋	构件内钢筋未被混凝土包裹而外露	纵向受力钢筋有露筋	其他钢筋有少量露筋
蜂窝	混凝土表面缺少水泥砂浆而形成石子外露	构件主要受力部位有蜂窝	其他部位有少量蜂窝
孔洞	混凝土中孔穴深度和长度均超过保护层厚度	构件主要受力部位有孔洞	其他部位有少量孔洞

续表

名称	现象	严重缺陷	一般缺陷
夹渣	混凝土中央有杂物且深度超过保护层厚度	构件主要受力部位有夹渣	其他部位有少量夹渣
疏松	混凝土中局部不密实	构件主要受力部位有疏松	其他部位有少量疏松
裂缝	裂缝从混凝土表面延伸至混凝土内部	构件主要受力部位有影响结构性能或使用功能的裂缝	其他部位有少量不影响结构性能或使用功能的裂缝
连接部位缺陷	构件连接处混凝土有缺陷及连接钢筋、连接件松动	连接部位有影响结构传力性能的缺陷	连接部位有基本不影响结构传力性能的缺陷
外形缺陷	缺棱掉角、棱角不直、翘曲不平、飞边凸肋等	清水混凝土构件有影响使用功能或装饰效果的外形缺陷	其他混凝土构件有不影响使用功能的外形缺陷
外表缺陷	构件表面麻面、掉皮、起砂、沾污等	具有重要装饰效果的清水混凝土构件有外表缺陷	其他混凝土构件有不影响使用功能的外表缺陷

8.1.3 装配式结构现浇部分的外观质量、位置偏差、尺寸偏差验收应符合本章要求；预制构件与现浇结构之间的结合面应符合设计要求。

8.2 外观质量

主控项目

8.2.1 现浇结构的外观质量不应有严重缺陷。

对已经出现的严重缺陷，应由施工单位提出技术处理方案，并经监理单位认可后进行处理；对裂缝、连接部位出现的严重缺陷及其他影响结构安全的严重缺陷，技术处理方案尚应经设计单位认可。对经处理的部位应重新验收。

检查数量：全数检查。

检验方法：观察，检查处理记录。

一般项目

8.2.2 现浇结构的外观质量不应有一般缺陷。

对已经出现的一般缺陷，应由施工单位按技术处理方案进行处理。对经处理的部位应重新验收。

检查数量：全数检查。

检验方法：观察，检查处理记录。

8.3 位置和尺寸偏差

主控项目

8.3.1 现浇结构不应有影响结构性能或使用功能的尺寸偏差；混凝土设备基础不应有影响结构性能和设备安装的尺寸偏差。

对超过尺寸允许偏差且影响结构性能和安装、使用功能的部位，应由施工单位提出技术处理方案，经监理、设计单位认可后进行处理。对经处理的部位应重新验收。

检查数量：全数检查。

检验方法：实测，检查处理记录。

一般项目

8.3.2 现浇结构的位置、尺寸偏差及检验方法应符表8.3.2规定。

表 8.3.2   现浇结构位置、尺寸允许偏差及检验方法

项目		允许偏差（mm）	检验方法
轴线位置	整体基础	15	经纬仪及尺量
	独立基础	10	经纬仪及尺量
	柱、墙、梁	8	尺量
垂直度	柱、墙层高 ≤6m	10	经纬仪或吊线、尺量
	柱、墙层高 >6m	12	经纬仪或吊线、尺量
	全高（H）≤300m	$H/30000+20$	经纬仪、尺量
	全高（H）>300m	$H/10000$ 且≤80	经纬仪、尺量
标高	层高	±10	水准仪或拉线、尺量
	全高	±30	水准仪或拉线、尺量
截面尺寸	基础	+15，−10	尺量
	柱、梁、板、墙	+10，−5	尺量
	楼梯相邻踏步高差	±6	尺量
电梯井洞	中心位置	10	尺量
	长、宽尺寸	+25，0	尺量
表面平整度		8	2m 靠尺和塞尺量测
预埋件中心位置	预埋板	10	尺量
	预埋螺栓	5	尺量
	预埋管	5	尺量
	其他	10	尺量
预留洞、孔中心线位置		15	尺量

注 1. 检查轴线、中心线位置时，沿纵、横两个方向测量，并取其中偏差的较大值。
　　2. H 为全高，单位为 mm。

检查数量：按楼层、结构缝或施工段划分检验批。在同一检验批内，对梁、柱和独立基础，应抽查构件数量的 10%，且不应少于 3 件；对墙和板，应按有代表性的自然间抽查 10%，且不应少于 3 件；对大空间结构，墙可按相邻轴线间高度 5m 左右划分检查面，板可按纵、横轴线划分检查面，抽查 10%，且均不应少于 3 面；对电梯井，应全数检查。

8.3.3 现浇设备基础的位置和尺寸应符合设计和设备安装的要求。其位置和尺寸偏差及检验方法应符合表 8.3.3 的规定。

检查数量：全数检查。

表 8.3.3   现浇设备基础位置和尺寸允许偏差及检验方法表

项　目	允许偏差（mm）	检验方法
坐标位置	20	经纬仪及尺量
不同平面标高	0，−20	水准仪或拉线、尺量
平面外形尺寸	±20	尺量
凸台上平面外形尺寸	0，−20	尺量
凹槽尺寸	+20，0	尺量

续表

项　目		允许偏差（mm）	检验方法
平面水平度	每米	5	水平尺、塞尺量测
	全长	10	水准仪或拉线、尺量
垂直度	每米	5	经纬仪或吊线、尺量
	全高	10	经纬仪或吊线、尺量
预埋地脚螺栓	中心位置	2	尺量
	顶标高	+20，0	水准仪或拉线、尺量
	中心距	±2	尺量
	垂直度	5	吊线、尺量
预埋地脚螺栓孔	中心线位置	10	尺
	截面尺寸	+20，0	尺量
	深度	+20，0	尺量
	垂直度	$h/100$ 且≤10	吊线、尺量
预埋活动地脚螺栓锚板	中心线位置	5	尺量
	标高	+20，0	水准仪或拉线、尺量
	带槽锚板平整度	5	直尺、塞尺量测
	带螺纹孔锚板平整度	2	直尺、塞尺量测

注　1. 检查坐标、中心线位置时，应沿纵、横两个方向测量，并取其中偏差的较大值。
　　2. h 为预埋地脚螺栓孔孔深，单位为 mm。

第十三章　砌　体　砌　筑

第一节　砌　筑　砂　浆

砌筑砂浆在换流站或变电站的施工中主要用于建筑物和构筑物的砌体砌筑，它是用来砌筑砖块、砌块以及石头等块状材料的一种砂浆，这种砌筑砂浆能将块状材料砌筑成砌体，具有一定的黏结以及传力的效果，是砌体不能缺少的重要材料。另外，这类的砂浆能用来黏结各种类型的砖，并且在砌体中具有构筑的作用。

一、原材料的要求

（一）水泥

（1）水泥的强度等级需要根据设计图纸的要求进行选择。砂浆使用的水泥，其强度等级不小于 32.5 级，宜为 42.5 级。

（2）水泥进场时必须对其品种、等级、包装或散装仓号、出厂日期等进行检查，水泥的强度及安定性是判定水泥质量是否合格的两项主要技术指标，因此在水泥使用前必须进行复验。

（3）施工中对所使用水泥质量有所怀疑或水泥出厂已经超过三个月（快硬硅酸盐水泥超过一个月）时，应复查试验，并按复验结果使用。

（4）不同品种的水泥，不得混合使用。

（5）按照同一生产厂家、同品种、同等级、同批号连续进场的水泥，袋装水泥不超过 200t 为一检验批，散装水泥不超过 500t 为一批，每一批抽样不少于一次进行抽检数量，主要检查产品合格证、出厂检验报告和进场复验报告。

（二）砂

（1）砂宜用中砂，其中毛石砌体宜用粗砂。

（2）砂中的含泥量：对于水泥砂浆和强度等级大于或者等于 M5 的水泥混合砂浆不应超过 5％；强度等级小于 M5 的水泥混合砂浆，不应超过 10％。

（3）砂中草根等杂物，含泥量、泥块含量、石粉含量过大，不仅会降低砌筑砂浆的强度和均匀性，还会导致砂浆的收缩值增大，耐久性降低，影响砌体质量。砂中氯离子超标，配制的砌筑砂浆、混凝土会对其中钢筋的耐久性产生不良影响。砂含泥量、泥块含量、石粉含量及云母、轻物质、有机物、硫化物、硫酸盐和氯盐含量需要符合表 13-1 的规定。

表 13-1　　　　　　　　　　　　　　　砂　杂　质　含　量

项目	指标	项目	指标
泥	＜5.0％	有机物（用比色法试验）	合格
泥块	≤2.0％	硫化物及硫酸盐（折算成 SO_3 安重量计）	≤1.0％
云母	≤2.0％	氯化物（以氯离子计）	≤0.06％
轻物质	≤1.0％	注：含量按质量计	

（4）人工砂、山砂及特细砂，应经过试配能满足砌筑砂浆技术条件要求。

（三）石灰膏

建筑生石灰、建筑生石灰粉熟化成石灰膏，其熟化时间分别不得少于 7d 和 2d。沉淀池中储存的石灰膏，应防止干燥、冻结和污染。配制水泥石灰砂浆时，不得采用脱水硬化的石灰膏。建筑生石灰粉、消石灰粉不得替代石灰膏配制水泥石灰砂浆。

石灰膏的用量，应按稠度 120mm±5mm 计量，现场施工中石灰膏不同稠度的换算系数，可按表 13-2 确定。

表 13-2　　石灰膏不同稠度的换算系数

稠度（mm）	120	110	100	90	80	70	60	50	40	30
换算系数	1.00	0.99	0.97	0.95	0.93	0.92	0.90	0.88	0.87	0.86

（四）电石膏

制作电石膏的电石渣应用孔径不大于 3mm×3mm 的网过滤，检验时应加热至 70℃ 并保持 20min，没有乙炔气味后，方可使用。

（五）粉煤灰

粉煤灰进场使用前，应检查出厂合格证，以连续供应的 200t 相同等级的粉煤灰为一批，不足 200t 者按一批论。砌体砂浆宜根据施工要求选用不同级别的粉煤灰。粉煤灰的品质指标应符合表 13-3 的相关要求。

表 13-3　　粉煤灰品质指标

序号	指标	级别		
		Ⅰ	Ⅱ	Ⅲ
1	细度（0.045mm 方孔筛筛余），%，不大于	12	20	45
2	需水量比，%，不大于	95	105	115
3	烧失量，%，不大于	5	8	15
4	含水量，%，不大于	1	1	不规定
5	三氧化硫，%，不大于	3	3	3

（六）水

水质应符合《混凝土拌和用水标准》（JGJ 63）的规定。

拌和用水按水源可分为饮用水、地表水、地下水、海水、经过经适当处理或处置后的工业废水。符合国家标准的生活饮用水，可拌制。地表水和地下水首次使用前，应按本标准规定进行检验。

（七）外加剂

在砂浆中掺入的砌筑砂浆增塑剂、早强剂、缓凝剂、防冻剂、防水剂等砂浆外加剂，其品种和用量应经有资质的检测单位检验和试配确定。所用外加剂的技术性能应符合国家现行有关标准《砌筑砂浆增塑剂》（JG/T 164）、《混凝土外加剂》（GB 8076）、《砂浆、混凝土防水剂》（JC/T 474）的质量要求。

二、砂浆的技术条件

（1）砌筑砂浆的强度等级分为 M2.5、M5、M7.5、M10、M15、M20。

（2）水泥砂浆拌和物的表观密度应≥1900kg/m³；水泥混合砂浆拌和物的表观密度应≥1800kg/m³；预拌砌筑砂浆拌和物的表观密度应≥1800kg/m³。

（3）砌筑砂浆的施工稠度应按照如下的规定选用：石砌体的施工稠度：30～50mm；普通混凝土小型空心砌块砌体的施工稠度：50～70mm；轻骨料混凝土小型空心砌块砌体的施工稠度：60～80mm；烧结普通砖砌体的施工稠度：70～90mm。

（4）水泥砂浆的保水率宜≥80%；水泥混合砂浆的保水率宜≥84%；预拌砌筑砂浆的保水率宜≥88%。

（5）有抗冻性要求的砌体工程，砌筑砂浆应进行冻融试验。经冻融试验后，质量损失率不得大于 5%，抗压强度损失率不得大于 25%。

（6）水泥砂浆中水泥用量宜≥200kg/m³；水泥混合砂浆中水泥和掺加料总量宜为 300～350kg/m³。

（7）砌筑砂浆中的水泥和石灰膏、电石膏等材料的用量应按照如下的规定选用：水泥砂浆的材料用量宜≥200kg/m³；水泥混合砂浆的材料用量宜≥350kg/m³；预拌砌筑砂浆的材料用量宜≥200kg/m³。

（8）当配制砌筑砂浆时，各种材料应采用质量计量，水泥和各种外加剂配料的允许偏差为±2%；砂、粉煤灰和石灰膏等配料的允许偏差为±5%。

三、砂浆配合比

砂浆配合比指的是水泥、细骨料和水之间的比例，即水泥、砂和水。水泥混合砂浆则是由水泥、细骨料、石灰和水配制而成，用于电网工程中的建筑物和构筑物施工。

（一）水泥混合砂浆配合比计算

水泥混合砂浆配合比计算，应按照下列步骤进行：

（1）计算砂浆试配强度：$f_{m,0}$

砂浆的试配强度应按下式计算

$$f_{m,0} = f_2 + 0.645\sigma$$

式中　$f_{m,0}$——砂浆的试配强度，精确至 0.1MPa；

　　　　f_2——砂浆抗压强度平均值，精确至 0.1MPa；

　　　　σ——砂浆现场强度标准差，精确至 0.01MPa。

（2）砂浆强度标准差的确定应符合以下规定：

1）当有统计资料时，砂浆强度标准差应按照下列公式计算

$$\sigma = \sqrt{\frac{\sum_{i=1}^{n} f_{m,i}^2 - n\mu_{fm}^2}{n-1}}$$

式中　$f_{m,i}$——统计周期内同一品种砂浆第 i 组试件的强度，MPa；

　　　　μ_{fm}——统计周期内同一品种砂浆 n 组试件强度的平均值，MPa；

　　　　n——统计周期内同一品种砂浆试件的总组数，$n \geqslant 25$。

2）当无统计资料时，砂浆强度标准差可按表 13-4 取值。

表 13-4 砂浆强度标准差 σ

施工水平	强度标准差 σ（MPa）					
	M2.5	M5	M7.5	M10	M15	M20
优良	0.50	1.00	1.50	2.00	3.00	4.00
一般	0.62	1.25	1.88	2.50	3.75	5.00
较差	0.75	1.50	2.25	3.00	4.50	6.00

（3）水泥用量的计算应符合下列规定：

1）每立方米砂浆中的水泥用量，应按下式计算

$$Q_c = 1000(f_{m,0} - \beta)/(\alpha \cdot f_{ce})$$

式中　Q_c——每立方米砂浆的水泥用量（kg），应精确至 1kg；

　　　f_{ce}——水泥的实测强度（MPa），应精确至 0.1MPa；

　　　α、β——砂浆的特征系数，其中 α 取 3.03，β 取 -15.09。

注：各地区也可用本地区试验资料确定 α、β 值，统计用的试验组数不得少于 30 组。

2）在无法取得水泥的实测强度值时，可按下式计算

$$f_{ce} = \gamma_c \cdot f_{ce,k}$$

式中　$f_{ce,k}$——水泥强度等级对应的强度值（MPa）；

　　　γ_c——水泥强度等级值的富余系数，该值宜按实际统计资料确定；无统计资料时可取 1.0。

（4）石灰膏用量应按下式计算

$$Q_D = Q_A - Q_c$$

式中　Q_D——每立方米砂浆的石灰膏用量（kg），精确至 1kg；石灰膏使用时的稠度为 120mm±5mm；

　　　Q_c——每立方米砂浆的水泥用量（kg），精确至 1kg；

　　　Q_A——每立方米砂浆中水泥和石灰膏的总量（kg），应精确至 1kg；宜为 300～350kg。

（5）确定砂用量 Q_s。每立方米砂浆中的砂用量，可以按干燥状态（含水率小于 0.5%）的堆积密度值作为计算值（kg）。

（6）选用用水量 Q_w。每立方米砂浆中的用水量，可以根据砂浆稠度等要求可选用 240～310kg。

1）用水量中不包括石灰膏或黏土膏中的水。

2）当采用细砂或粗砂时，用水量分别应取下限或上限。

3）砂浆稠度小于 70mm 时，用水量可以小于下限。

4）施工现场的气候炎热或干燥季节，可以酌量增加用水量。

（二）水泥砂浆配合比的选用

水泥砂浆的材料用量可以按表 13-5 选用。

四、砌筑砂浆配合比的计算、调整与确定

当砌筑砂浆配合比计算试配时应采用工程中实际使用的材料；应采用机械搅拌。

表 13-5　　　　　　　　　　　每立方米水泥砂浆材料用量

砂浆强度等级	每立方米砂浆水泥用量（kg）	每立方米砂浆砂用量（kg）	每立方米砂浆用水数量（kg）
M2.5、M5	200～230	砂的堆积密度值	270～330
M7.5、M10	220～280		
M15	280～340		
M20	340～400		

注　1. 此表水泥强度等级为 32.5 级，大于 32.5 级水泥用量宜取下限。

　　2. 根据施工水平合理选择水泥用量。

　　3. 当采用细砂或粗砂时，用水量分别取上限或下限。

　　4. 稠度小于 70mm 时，用水量可小于下限。

　　5. 施工现场气候炎热或干燥季节，可酌量增加用水量。

按照计算或查表所得配合比进行试拌时，应当测定砂浆拌和物的稠度和分层度，当不能满足要求时，可以调整材料用量，直到符合要求为止，然后可以确定为试配时的砂浆基准配合比。

试配时至少要采用三个不同的配合比，其中把一个配合比为基准配合比，其他的配合比的水泥用量应按照基准配合比分别增加和减少 10%。在保证稠度和分层度合格的条件下，可以将用水量或掺加料用量作适当的调整。

对三个不同的配合比进行调整后，应按现行行业标准《建筑砂浆基本性能试验方法标准》（JGJ/T 70）的规定成型试件，测定砂浆强度；并选定符合试配强度及和易性要求，采用水泥用量最少的配合比作为砂浆配合比。

五、砂浆拌制及使用

砌筑所用砂浆应采用砂浆搅拌机进行拌制。砂浆搅拌机可以选用活门卸料式、倾翻卸料式或立式，其出料容量常用为 200L。

搅拌时间从投料完算起，应当符合以下规定：

（1）水泥砂浆和水泥混合砂浆，搅拌时间不得少于 2min。

（2）水泥粉煤灰砂浆和掺用外加剂的砂浆，搅拌时间不得少于 3min。

（3）掺用有机塑化剂的砂浆，搅拌时间应为 3～5min。其搅拌方式、搅拌时间应符合现行行业标准《砌筑砂浆增塑剂》（JG/T 164）的有关规定。

（4）干混砂浆及加气混凝土砌块专用砂浆宜按照掺用外加剂的砂浆确定搅拌时间或按照产品说明书采用。

拌制水泥砂浆时，应先将砂与水泥干拌均匀，再加水拌和均匀。

拌制水泥混合砂浆时，应先将砂与水泥干拌均匀，再加掺加料（石灰膏、黏土膏）和水拌和均匀。

拌制水泥粉煤灰砂浆时，应先将水泥、粉煤灰、砂干拌均匀，再加水拌和均匀。

掺用外加剂时，应先将外加剂按照规定浓度溶于水中，在拌和水投入时投入外加剂溶液，外加剂不得直接投入拌制的砂浆中。

当砂浆拌成后和使用时，均应盛入储灰器中。如砂浆出现泌水现象时，应在砌筑前再次拌和。

砂浆应随拌随用。在一般的气候情况下，水泥砂浆和水泥混合砂浆必须分别在拌成后的 3h 和 4h 内使用完毕；砂浆强度降低一般不超过 20%，虽然对砌体强度有所影响，但降低幅度在 10% 以内，又因为大部分砂浆已在之前使用完毕，故对整个砌体的影响只局限于很小的范围。当气温较高时，水泥凝结加速，砂浆拌制后的使用时间应予缩短。如果施工期间最高气温超过 30℃时，必须分别在拌成后的 2h 和 3h 内使用完毕。对于掺用缓凝剂的砂浆，其使用时间可以根据具体情况延长。

当砌体结构工程使用湿拌砂浆时，除直接使用外，剩余湿拌砂浆必须储存在不吸水的专用容器内，并根据气候条件变化，采取相应的遮阳、保温、防雨雪等措施，湿拌砂浆在储存过程中严禁随意加水。

六、砌筑砂浆质量

当砌筑砂浆试块强度验收时，其强度合格标准必须符合下列规定：

（1）同一验收批次砂浆试块抗压强度平均值必须不小于设计强度等级所对应的立方体抗压强度的 1.10 倍；同一验收批砂浆试块抗压强度的最小一组平均值必须不小于设计强度所对应的立方体抗压强度的 0.85 倍。

（2）每一检验批次且不超过 250m³ 砌体的各种类型及各强度等级的砌筑砂浆，每台搅拌机应至少抽检一次作为抽检数量。

（3）当采用在砂浆搅拌机出料口随机取样制作砂浆试块（现场拌制的砂浆，同盘砂浆只应制作一组试块）时，试块标样 28d 后做强度试验，最后检查试块强度试验报告单的检验方法。

（4）砂浆强度应以标准养护，28d 龄期的试块抗压强度为准。

（5）当施工中或验收时出现以下情况，可以采用现场检验方法对砂浆和砌体强度进行原位检测或取样检测，并判定其强度：

1）当砂浆试块缺乏代表性或试块数量不足。

2）当对砂浆试块的试验结果有怀疑或有争议。

3）对于砂浆试块的试验结果，不能满足设计要求。

第二节　砌　体　工　程

砌体工程是指在电网工程中使用混凝土实心砖、蒸压灰砂砖、粉煤灰砖、各种中小型砌块和石材等材料进行砌筑的工程，包括砌砖、石、砌块及轻质墙板等施工内容。

一、砖砌体工程

（1）由砖和砂浆砌筑而成的砌体称为砖砌体。砖砌体分为混凝土实心砖、混凝土多孔砖和蒸压粉煤灰砖等砌体。

（2）清水墙和柱表面用的砖，当外观检查时，其边角应整齐，色泽均匀。砌体砌筑时，混凝土实心砖、混凝土多孔砖、蒸压灰砂砖和蒸压粉煤灰砖等块体的产品龄期不应小于 28d。

（3）当使用蒸压灰砂砖和蒸压粉煤灰砖砌体时，砖应提前 1~2d 适度湿润，严禁采用干砖或处于吸水饱和状态的砖砌筑，块体湿润程度宜符合以下规定：

1）烧结类块体的相对含水率为 60%~70%。

2）混凝土多孔砖和混凝土实心砖不需浇水湿润，但在气候干燥炎热的情况下，宜在砌筑前对其喷水湿润。其他非烧结类块体的相对含水率为 40%~50%。

（4）砖砌体工程宜采用"三一"砌筑方法，即一铲灰、一块砖、一揉压的砌筑方法。当采用铺浆法砌筑时，铺浆长度不得超过 750mm，施工期间气温超过 30℃时，铺浆长度不得超过 500mm。

（5）有冻胀环境和条件的地区，地面以下或防潮层以下的砌体，不应采用多孔砖。不同品种的砖不得在同一楼层混砌。

（6）在砖砌体转角处、交接处应设置皮数杆，皮数杆上标明砖皮数、灰缝厚度以及竖向构造的变化部位。皮数杆间距不应大于 15m。在相对两皮数杆的砖上边线处拉准线。

（7）每日施工完毕后，应立即清除砌筑部位处所残存的砂浆、杂物等。

二、混凝土小型空心砌块砌体工程

（1）混凝土小型空心砌块（简称混凝土小砌块）是以水泥、砂、石等普通混凝土材料制成的。其空心率为 25%～50%。混凝土小型空心砌块适用于建筑地震设计烈度为 8 度及 8 度以下地区的各种建筑墙体，包括高层与大跨度的建筑，也可以用于电网工程的主控楼、围墙和挡土墙等建筑物或者构筑物，应用范围十分广泛。

（2）混凝土小型空心砌块砌体工程分为普通混凝土小型空心砌块和轻骨料混凝土小型空心砌块等。施工采用的小砌块的产品龄期应大于或者等于 28d。

（3）施工前，应按照设计院出具设计图编绘小砌块平、立面排块图，施工中按照排版图纸施工。当砌筑小砌块时，应清除表面污物，同时剔除外观质量不合格的小砌块；砌筑小砌块砌体时，宜选用专用小砌块砌筑砂浆。

（4）底层室内地面以下或防潮层以下的砌体，应采用强度等级高于或者等于 C20（或 Cb20）的混凝土灌实小砌块的孔洞；当砌筑普通混凝土小型空心砌块砌体时，不需要对小砌块浇水湿润，如果遇到天气干燥炎热，宜在砌筑前对其喷水湿润；采用轻骨料混凝土小砌块，应提前进行浇水湿润，块体的相对含水率宜为 40%～50%。遇到雨天及小砌块表面有浮水时，不可以施工；承重墙体使用的小砌块应完整、无破损和无裂缝。

（5）当小砌块墙体应孔对孔、肋对肋错缝搭砌。单排孔小砌块的搭接长度应为块体长度的 1/2；多排孔小砌块的搭接长度可以适当调整，但宜大于或者等于小砌块长度的 1/3，且不应小于 90mm。如果墙体的个别部位不能满足上述要求时，应在灰缝中设置拉结钢筋或钢筋网片，但竖向通缝仍不可以超两皮小砌块。

（6）小砌块应将生产时的底面朝上反砌于墙上；小砌块墙体宜逐块坐（铺）浆砌筑；在散热器、厨房和卫生间等设备的卡具安装处砌筑的小砌块，宜在施工前用强度等级高于或者等于 C20（或 Cb20）的混凝土将其孔洞灌实；在每步架墙（柱）砌筑完后，应随即刮平墙体灰缝。

（7）每日施工完毕后，应立即清除砌筑部位处所残存的砂浆、砌块、杂物等。

三、石砌体工程

（1）由石材和砂浆砌的砌体为石砌体。常用的石砌体有料石砌体、毛石砌体、毛石混凝土砌体。石砌体工程采用毛石、毛料石、粗料石和细料石等砌体用于电网工程的构筑物施工。

（2）石砌体应采用石材应质地坚实，无裂纹和无明显风化剥落；用于清水墙、柱表面的石材，尚应色泽均匀；石材的放射性应经检验，其安全性应符合现行国家标准《建筑材料放射性核素限量》（GB—6566）的有关规定。

（3）石材表面的泥垢、水锈等杂质，砌筑前应清除干净。

（4）砌筑毛石基础的第一层石块应坐浆，同时将大面向下；砌筑料石基础的第一皮石块应用丁砌层坐浆砌筑。毛石砌体的第一皮及转角处、交接处和洞口处，应用较大的平毛石砌筑。每个楼层（包括基础）砌体的最上一皮，宜选用较大的毛石砌筑。

（5）毛石砌筑时，当石块间存在较大的缝隙时，应先向缝内填灌砂浆并捣实，然后再用小石块嵌填，不得先填小石块后填灌砂浆，石块间不得出现无砂浆相互接触现象。

（6）挡土墙内侧的回填土必须分层夯填，分层松土的厚度宜为 300mm。墙顶土面应有适当坡度使流水流向挡土墙的外侧面。

（7）在毛石和实心砖的组合墙中，毛石砌体和砖砌体应同时砌筑，并每隔 4～6 皮砖用 2～3 皮丁砖与毛石砌体拉结砌合；两种砌体间的空隙应填实砂浆。毛石墙和砖墙相接的转角处和交接处应同时砌筑。转角处、交接处应自纵墙（或横墙）每隔 4～6 皮砖高度引出大于或者等于 120mm 与横墙（或纵墙）相接。

（8）每日施工完毕后，应立即清除砌筑部位处所残存的石砌体、砂浆、杂物等。

四、配筋砌体工程

（1）配筋砌体是网状配筋砌体柱、水平配筋砌体墙、砖砌体和钢筋混凝土面层或钢筋砂浆面层组合砌体柱（墙）、砖砌体和钢筋混凝土构造柱组合墙以及配筋块砌体剪力墙的统称。配筋砌体主要用于建筑物的承重部位。

（2）施工配筋小砌块砌体剪力墙，应采用专用的小砌块砌筑砂浆砌筑，专用小砌块灌孔混凝土浇筑芯柱。设置在灰缝内的钢筋，应居中置于灰缝内，水平灰缝厚度应大于钢筋直径 4mm 以上。

（3）配筋砌体的钢筋的品种、规格、数量和设置部位应符合设计图纸要求。钢筋应检查其合格证书、钢筋性能复试试验报告、隐蔽工程记录。

（4）构造柱、芯柱、组合砌体构件、配筋砌体剪力墙构件的混凝土及砂浆的强度等级应符合设计图纸要求。每一检验批次砌体，试块应大于或者等于 1 组，验收批砌体试块应大于或者等于 3 组。同时检查混凝土和砂浆试块试验报告。

（5）每日施工完毕后，应立即清除砌筑部位处所残存的砌体、砂浆、杂物等。

五、填充墙砌体工程

（1）填充墙砌体主要用于电网工程建筑物框架结构的墙体，起围护和分隔作用，重量由梁柱承担，填充墙不承重。框架结构分全框架和半框架，全框架没有承重墙，半框架有承重墙。

（2）填充墙砌体分为蒸压加气混凝土砌块和轻骨料混凝土小型空心砌块等填充墙砌体工程。

（3）当砌筑填充墙时，轻骨料混凝土小型空心砌块和蒸压加气混凝土砌块的产品龄期应大于或者等于 28d，蒸压加气混凝土砌块的含水率不宜大于或者等于 30%。

（4）蒸压加气混凝土砌块和轻骨料混凝土小型空心砌块等的运输、装卸过程中，严禁抛掷和倾倒；进场后应按照品种、规格堆放整齐，堆置高度宜小于或者等于 2m。蒸压加气混凝土砌块在运输及堆放中应防止雨淋。吸水率较小的轻骨料混凝土小型空心砌块及采用薄灰砌筑法施工的蒸压加气混凝土砌块，砌筑前不应对其浇（喷）水湿润；在气候干燥炎热的情况下，对吸水率较小的轻骨料混凝土小型空心砌块宜在砌筑前喷水湿润。

（5）在厨房、卫生间和浴室等处采用轻骨料混凝土小型空心砌块和蒸压加气混凝土砌块砌筑墙体时，墙底部宜现浇混凝土坎台，其高度宜为 150mm。填充墙拉结筋处的下皮小砌块宜采用半盲孔小砌块或用混凝土灌实孔洞的小砌块；薄灰砌筑法施工的蒸压加气混凝土砌块砌体，拉结筋应放置在砌块上表面设置的沟槽内。蒸压加气混凝土砌块和轻骨料混凝土小型空心砌块不应与其他块体混砌，不同强度等级的同类块体也不得混砌。窗台处和因安装门窗需要，在门窗洞口处两侧填充墙上、中、下部可采用其他块体局部嵌砌；对与框架柱、梁不脱开方法的填充墙，填塞填充墙顶部与梁之间缝隙可采用其他块体。填充墙砌体砌筑，应待承重主体结构检验批验收合格后进行。填充墙与承重主体结构间的空（缝）隙部位施工，应在填充墙砌筑 14d 后进行。

（6）每日施工完毕后，应立即清除砌筑部位处所残存的砌体、砂浆、杂物等。

第三节 规程、规范相关要求

为方便学习和查找，本节内容均摘自相关规范部分原文。

《砌体结构工程施工质量验收规范》（GB 50203—2011）相关内容如下。

5. 砖砌体工程

5.1.7 采用铺浆法砌筑砌体时，铺浆长度不得超过 750mm；如果施工期间气温超过 30℃时，铺浆长度不得超过 500mm。

5.1.8 240mm 厚承重墙的每层墙的最上一皮砖，砖砌体的阶台水平面上及挑出层的外皮砖，应整砖丁砌。

5.1.10 砖过梁底部的模板及其支架拆除时，灰缝砂浆强度不应低于设计强度的 75%。

5.1.12 竖向灰缝不应出现瞎缝、透明缝和假缝。

5.1.13 砖砌体施工临时间断处补砌时，必须将接槎处表面清理干净，洒水湿润，并填实砂浆，保持灰缝平直。

5.2.1 砖和砂浆的强度等级必须符合设计要求。按照同一生产厂家，混凝土实心砖每 15 万块为一验收批，烧结多孔砖、蒸压灰砂砖和蒸压粉煤灰砖每 10 万块为一验收批，不足上述数量时按 1 个批计，抽检数量为 1 组作为批次的抽检数量。同时检查砖和查看砂浆试块试验。

5.2.2 砌体灰缝砂浆应密实饱满，砖墙水平灰缝的砂浆饱满度不得低于 80%；砖柱水平灰缝和竖向灰缝饱满度不得低于 90%，每一检验批次抽查不应少于 5 处，采用检查方法为百格网检查砖底面与砂浆的黏结痕迹面积，每处检测 3 块砖，取其平均值。

5.2.3 砖砌体的转角处和交接处应同时砌筑，严禁无可靠措施的内外墙分砌施工。在抗震设防烈度为 8 度及 8 度以上地区，对不能同时砌筑而又必须留置的临时间断处应砌成斜槎，普通砖砌体斜槎水平投影长度不应小于高度的 2/3，多孔砖砌体的斜槎长高比不应小于 1/2。斜槎高度不得超过一步脚手架的高度。每一检验批次抽查不应少于 5 处抽检。

5.2.4 非抗震设防及抗震设防烈度为 6 度、7 度地区的临时间断处，当不能留斜槎时，除转角处外，可留直槎，但直槎必须做成凸槎，且应加设拉结钢筋，拉结钢筋应符合以下规定：

（1）每 120mm 墙厚放置 $1\phi6$ 拉结钢筋（120mm 厚墙应放置 $2\phi6$ 拉结钢筋）。

（2）间距沿墙高不应超过 500mm，且竖向间距偏差不应超过 100mm。

（3）埋入长度从留槎处算起每边均应大于或者等于 500mm，对抗震设防烈度 6 度、7 度的地区，不应小于 1000mm。

（4）末端应有 90°弯钩。

上述按照每一检验批次不应少于检查 5 处，采用观察和检测尺检查。

5.3.1 砖砌体组砌方法应当正确，内外搭砌，上、下错缝。清水墙、窗间墙无通缝；混水墙中不得有长度大于 300mm 的通缝，长度 200～300mm 的通缝每间不超过 3 处，且不得位于同一面墙体上。砖柱不得采用包心砌法。按照每一检验批次不少于检查 5 处，采用观察检查，砌体组砌方法抽检每处应为 3～5m。

5.3.2 砖砌体的灰缝应横平竖直，厚薄均匀，水平灰缝厚度及竖向灰缝宽度宜为 10mm，但不应小于 8mm，也不应大于 12mm。按照每一检验批次不应少于检查 5 处，采用检查方法为水平灰缝厚度用尺量 10 皮砖砌体高度折算；竖向灰缝宽度用尺量 2m 砌体长度折算。

6. 混凝土小型空心砌块砌体工程

6.1.14 芯柱处小砌块墙体砌筑应符合以下规定：

（1）每一楼层芯柱处第一层砌块应采用开口小砌块。

（2）砌筑时应随砌随清除小砌块孔内的毛边，并将灰缝中挤出的砂浆刮净。

6.1.15 芯柱混凝土宜选用专用小砌块灌孔混凝土。浇筑芯柱混凝土应符合以下规定：

（1）每次连续浇筑的高度宜为半个楼层，但不应大于 1.8m。

（2）当浇筑芯柱混凝土时，砌筑砂浆强度应大于 1MPa。

（3）清除孔内掉落的砂浆等杂物，并用水冲淋孔壁。

（4）在浇筑芯柱混凝土前，应先注入适量与芯柱混凝土成分相同的去石砂浆。

（5）每浇筑 400～500mm 高度捣实一次，或边浇筑边捣实。

6.2.1 小砌块和芯柱混凝土、砌筑砂浆的强度等级必须符合设计要求。每一生产厂家，每 1 万块小砌块为一个验收批，不足 1 万块按一个批计，抽检数量为 1 组；用于多层以上建筑的基础和底层的小砌块抽检数量不应少于 2 组作为抽检数量。检查方法为检查小砌块和芯柱混凝土、砌筑砂浆试块试验报告。

6.2.2 砌体水平灰缝和竖向灰缝的砂浆饱满度，按净面积计算不得低于 90%。每检验批次抽查不应少于 5 处，采用专用百格网检测小砌块与砂浆粘结痕迹，每处检测 3 块小砌块，取其平均值。

6.2.3 墙体转角处和纵横交接处应同时砌筑。临时间断处应砌成斜槎，斜槎水平投影长度不应小于斜槎高度。施工洞口可预留直槎，但在洞口砌筑和补砌时，应在直槎上、下搭砌的小砌块孔洞内用强度等级不低于 C20（或 Cb20）的混凝土灌实。

6.2.4 小砌块砌体的芯柱在楼盖处应贯通，不得削弱芯柱截面尺寸；芯柱混凝土不得漏灌，每一检验批次抽查不应少于 5 处。

6.3.1 砌体的水平灰缝厚度和竖向灰缝宽度宜为 10mm，但不应小于 8mm，同时也不应大于 12mm。每一检验批次抽查不应少于 5 处。采用检查方法为水平灰缝厚度用尺量 5 皮小砌块的高度折算；竖向灰缝宽度用尺量 2m 砌体长度折算。

7. 石砌体工程

7.1.7 砌筑毛石挡土墙应按分层高度砌筑，并应符合以下规定：

（1）每砌 3～4 皮为一个分层高度，每个分层高度应将顶层石块砌平。

（2）两个分层高度间分层处的错缝不得小于 80mm。

7.1.8 料石挡土墙，当中间部分用毛石砌筑时，丁砌料石伸入毛石部分的长度不应小于 200mm。

7.1.9 毛石、毛料石、粗料石和细料石砌体灰缝厚度应均匀，灰缝厚度应符合以下规定：

（1）毛石砌体外露面的灰缝厚度不宜大于 40mm。

（2）毛料石和粗料石的灰缝厚度不宜大于 20mm。

（3）细料石的灰缝厚度不宜大于 5mm。

7.1.10 挡土墙的泄水孔当设计无规定时，施工应符合以下规定：

（1）泄水孔应该均匀设置，在每米高度上间隔 2m 左右设置一个泄水孔。

（2）泄水孔和土体之间铺设长宽各为 300mm、厚 200mm 的卵石或碎石作疏水层。

7.2.1 石材及砂浆强度等级必须符合设计要求。同一产地的同类石材抽检不应少于 1 组；料石同时需要检查产品质量证明书，石材和砂浆检查试块试验报告。

7.2.2 砌体灰缝的砂浆饱满度不应小于 80%。每一检验批次抽查不应少于 5 处。

7.3.2 石砌体的组砌形式应符合以下规定：

（1）内外搭砌，上下错缝，拉结石、丁砌石交错设置。

（2）毛石墙拉结石每 $0.7m^2$ 墙面不应少于 1 块。

（3）每一检验批次抽查不应少于 5 处。

8. 配筋砌体工程

8.2.3 构造柱与墙体的连接应符合以下规定：

（1）墙体应砌成马牙槎，马牙槎凹凸尺寸不宜小于 60mm，高度不应超过 300mm，马牙槎应先退后进，对称砌筑；马牙槎尺寸偏差每一构造柱不应超过 2 处。

（2）预留拉结钢筋的规格、尺寸、数量和位置应正确，拉结钢筋应沿墙高每隔 500mm 设 $2\phi6$，伸入墙内不宜小于 600mm，钢筋的竖向移位不应超过 100mm，且竖向移位每一构造柱不得超过 2 处。

（3）施工中不得任意弯折拉结钢筋，每检验批次抽查不应少于 5 处。检查方法为现场检查和尺量检查。

8.2.4 配筋砌体中受力钢筋的连接方式、锚固长度和搭接长度应符合设计要求。每检验批次抽查不应少于 5 处。检查方法为现场观察进行检查。

8.3.1 构造柱的中心线位置允许偏差为 10mm，层间错位允许偏差为 8mm，通过经纬仪和检测尺检查或用其他测量仪器检查。

8.3.3 网状配筋砖砌体中，钢筋网规格及放置间距应符合设计规定。每一构件钢筋网沿砌体高度位置超过设计规定一皮砖厚不得超过一处，每检验批次抽查不应少于 5 处。检查方法为通过钢筋网成品检查钢筋规格，钢筋网放置间距采用局部剔缝观察，或用探针刺入灰缝内检查，或用钢筋位置测定仪测定的检查方法。

9. 填充墙砌体工程

9.2.1 小砌块和砌筑砂浆的强度等级应符合设计要求。小砌块每 1 万块为一个验收批次，不足上述数量时按一个批次计，抽检数量为 1 组。

9.2.2 填充墙砌体应与主体结构可靠连接，其连接构造应符合设计图纸要求，未经设计同意，不得随意改变连接构造方法。每一填充墙与柱的拉结筋的位置超过一皮块体高度的数量不得多于一处，每检验批次抽查不应少于 5 处。

9.2.3 当填充墙与承重墙、柱、梁的连接钢筋时，如果采用化学植筋的连接方式，应进行实体检测。锚固钢筋拉拔试验的轴向受拉非破坏承载力检验值应为 6.0kN。抽检钢筋在检验值作用下应基材无裂缝、钢筋无滑移宏观裂损现象；持荷 2min 期间荷载值降低不大于 5%。

9.3.1 填充墙砌体轴线位移允许偏差为 10mm，每层垂直度（大于 3m）允许偏差为 10mm，每层垂直度（小于或者等于 5mm）允许偏差为 5mm，表面平整度允许偏差为 8mm，门窗洞口高、宽（后塞口）允许偏差为±10mm，外墙上、下窗口偏移允许偏差为 20mm。

9.3.2 空心砖砌体水平灰缝饱满度要求（大于或者等于 80%），垂直灰缝饱满度要求填满砂浆，不得有透明缝、瞎缝、假缝。轻骨料混凝土小型空心砌块砌体水平灰缝饱满度要求（大于或者等于 80%），垂直灰缝饱满度要求（大于或者等于 80%）。

9.3.3 填充墙留置的拉结钢筋或网片的位置应与块体皮数相符合。拉结钢筋或网片应置于灰缝中，埋置长度应符合设计要求，竖向位置偏差不应超过一皮高度。

9.3.4 砌筑填充墙时应错缝搭砌，蒸压加气混凝土砌块搭砌长度不应小于砌块长度的 1/3；轻骨料混凝土小型空心砌块搭砌长度不应小于 90mm；竖向通缝不应大于 2 皮。每检验批次抽查不应少于 5 处。

9.3.5 填充墙的水平灰缝厚度和竖向灰缝宽度应正确，烧结空心砖和轻骨料混凝土小型空心砌块砌体的灰缝应为 8～12mm；蒸压加气混凝土砌块砌体当采用水泥砂浆、水泥混合砂浆或蒸压加气混凝土砌块砌筑砂浆时，水平灰缝厚度和竖向灰缝宽度不应超过 15mm；当蒸压加气混凝土砌块砌体采用蒸压加气混凝土砌块黏结砂浆时，水平灰缝厚度和竖向灰缝宽度宜为 3～4mm。每检验批次抽查不应少于 5 处。检查方法为水平灰缝厚度用尺量 5 皮小砌块的高度折算；竖向灰缝宽度用尺量 2m 砌体长度折算。

第十四章　装饰装修工程施工

第一节　地　面　工　程　施　工

在变电站（换流站）站建筑物地面上从事各项活动，安排各种家具和设备；地面要经受各种侵蚀、摩擦和冲击作用，因此要求地面有足够的强度和耐腐蚀性。地面作为地坪或楼面的表面层，首先要起保护作用使地坪或楼面坚固耐久。按照不同功能的使用要求地面应具有耐磨、防水防滑、易于清扫、防静电等特点。地面由面层和基层组成，基层又包括垫层和构造层两部分。地面基层按工艺流程分为基土、垫层、找平层、隔离层、填充层。

一、地面基层施工要点

1. 基土

（1）地面应建立在均匀坚实的基土基础上。对于土层结构受到扰动的基土，应进行更换并予以压实，确保压实系数符合设计规定。

（2）针对软弱土层，应根据设计要求进行相应处理。在填土过程中，需保证最优含水量。对于重要工程或大面积地面填土，预先采取土样，并通过击实试验确定最优含水量及相应的最大干密度。填土过程应分层摊铺、分层压实（夯击），并分层检验其密实度。

2. 垫层

（1）灰土垫层。

1）灰土垫层的铺设应采用熟化石灰与黏土（或粉质黏土、粉土）的拌和料，其厚度至少为 100mm。为确保效果，灰土垫层应铺设在不受地下水浸泡的基土上，并在施工完毕后采取防水措施，防止水浸泡。在施工过程中，灰土垫层应分层夯实，并在湿润养护、晾干后方可进行下一工序施工。

2）冬期施工不宜进行灰土垫层的施工。然而，若在冬期施工不可避免，应制定并采取切实可靠的措施以确保工程质量。

（2）垫层和砂石垫层。

1）砂垫层的厚度至少为 60mm；砂石垫层的厚度至少为 100mm。

2）砂石材料应选用天然级配，铺设过程中应避免粗细颗粒分离，压实（或夯实）至无松动现象为止。

（3）碎石垫层碎砖垫层。

1）碎石垫层与碎砖垫层的厚度最低为 100mm。

2）垫层施工时，应进行分层压实（或夯实），确保表面坚实且平整。

（4）三合土垫层和四合土垫层。

1）三合土垫层的铺设应采用石灰、砂（允许适量掺入黏土）与碎砖的拌和料，其厚度至少为 100mm；四合土垫层的铺设应采用水泥、石灰、砂（可掺入少量黏土）与碎砖的拌和料，其厚度至少为 80mm。

2）三合土垫层和四合土垫层的施工均需进行分层夯实。

（5）炉渣垫层。

1）炉渣垫层的铺设应选用炉渣或水泥炉渣、水泥石灰炉渣的拌和料，其厚度至少为 80mm。

2）在使用炉渣或水泥炉渣垫层之前，应先浇水使其充分湿润；对于水泥石灰炉渣垫层，应用石灰浆或熟化石灰浇水拌和，闷透时间最少为 5d。

3）在垫层铺设前，其下方基层应保持湿润；铺设过程中应分层压实，表面避免出现泌水现象。铺设完成后需进行养护，待凝结后方可进行下一道工序施工。

4）炉渣垫层施工过程中尽量避免留置施工缝。若必须设置缝隙，应预留直槎，并确保间隙处密实。接槎时应先刷涂水泥浆，再铺设炉渣拌和料。

（6）水泥混凝土垫层和陶粒混凝土垫层。

1）水泥混凝土垫层与陶粒混凝土垫层均应铺设在基土之上。在气温长期低于 0℃ 且设计无特殊要求的情况下，垫层应设立缩缝，其缝的位置、嵌缝方式等应与面层伸缩缝保持一致，同时符合相关规定。

2）水泥混凝土垫层的厚度不得小于 60mm，陶粒混凝土垫层的厚度不得小于 80mm。

3）在垫层铺设前，若为水泥类基层，其下一层表面应保持湿润。

4）室内地面的水泥混凝土垫层与陶粒混凝土垫层，应设立纵向与横向的缩缝；纵向缩缝与横向缩缝的间距均不得超过 6m。

5）垫层的纵向缩缝应设计为平头缝或加肋板平头缝。当垫层厚度超过 150mm 时，可采用企口缝。横向缩缝应设计为假缝。平头缝与企口缝的缝间不得放置隔离材料，浇筑时应紧贴在一起。企口缝尺寸应符合设计要求，假缝宽度宜为 5～20mm，深度宜为垫层厚度的 $\frac{1}{3}$，填缝材料应与地面变形缝的填缝材料相同。

6）大面积的水泥混凝土与陶粒混凝土垫层应分区域段浇筑。分区段应考虑变形缝位置、不同类型建筑地面连接处以及设备基础位置进行划分，并应与设置的纵向、横向缩缝间距相匹配。

3. 找平层

在建筑施工中，找平层的铺设是一项关键步骤，其材料选择与施工方法至关重要。首先，可以根据厚度要求选择使用水泥砂浆或水泥混凝土进行铺设。当找平层厚度小于 30mm 时，推荐使用水泥砂浆；若厚度不低于 30mm，则应选用细石混凝土。

在铺设找平层之前，下一层如有松散填充料，应先进行铺平振实处理，以确保找平层的稳定性和均匀性。对于有防水要求的建筑地面工程，铺设前必须对立管、套管和地漏与楼板节点之间进行密封处理，并应进行隐蔽验收，以确保防水效果。同时，排水坡度应严格按照设计要求进行调整，以确保排水顺畅。

总之，在建筑地面工程施工过程中，找平层的铺设需注重材料选择与施工方法，同时做好防水处理和排水坡度控制，以保证工程质量和使用效果。

4. 隔离层

（1）隔离层材料的防水、防油渗性能须满足设计规定。

（2）隔离层的铺设层数（或道数）及上翻高度应符合设计规定。

（3）在水泥类找平层上铺设卷材类、涂料类防水、防油渗隔离层时，表面应保持坚固、洁净、干燥。铺设前，需涂刷基层处理剂。基层处理剂应选用与卷材性能相容的配套材料，或采用与涂料性能相容的同类涂料的底子油。

（4）若采用掺有防渗外加剂的水泥类隔离层，其配合比、强度等级、外加剂的复合掺量等须符合设计规定。

（5）铺设隔离层时，管道穿过楼板面四周的防水、防油渗材料应向上涂刷，并超出套管上口；靠近柱、墙处，应高出面层 200～300mm 或按设计要求的高度涂刷。阴阳角及管道穿过楼板面的根部应增设附加防水、防油渗隔离层。

（6）防水隔离层铺设完成后，须进行蓄水试验并记录。

（7）厕浴间及有防水要求的建筑地面务必设置防水隔离层。楼层结构应采用现浇混凝土或整块预制混凝土板，混凝土强度等级不小于 C20；房间楼板四周（除门洞外）应做混凝土翻边，高度不小于 200mm，宽度同墙厚，混凝土强度等级不小于 C20。施工时，结构层标高和预留孔洞位置应准确，严禁随意开凿。

5. 填充层

（1）填充层材料的密度应满足设计规定。

（2）填充层的下一层表面应保持平整。若为水泥类材料，还需确保其清洁、干燥，且无空鼓、裂缝和起砂等瑕疵。

（3）在采用松散材料铺设填充层时，应分层铺平并拍实；若采用板、块状材料铺设填充层，则应分层错缝铺贴。

二、工艺要点

工艺要点如下：

（1）基层铺设的材料质量、密实度和强度等级（或配合比）等应符合设计规范的要求。

（2）在进行基层铺设前，其下一层表面应保持清洁，无积水。

（3）基土表面的平整度偏差应控制在≤15mm；标高偏差为 -50～0mm。

（4）坡度偏差不应超过房间相应尺寸的 2/1000，且不超过 30mm。厚度偏差在个别地方不大于设计厚度的 1/10，且不超过 20mm。

（5）砂、砂石、碎石垫层表面平整度偏差≤15mm；标高偏差±20mm。

（6）灰土、水泥混凝土垫层表面平整度偏差≤10mm；标高偏差±10mm。

（7）采用胶结料作为结合层铺设板块面层的找平层，其表面平整度偏差≤3mm；标高偏差±5mm。

（8）水泥砂浆找平层表面平整度偏差≤5mm；标高偏差±8mm。

（9）松散材料的填充层表面平整度偏差≤7mm；标高偏差±4mm；板、块材料的填充层表面平整度偏差≤5mm；标高偏差±4mm。

（10）防水、防潮、防油渗的隔离层表面平整度偏差≤3mm；标高偏差±4mm。

（11）板块材料、浇筑材料、喷涂材料的绝热层表面平整度偏差≤4mm；标高偏差±4mm。

第二节 墙体抹灰工程施工

在变电站（换流站）站施工过程中墙体抹灰工程指用抹面砂浆涂抹在基底材料的表面，具有保护基层和增加美观的作用，为建筑物提供特殊功能的系统施工过程。

一、抹灰工程的组成

关于抹灰工程结构的概述。为确保抹灰层与基层紧密结合，预防鼓包、开裂现象并实现表面平整，通常需采取分层的施工方法，包括底层、中层及面层。

1. 底层

底层主要起到与基层的黏结和初步找平的作用。

2. 中层

中层主要起找平作用。

3. 面层

面层主要起装饰作用。

二、墙面基层的处理

为使抹灰砂浆与基层表面黏结牢固，防止抹灰层产生空鼓现象，抹灰前应对基层进行必要的处理。

1. 基层表面处理

（1）基层表面应彻底清理，消除尘土、污垢、油渍、残留灰等，并予以适度洒水湿润。

（2）墙体上的脚手孔洞需严密堵塞，外墙脚手孔应用微膨胀细石混凝土分次填充，并在洞口外侧增设一道防水增强层。

（3）水暖、通风管道穿越的墙洞及凿剔墙后安装的管道周边，应使用 M20 水泥砂浆填补充实且平整。

（4）门窗周边缝隙应以水泥砂浆分层嵌填密实，以防振动导致抹灰层剥落、开裂。

（5）混凝土基层表面须进行毛化处理，可采用凿成麻面或划凹槽方式，或使用机械喷涂 M15 水泥砂浆及涂抹界面砂浆。

（6）当墙面凹度较大时，应分层衬平，每层灰控制厚度为 7～9mm。

（7）光滑、平整的混凝土表面如设计无特殊要求，可不必抹灰，可进行刮腻子处理。

（8）砌块基层应在抹灰前一日浇水湿润，水分应渗透至墙面内 10～20mm。混凝土小型空心砌块砌体及混凝土多孔砖砌体基层不需要浇水润湿。

2. 不同材料交接处加强措施

不同材料基体交接处，需要采取铺设钢丝网或耐碱玻纤网布等加强措施，以切实保证抹灰工程的质量。

（1）在墙体与混凝土柱、梁的连接部位，采取铺设并固定钢丝网的加强方式，钢丝网与各基础结构的搭接宽度不得小于 150mm。钢丝网的选择建议采用 12.7mm×12.7mm 的规格，丝径为 0.9mm。在搭接过程中，应保证错缝进行，并用带尾孔的射钉在双向间距 300mm 的位置，呈梅花形错位锚固。

（2）在空心砖或加气混凝土砌块构成的墙体上，全面覆盖钢丝网或耐碱玻纤网，覆盖方向自上而下，搭接宽度每边不少于 150mm。随后，采用机械喷涂 M15 水泥砂浆（内掺适量胶黏剂）并涂抹界面砂浆进行粘贴，确保粘贴稳固、紧密贴合墙面、平整且无空鼓现象。

三、质量要求与检验

在进行抹灰前，基层表面的尘土、污垢、油渍等务必予以清除，并需进行洒水润湿处理。此外，抹灰工程应采取分层施工的方式。当抹灰总厚度达到或超过 30mm 时，需实施加强措施。在处理不同材料基体交接处表面抹灰时，应采取防止开裂的加强措施。若采用加强网，则其与各基体的搭接宽度不得小于 150mm。针对空心砖或加气混凝土砌块的墙体，应全面覆盖加强网，自上而下施工，搭接宽度每边不少于 150mm。

第三节　水电设备安装工程施工

一、室内给排水管道安装技术要求

建筑中水系统涵盖建筑物内的冷却水、沐浴排水、盥洗排水、洗衣排水等水源，经过物理和化学方法处理后，用于厕所冲洗、绿化、洗车、道路洒水、空调冷却及水景等供水系统。给水系统是通过管道及辅助设备，根据建筑物生产、生活和消防需求，有组织地输送至各用水地点的网络。排水系统则是通过管道及辅助设备，将屋面、站区雨水以及生活和生产过程中产生的污水、废水及时排放出去的系统。

（一）室内给排水管道安装要点

（1）室内给水管道的水压试验应严格遵循设计规定。在设计未明确的情况下，各类材质的给水管道系统试验压力应为工作压力的 1.5 倍，但最低不小于 0.6MPa。检验步骤如下：

金属及复合管给水管道在试验压力下观察 10min，压力降不得超过 0.02MPa，随后降至工作压力进行检查，确保无渗漏；塑料管给水系统在试验压力下保持稳定 1h，压力降不得超过 0.05MPa，接着在工作压力的 1.15 倍状态下保持稳定 2h，压力降不超过 0.03MPa，同时检查各连接处是否不渗不漏。

（2）给水系统交付使用前必须进行通水试验并做好记录。

检查方法：观察和开启阀门、水嘴等放水。

（3）相关规定明确，供水引入管与排水排出管之间的水平净距至少 1m。在室内供水与排水管道平行布线时，两者之间的最小水平净距应为 0.5m；而在交叉布置时，垂直净距不低于 0.15m。为确保安全，供水管应置于排水管之上。若迫不得已将供水管布置在排水管下方，则需给供水管加装套管，其长度至少为排水管直径的 3 倍。

（4）管道及管件焊接的焊缝表面质量应符合下列要求：

1）焊缝的外形尺寸应严格遵循图纸和工艺文件的规定，焊缝的高度不低于母材表面，且焊缝与母材之间应实现圆滑过渡。

2）焊缝的热影响区表面不得存在裂纹、未熔合、未焊透、夹渣、弧坑和气孔等缺陷。

3）给水水平管道应设有 2‰～5‰ 的坡度，以倾斜至泄水装置。

（二）卫生器具安装技术要求

卫生器具安装要点如下：

（1）在隐蔽或埋地排水管道之前，必须进行灌水试验，确保灌水高度不低于底层卫生器具上边缘或底层地面高度。

（2）管道接口应保持光滑平整，杜绝气孔、裂缝、破损等缺陷。

（3）排水主立管及水平干管管道需进行通球试验，试验入口为管道起始端，出口位于出户弯头或检查井处，通球球径不小于排水管道管径的2/3，通球率须达100%。

（4）楼板内安装的套管顶部应高出装饰地面20mm，卫生间和厨房的套管顶部应高出装饰地面50mm，底部与楼板底面齐平。墙壁内安装的套管两端与装饰面相平。套管与管道间应填充密实，端面光滑。

（5）地下室或地下构筑物外墙有管道穿越时，须采用柔性防水套管，管道接口不得置于套管内。

（6）排水通气管严禁与风道或烟道连接，通气管应高出屋面300mm，泛水高度符合设计要求，泛水卷材收头处需固定。

（7）排水管道安装完成后，表面应保持光滑，无划痕及外力冲击破坏。

（8）管道支、吊架安装应平整牢固，金属管道与非金属管道支架的间距应符合设计及规范要求。

（9）地漏、盥洗池底部下水管应设置硬质S形存水弯。

（10）排水管道水平偏差允许值为3mm/m，垂直偏差允许值为3mm/m。

二、照明设备安装技术要求

（一）室内外开关安装要点

（1）开关应安装在易于操作的出入口，靠近进门一侧。安装时，预留不少于150mm的导线与开关面板连接，确保固定稳固且面板端正。电源相线应经过开关控制。管道布线时，力求减少弯曲。施工过程中，将管道埋入墙体和楼板内，避免开槽布线。

（2）在易燃易爆场所，应选用防爆型开关。具有防爆要求和酸性蓄电池室（不含阀控式密封铅酸蓄电池室）的开关和插座等应安装在室外。卫生间和淋浴间开关应使用防水型。外墙开关应选用防水型或设置防雨罩。

（3）开关宜选用同一系列的产品，色泽保持一致。在饰面砖墙面上，选择居中位置，暗装开关面板应紧贴墙体，四周无缝隙，安装稳固，表面光滑整洁，无破损、划伤，装饰帽齐全。接线盒应安装到位，电线不得裸露在装饰层内。

（4）开关通断位置一致，操作灵活，接触可靠。开关距离门框边缘宜为150～200mm，与灯具位置相对应。同一室内采用相同型号开关，并列安装高度一致、间距一致，不同类型的开关应底边平齐，不同高度开关应与底层开关位置竖直对齐。

（5）开关面板底边距地面高度宜为1.3～1.4m；拉线开关底边距地面高度宜为2～3m，距顶板不小于0.1m，且拉线出口应垂直向下；并列安装的拉线开关相邻间距不小于20mm。配电室排风机控制开关应在室外。

（6）开关表面应有用途、编号标识。用于事故照明灯的开关，在明显部位做消防红色S标记。

（二）室内外插座安装要点

（1）厨房、卫生间及淋浴间插座应选用防水型，外墙插座需配备防雨罩，而蓄电池室内则严禁安装插座。

（2）在安装插座时，应预留不小于150mm的导线长度与插座面板连接，保证固定后面板端正。

（3）插座底边应保持平齐。在管路敷设过程中，力求减少弯曲，并将管路埋入墙体与楼板内，避免开槽布线。

（4）插座安装完毕后，应利用接线相序检测仪检验接线准确性。

（5）插座宜选用同一系列产品，色泽一致。在饰面砖墙面上安装时，应选择居中位置，紧贴墙壁，四周无缝隙，安装稳固，表面光洁，无破损、划痕，装饰帽齐全。接线盒应安装到位，电线不得裸露在装饰层内。

（6）同一室内应采用相同型号插座，并列安装时高度一致、间距一致。不同类型插座应底边平齐，不同高度插座与底层插座位置竖直对齐。

（7）交流、直流或不同电压等级的插座安装在同一场所时，应有明显区别，且须选用不同结构、规格且不可互换的插座。相应插头应根据交流、直流或不同电压等级区别使用。

（8）单相两孔插座面对插座的右孔或上孔应与相线连接，左孔或下孔应与中性导体（N）连接。单相三孔插座面对插座的右孔应与相线连接，左孔应与中性导体（N）连接。

（9）单相三孔、三相四孔及三相五孔插座的保护接地导体（PE）应接在上孔。插座保护接地导体端子不得与中性导体端子连接。同一场所的三相插座，接线相序应一致。

（10）保护接地导体（PE）在插座之间不得串联连接。

（11）相线与中性导体（N）不应利用插座本体的接线端子转接供电。

（12）接插有触电危险电器时，应采用能断开电源的带开关插座，开关断开相线。

（13）潮湿场所应选用密封型并带保护地线触头的保护型插座，安装高度不低于 1.5m。

（14）插座表面应有用途、编号标识。

（三）室内外灯具安装要点

当设计无要求时，灯具的安装高度和使用电压等级应符合下列规定：

（1）一般敞开式灯具，灯头对地面距离不小于下列数值（采用安全电压时除外）：室外 2.5m（室外墙上安装），厂房 2.5m，室内 2m。软吊线带升降器的灯具在吊线展开后 0.8m。

（2）危险性较大及特殊危险场所，当灯具距地面高度小于 2.4m 时，使用额定电压为 36V 及以下的照明灯具，或有专用保护措施。

（3）当灯具距地面高度小于 2.4m 时，灯具的可接近裸露导体必须接地（PE）或接零（PEN）可靠，并应有专用接地螺栓，且有标识；Ⅰ类灯具外露可导电部分必须与保护接地线（PE）可靠连接，且应有标识。

（4）安装位置应避开主控制室和配电室的主梁、次梁，二次设备屏位、高低压配电设备、蓄电池及裸母线的正上方不应安装灯具，灯具与裸母线的水平净距不应小于 1m。

（5）用于事故照明灯时，在明显部位做消防红色 S 标记。

（6）室外照明灯、庭院灯、投光灯。

1）室外照明灯、庭院灯、投光灯及配件齐全，无机械损伤、变形、涂层剥落等缺陷，标识正确清晰。

2）室外照明灯、庭院灯、投光灯灯具基础尺寸、高度应符合设计要求且与灯具底座匹配，预埋螺栓应与底座螺栓孔位置对应，尺寸匹配。

3）室外照明灯、庭院灯、投光灯底座与基础固定可靠，地脚螺栓备帽齐全。灯具的接线盒或熔断器盒，盒盖的防水密封垫完整。所有固定零件应定位安装，牢固可靠，不应有松动现象。转动件应能灵活转动，接触良好，无轴向窜动。

4）室外照明灯、庭院灯、投光灯灯具及其附件、紧固件、底座和与其相连的导管、接线盒等应有防腐蚀和防水措施。

5）建筑物景观照明灯具构架应固定可靠、地脚螺栓紧固、备帽齐全；灯具螺栓应紧固、无遗漏。室外灯具接地应可靠、明显，灯具本体接地端子与接地扁铁搭接面宽度应匹配，黄绿漆涂刷长度应 15～100mm，根据搭接面积确定接地螺栓规格（露扣长度 2～3 丝）、数量，螺栓穿向宜由内向外。投光灯具转动件与支架之间应采用黄绿多股软铜线跨接接地，软铜线两端应加装线鼻并预留转动裕度。

6）室外照明灯、庭院灯、投光灯灯具接地施工应满足规范要求。金属立柱及灯具可接近裸露导体接地（PE）或接零（PEN）可靠。接地线单设干线，干线沿庭院灯布置位置形成环网状，且至少 2 处与接地装置引出线连接，由干线引出支线与金属灯柱及灯具的接地端子连接，且有标识，灯具接地朝向应与设备接地保持一致。

7）灯具外露的绝缘导线或电缆应有金属柔性导管保护。

8）每套灯具的导电部分对地绝缘电阻值大于 $2M\Omega$。

9）每套灯具应在相线上装设配套的保护装置。

10）对设计有照度和功率密度测试要求的场所，试运行时应检测并符合设计要求。

（7）吸顶灯。

1）应采用高效节能灯具，灯具及配件齐全、无机械损伤、变形、涂层剥落和灯罩破裂等缺陷。

2）卫生间照明吸顶式灯具不宜安装在便器正上方。

3）吸顶式灯具用于事故照明灯时，在明显部位做红色 S 标记。

4）灯具固定牢固端正，不使用木楔。每个灯具固定用螺钉或螺栓至少 2 个；当绝缘台直径在 75mm 及以下时，采用 1 个螺钉或螺栓。灯具与顶面缝隙均匀，灯具清洁干净。

5）吸顶式灯具不应布置在室内梁上及有遮挡的位置，应保持同一平面布置。

6）吸顶式灯具如果安装在吊顶上时，应先在顶板上打膨胀螺栓，下设吊杆固定，严禁利用吊顶龙骨固定。

（8）吊杆灯。

1）吊杆式灯具吊管内径不应小于 10mm，壁厚≥1.5mm，安装牢固。

2）吊杆式灯具重大于 3kg 时，固定在螺栓或预埋吊钩上，灯具吊钩圆钢直径不应小于灯具挂销直径，且不应小于 6mm；重量大于 10kg 的灯具，固定装置及悬吊装置应按灯具重力的 5 倍恒定均布载荷做强度试验，且持续时间不得少于 15min。

3）吊杆式灯具软线吊灯，灯具重在 0.5kg 及以下时，采用软电线自身吊装；大于 0.5kg 的灯具采用吊链，且软电线编叉在吊链内，使电线不受力。

4）吊杆式灯具固定灯具带电部件的绝缘材料以及提供防触电保护的绝缘材料，应耐燃烧和防明火。

5）吊杆式灯具成排灯具宜采用型材统一固定，避免出现不整齐现象。

（9）壁灯。

1）壁灯安装时把底托对正灯头盒，贴紧墙面，使其平正，用螺钉将灯具固定在底托上。绝缘板的安装要对正灯头盒，贴紧墙面，安装平正。

2）壁灯安装严禁使用木楔固定，灯具接线应牢固。需接地、接零的灯具，非带电金属部分采用专用接地螺钉，并可靠接地。

3）露天安装的壁灯应有泄水孔，并且泄水孔应设置在灯具腔体的底部。灯具及其附件、紧固件、底座和与其相连的导管、接线盒等应有防腐蚀和防水措施。

4）根据工程设计要求选定灯具的规格、型号，安装距地高度≥2.5m，可接近的裸露金属体需可靠接地。位于易受机械损伤场所的灯具，应加保护网，采用螺钉将底座固定在墙面上。

（10）专用灯具。

1）消防应急照明回路的设置除符合设计要求外，尚应符合防火分区设置的要求，穿越不同防火分区时应有防火隔堵措施。

2）安全出口指示标识灯设置应符合设计要求，且安装在疏散出口和楼梯口里侧的上方。疏散标识灯安装在楼梯间、疏散走道及其转角处，疏散灯方向应指示准确，安装在墙面上且高度不超过1m。疏散通道上的标识灯间距不大于20m，走道转角区不大于1m，且不应影响正常通行，且不应在其周围设置容易混同疏散标识灯的其他标识牌等。疏散指示标识灯工作应正常且满足设计要求。

3）防爆灯具配套齐全，不得用非防爆零件替代灯具配件（金属护网、灯罩、接线盒等）；灯具及开关的紧固螺栓无松动、锈蚀，密封垫圈完好；安装位置离开释放源，且不在各种管道的泄压口及排放口上下方安装灯具。

4）防爆灯具吊管及开关与接线盒螺纹啮合扣数不少于5扣，螺纹加工光滑、完整、无锈蚀，并在螺纹上涂以电力复合脂或导电性防锈脂。

5）太阳能灯具与基础固定应可靠，地脚螺栓有防松措施，灯具接线盒盖的防水密封垫应齐全、完整。

6）装有白炽灯泡的吸顶灯具，灯泡不应紧贴灯罩；当灯泡与绝缘台间距离小于5mm时，灯泡与绝缘台间应采取隔热措施。

7）应急灯具、运行中温度大于60℃的灯具，当靠近可燃物时，应采取隔热、散热等防火措施。

8）EPS供电的应急灯具安装完毕后，应检验EPS供电运行的最少持续供电时间，转换时间不大于0.5s，并应符合设计要求。

9）消防应急照明线路在非燃烧体内穿钢导管暗敷时，暗敷钢导管保护层厚度不小于30mm。

10）应急照明在正常电源断电后，电源转换时间为：疏散照明≤15s；备用照明≤15s；安全照明≤0.5s。

11）防爆灯具开关的外壳完整，无损伤、无凹陷或沟槽，灯罩无裂纹，金属护网无扭曲变形，防爆标识清晰；防爆标识、外壳防护等级和温度组别与爆炸危险环境相适配。当设计无要求时，防爆灯具选型应符合规范要求。

12）防爆灯具开关安装高度1.3m，牢固可靠，位置便于操作；灯具禁止布置在电气设备正上方，蓄电池室的防爆灯控制开关应安装在蓄电池室外面。

13）专用灯具的Ⅰ类灯具外露可导电部分必须用铜芯软导线与保护导体可靠连接，连接处应有接地标识，铜芯软导线的截面积应与进入灯具的电源线截面积相同。

14）各种专用灯具的安装应根据电压等级、使用场所、灯具种类、绝缘情况、安装位置等合理布置，安装牢固，工艺美观。

第四节　规程、规范相关要求

为方便学习和查找，本节内容均摘自相关规范部分原文。

一、《建筑装饰装修工程质量验收标准》（GB 50210—2018）

3.3.12 隐蔽工程验收应有记录，记录应包含隐蔽部位照片。施工质量的检验批验收应有现场检查原始记录。

4.1.7 外墙抹灰工程施工前应先安装钢木门窗框、护栏等，应将墙上的施工孔洞堵塞密实，并对基层进行处理。

4.1.8 室内墙面、柱面和门洞口的阳角做法应符合设计要求，设计无要求时，应采用不低于 M20 水泥砂浆做护角，其高度不应低于 2m，每侧宽度不应小于 50mm。

4.1.9 当要求抹灰层具有防水、防潮功能时，应采用防水砂浆。

4.1.10 各种砂浆抹灰层，在凝结前应防止快干、水冲、振动和受冻，在凝结后应采取措施防止沾污和损坏。水泥砂浆抹灰层应在湿润条件下养护。

4.1.11 外墙和顶棚的抹灰层与基层之间及各抹灰层之间应黏结牢固。

二、《建筑地面工程施工质量验收规范》（GB 50209—2010）

3.0.9 建筑地面下的沟槽、暗管、保温、隔热、隔声等工程完工后应经检验合格并做隐蔽记录，方可进行建筑地面工程的施工。

3.0.10 建筑地面工程基层（各构造层）和面层的铺设，均应待其下一层检验合格后方可施工上一层。建筑地面工程各层铺设前与相关专业的分部（子分部）工程、分项工程以及设备管道安装工程之间，应进行交接检验。

3.0.11 建筑地面工程施工时，各层环境温度的控制应符合材料或产品的技术要求，并应符合下列规定：

（1）采用掺有水泥、石灰的拌和料铺设以及用石油沥青胶结料铺贴时，不应低于 5℃。

（2）采用有机胶黏剂粘贴时，不应低于 10℃。

（3）采用砂、石材料铺设时，不应低于 0℃。

（4）采用自流平、涂料铺设时，不应低于 5℃，也不应高于 30℃。

3.0.13 建筑物室内接触基土的首层地面施工应符合设计要求，并应符合下列规定：

（1）在冻胀性土上铺设地面时，应按设计要求做好防冻胀土处理后方可施工，并不得在冻胀土层上进行填土施工。

（2）在永冻土上铺设地面时，应按建筑节能要求进行隔热、保温处理后方可施工。

3.0.16 建筑地面的变形缝应按设计要求设置，并应符合下列规定：

（1）建筑地面的沉降缝、伸缝、缩缝和防震缝，应与结构相应缝的位置一致，且应贯通建筑地面的各构造层。

（2）沉降缝和防震缝的宽度应符合设计要求，缝内清理干净，以柔性密封材料填嵌后用板封盖，并应与面层齐平。

3.0.18 厕浴间、厨房和有排水（或其他液体）要求的建筑地面面层与相连接各类面层的标高差应符合设计要求。

3.0.20 各类面层的铺设宜在室内装饰工程基本完工后进行。木、竹面层、塑料板面层、活动地板面层、地毯面层的铺设，应待抹灰工程、管道试压等完工后进行。

三、《建筑给水排水及采暖工程施工验收规范》（GB 50242—2002）

3.2.1 建筑给水、排水及采暖工程所使用的主要材料、成品、半成品、配件、器具和设备必须具有中文质量合格证明文件，规格、型号及性能检测报告应符合国家技术标准或设计要求。进场时应做检查验收，并经监理工程师核查确认。

3.2.2 所有材料进场时应对品种、规格、外观等进行验收。包装应完好，表面无划痕及外力冲击破损。

3.2.3 主要器具和设备必须有完整的安装使用说明书。在运输、保管和施工过程中，应采取有效措施防止损坏或腐蚀。

3.2.4 阀门安装前，应作强度和严密性试验。试验应在每批（同牌号、同型号、同规格）数量中抽查 10%，且不少于一个。对于安装在主干管上起切断作用的闭路阀门，应逐个做强度和严密性试验。

3.2.5 阀门的强度和严密性试验，应符合以下规定：阀门的强度试验压力为公称压力的 1.5 倍；严密性试验压力为公称压力的 1.1 倍；试验压力在试验持续时间内应保持不变，且壳体填料及阀瓣密封面无渗漏。

3.2.6 管道上使用冲压弯头时，所使用的冲压弯头外径应与管道外径相同。

3.3.1 建筑给水、排水及采暖工程与相关各专业之间，应进行交接质量检验，并形成记录。

3.3.2 隐蔽工程应在隐蔽前经验收各方检验合格后，才能隐蔽，并形成记录。

3.3.3 地下室或地下构筑物外墙有管道穿过的，应采取防水措施。对有严格防水要求的建筑物，必须采用柔性防水套管。

3.3.4 管道穿过结构伸缩缝、抗震缝及沉降缝敷设时，应根据情况采取下列保护措施：

（1）在墙体两侧采取柔性连接。

（2）在管道或保温层外皮上、下部留有不小于 150mm 的净空。

（3）在穿墙处做成方形补偿器，水平安装。

3.3.5 在同一房间内，同类型的采暖设备、卫生器具及管道配件，除有特殊要求外，应安装在同一高度上。

3.3.6 明装管道成排安装时，直线部分应互相平行。曲线部分：当管道水平或垂直并行时，应与直线部分保持等距；管道水平上下并行时，弯管部分的曲率半径应一致。

3.3.7 管道支、吊、托架的安装，应符合下列规定：

（1）位置正确，埋设应平整牢固。

（2）固定支架与管道接触应紧密，固定应牢靠。

（3）滑动支架应灵活，滑托与滑槽两侧间应留有 3～5mm 的间隙，纵向移动量应符合设计要求。

（4）无热伸长管道的吊架、吊杆应垂直安装。

（5）有热伸长管道的吊架、吊杆应向热膨胀的反方向偏移。

（6）固定在建筑结构上的管道支、吊架不得影响结构的安全。

3.3.11 采暖、给水及热水供应系统的金属管道立管管卡安装应符合下列规定：

（1）楼层高度小于或等于 5m，每层必须安装 1 个。

（2）楼层高度大于 5m，每层不得少于 2 个。

（3）管卡安装高度，距地面应为 1.5～1.8m，2 个以上管卡应匀称安装，同一房间管卡应安装在同一高度上。

3.3.12 管道及管道支墩（座），严禁铺设在冻土和未经处理的松土上。

3.3.13 管道穿过墙壁和楼板，应设置金属或塑料套管。安装在楼板内的套管，其顶部应高出装饰地面 20mm；安装在卫生间及厨房内的套管，其顶部应高出装饰地面 50mm，底部应与楼板底面相平；安装在墙壁内的套管其两端与饰面相平。穿过楼板的套管与管道之间缝隙应用阻燃密实材料和防水油膏填实，端面光滑。穿墙套管与管道之间缝隙宜用阻燃密实材料填实，且端面应光滑。管道的接口不得设在套管内。

3.3.14 弯制钢管，弯曲半径应符合下列规定：

（1）热弯：应不小于管道外径的 3.5 倍。

（2）冷弯：应不小于管道外径的 4 倍。

（3）焊接弯头：应不小于管道外径的 1.5 倍。

（4）冲压弯头：应不小于管道外径。

3.3.15 管道接口应符合下列规定：

（1）熔接连接管道的结合面应有一均匀的熔接圈，不得出现局部熔瘤或熔接圈凸凹不匀现象。

（2）采用橡胶圈接口的管道，允许沿曲线敷设，每个接口的最大偏转角不得超过 2°。

（3）法兰连接时衬垫不得凸入管内，其外边缘接近螺栓孔为宜。不得安放双垫或偏垫。

（4）连接法兰的螺栓，直径和长度应符合标准，拧紧后，突出螺母的长度不应大于螺杆直径的 1/2。

（5）螺纹连接管道安装后的管螺纹根部应有 2～3 扣的外露螺纹，多余的麻丝应清理干净并做防腐处理。

（6）承插口采用水泥捻口时，油麻必须清洁、填塞密实，水泥应捻入并密实饱满，其接口面凹入承口边缘的深度不得大于 2mm。

（7）卡箍（套）式连接两管口端应平整、无缝隙，沟槽应均匀，卡紧螺栓后管道应平直，卡箍（套）安装方向应一致。

3.3.16 各种承压管道系统和设备应做水压试验，非承压管道系统和设备应做灌水试验。

四、《建筑电气工程施工质量验收规范》（GB 50303—2015）

3.3.9 导管敷设应符合下列规定：

（1）配管前，除埋入混凝土中的非镀锌钢导管的外壁外，应确认其他场所的非镀锌钢导管内、外壁均已做防腐处理。

（2）埋设导管前，应检查确认室外直埋导管的路径、沟槽深度、宽度及垫层处理等符合设计要求。

（3）现浇混凝土板内的配管，应在底层钢筋绑扎完成，上层钢筋未绑扎前进行，且配管完成后应经检查确认后，再绑扎上层钢筋和浇捣混凝土。

（4）墙体内配管前，现浇混凝土墙体内的钢筋绑扎及门、窗等位置的放线应已完成。

（5）接线盒和导管在隐蔽前，经检查应合格。

（6）穿梁、板、柱等部位的明配导管敷设前，应检查其套管、埋件、支架等设置符合要求。

（7）吊顶内配管前，吊顶上的灯位及电气器具位置应先进行放样，并应与土建及各专业施工协调配合。

3.3.10 电缆敷设应符合下列规定：

（1）支架安装前/应先清除电缆沟、电气竖井内的施工临时设施、模板及建筑废料等，并应对支架进行测量定位。

（2）电缆敷设前，电缆支架、电缆导管、梯架、托盘和槽盒应完成安装，并已与保护导体完成连接，且经检查应合格。

（3）电缆敷设前，绝缘测试应合格。

第三篇

土建施工员考试习题及参考答案

第十五章　习题及参考答案

第一节　土建施工基础知识

一、单项选择题

1. 同一厂家、同一类型、同一钢筋来源的成型钢筋，不超过 30t 为一批，每批中每种钢筋牌号、规格均应至少抽取（　　）个钢筋试件，总数不应少于 3 个。

A. 0　　　　　　　　B. 1　　　　　　　　C. 2　　　　　　　　D. 3

2. 混凝土试件的立方体抗压强度试验应根据现行国家标准的规定执行。当一组试件中强度的最大值或最小值与中间值之差超过中间值的（　　）时，取中间值作为该组试件的强度代表值。

A. 0.15　　　　　　B. 0.2　　　　　　C. 0.25　　　　　　D. 0.3

3. 水泥初凝时间的测定，试件在湿气养护箱中养护至加水后（　　）min 时进行第一次测定。

A. 15　　　　　　　B. 20　　　　　　　C. 30　　　　　　　D. 40

4. 在对砂进行试验时，试验室的温度应保持在（　　）℃。

A. 20±5　　　　　B. 15±5　　　　　C. 20±3　　　　　D. 15±3

5. 卵石、碎石，在料堆上取样时，取样部位应均匀分布。取样前先将取样部位表面铲除，然后从不同部位随机抽取大致等量的石子（　　）份组成一组样品。

A. 8　　　　　　　B. 9　　　　　　　C. 15　　　　　　　D. 16

6. 工业厂房中易燃、可燃液体仓库的室内地面标高，应低于仓库门口的标高（　　）m。

A. 0.1　　　　　　B. 0.15　　　　　C. 0.2　　　　　　D. 0.3

7. 工业厂房卷材屋面的坡度超过（　　）时，应采取固定或防止卷材下滑的措施。

A. 0.15　　　　　　B. 0.2　　　　　　C. 0.25　　　　　　D. 0.3

8. 抗震设防地区工业厂房的纵、横墙体交接处，应同时（　　）。

A. 咬槎砌筑　　　　B. 马牙槎砌筑　　　C. 退槎砌筑　　　　D. 退槎法砌筑

9. 机械工业厂房建筑物内的铁路轨顶标高，应与建筑物地面标高（　　）。

A. 不同　　　　　　B. 相同　　　　　C. 高出 100mm　　　D. 高出 200mm

10. 工业厂房散水坡度宜为（　　）%。

A. 1～3　　　　　　B. 3～5　　　　　C. 5～7　　　　　　D. 7～9

11. 建筑制图过程中，绘制较简单的图样时，可采用两种线宽组，其线宽比宜为（　　）。

A. 1：0.25　　　　B. 1：0.5　　　　C. 1：0.75　　　　D. 1：1.25

12. 建筑制图过程中，平面图上指北针应放在明显位置，所指的方向应该与（　　）一致。

A. 构造详图　　　　B. 剖面图　　　　C. 立面图　　　　　D. 总图

13. 图纸中字体高度大于 10mm 的文字宜采用（　　）字体。

A. 隶书　　　　　　B. 宋体　　　　　C. True type　　　　D. 仿宋

14. 工程制图比例宜注写在图名的（　　）侧。

A. 上层　　　　　　　B. 下层　　　　　　　C. 左侧　　　　　　　D. 右侧

15. 工程制图图纸中索引符号应由直径为 8～10mm 的圆和水平直径组成，圆及水平直径线宽宜为（　　）。

A. 0.25b　　　　　　B. 0.5b　　　　　　　C. 0.75b　　　　　　D. b

16. （　　）负责制定安全文明施工标准化管理办法，监督、指导、评价、考核国家电网有限公司输变电工程安全文明施工标准化管理工作。

A. 国网基建部　　　　B. 省公司　　　　　　C. 地市供电公司　　　D. 施工企业

17. （　　）组织开展进场施工人员（含分包人员）安全文明施工标准化管理教育培训工作。

A. 国网基建部　　　　B. 省公司　　　　　　C. 地市供电公司　　　D. 施工企业

18. 施工现场（包括办公区、生活区）能造成人员伤害或物品坠落的孔洞应采用（　　）或孔洞盖板实施有效防护。

A. 指示牌　　　　　　B. 安全围栏　　　　　C. 警告标语　　　　　D. 防坠网

19. 直径大于（　　）m，道路附近、无盖板及盖板临时揭开的孔洞，四周应设置安全围栏和安全警示标志牌。

A. 0.5　　　　　　　B. 1　　　　　　　　C. 2　　　　　　　　D. 3

20. 施工用电设备总容量在（　　）kW 以上时，应编制安全用电专项施工组织设计。

A. 50　　　　　　　　B. 80　　　　　　　　C. 100　　　　　　　D. 200

21. 施工用电设备在（　　）台以下时在施工组织设计中应有施工用电专篇，明确安全用电和防火措施。

A. 2　　　　　　　　B. 3　　　　　　　　C. 4　　　　　　　　D. 5

22. 建筑施工场界环境噪声排放限值夜间不得超过（　　）dB。

A. 25　　　　　　　　B. 35　　　　　　　　C. 45　　　　　　　　D. 55

23. 建筑施工场界环境噪声排放限值昼间不得超过（　　）dB。

A. 40　　　　　　　　B. 50　　　　　　　　C. 60　　　　　　　　D. 70

24. 土石方开挖时，应采取（　　）作业，防止扬尘造成空气污染。

A. 覆盖或湿式　　　　B. 敞开或湿式　　　　C. 干湿　　　　　　　D. 覆盖或干式

25. 砂石、水泥等施工材料应采用彩条布铺，做到（　　）。

A. 工完、料余、场地清　　　　　　　　　　B. 工完、料尽、待清场

C. 开工、料尽、场地清　　　　　　　　　　D. 工完、料尽、场地清

26. 高处作业指凡在坠落高度基准面（　　）m 以上有可能坠落的高处进行的作业。

A. 1　　　　　　　　B. 4　　　　　　　　C. 3　　　　　　　　D. 2

27. 当遇有（　　）级及以上强风、浓雾、沙尘暴等恶劣气候，不得进行露天攀登与悬空高处作业。

A. 7　　　　　　　　B. 8　　　　　　　　C. 5　　　　　　　　D. 6

28. 施工升降机、龙门架和井架物料提升机等在建筑物间设置的停层平台（　　），应设置防护栏杆、挡脚板。

A. 前边　　　　　　　B. 两侧边　　　　　　C. 后边　　　　　　　D. 下边

29. 防护栏杆立杆间距不应大于（　　）m。

A. 0.5　　　　　　　B. 1　　　　　　　C. 1.5　　　　　　　D. 2

30. 挡脚板高度不应小于（　　）mm。

A. 200　　　　　　　B. 250　　　　　　　C. 300　　　　　　　D. 180

31.《中华人民共和国劳动法》1994 年 7 月 5 日第八届全国人民代表大会常务委员会第八次会议通过，自（　　）开始施行。

A. 1995 年 1 月 1 日　　　　　　　　　　B. 1995 年 5 月 1 日

C. 1995 年 7 月 1 日　　　　　　　　　　D. 1995 年 10 月 1 日

32. 公司安排员工春节期间上班。根据劳动法，该公司应制定其不低于原工资报酬的（　　）。

A. 150%　　　　　　B. 200%　　　　　　C. 250%　　　　　　D. 300%

33. 用人单位濒临破产进行法定整顿期间或者生产经营状况发生严重困难，确需裁减人员的，应当提前（　　）向工会或者全体职工说明情况，听取工会或者职工的意见，经向劳动行政部门报告后，可以裁减人员。

A. 十日　　　　　　B. 二十日　　　　　　C. 三十日　　　　　　D. 四十日

34. 用人单位与当事人签订劳动合同，其试用期最长不得超过（　　）。

A. 一个月　　　　　　B. 三个月　　　　　　C. 六个月　　　　　　D. 九个月

35. 用人单位支付劳动者的工资（　　）当地最低工资标准。

A. 不得低于　　　B. 不得高于　　　C. 高于　　　D. 低于

36. 用人单位应当保证劳动者（　　）至少休息（　　）。

A. 每月；一日　　B. 每月；二日　　C. 每周；一日　　D. 每周；二日

37. 劳动者在同一用人单位连续工作满（　　）年后提出与用人单位订立无固定期限劳动合同的，应当订立无固定期限劳动合同。

A. 三　　　　　　　B. 五　　　　　　　C. 八　　　　　　　D. 十

38. 劳动者确需与用人单位解除劳动合同，应当提前（　　）以书面形式通知用人单位。

A. 十日　　　　　　B. 十五日　　　　　　C. 三十日　　　　　　D. 二个月

39.《劳动合同法》的立法宗旨是：完善劳动合同制度，明确劳动合同双方当事人的权利和义务，保护（　　）的合法权益，构建和发展和谐稳定的劳动关系。

A. 用人单位　　　　　　　　　　　　B. 企业

C. 劳动者　　　　　　　　　　　　　D. 用人单位和劳动者

40. 直接涉及劳动者切身利益的规章制度和重大事项决定实施过程中，工会或者职工认为不适当的，有权（　　）。

A. 不遵照执行

B. 宣布废止

C. 向用人单位提出，通过协商予以修改完善

D. 请求劳动行政部门给予用人单位处罚

41. 土的分类中，粒径大于（　　）mm 的颗粒质量超过总质量 0.5 的土，应定为碎石土。

A. 2　　　　　　　B. 3　　　　　　　C. 4　　　　　　　D. 5

42. 天然孔隙比大于或等于（　　），且天然含水量大于液限的细粒土应判定为软土。

A. 0.5　　　　　　B. 1　　　　　　　C. 1.5　　　　　　D. 2

43. 土石方工程的表面平整度检查点为每（　　）m² 取一点。

A. 100　　　　　　B. 150　　　　　　C. 200　　　　　　D. 250

44. 工程桩的桩身完整性的抽检数量不应少于总桩数的（　　）％，且不应少于 10 根。

A. 10　　　　　　B. 15　　　　　　C. 20　　　　　　D. 25

45. 当多台焊机在同一场地作业时，相互间距不应小于（　　）mm，并应使三相负载保持平衡。

A. 400　　　　　　B. 500　　　　　　C. 600　　　　　　D. 700

46. 钢筋调直机调直短于（　　）m 时应低速进行。

A. 2　　　　　　B. 3　　　　　　C. 4　　　　　　D. 5

47. 钢筋调直机调直径大于（　　）mm 的钢筋时应低速进行。

A. 6　　　　　　B. 8　　　　　　C. 10　　　　　　D. 12

48. 操作挖掘机时进铲不宜过深，提斗不得过猛，挖土高度一般不得超过（　　）m。

A. 2　　　　　　B. 3　　　　　　C. 4　　　　　　D. 5

49. 吊件吊起（　　）mm 后应暂停，检查起重系统的稳定性、制动器的可靠性、物件的平稳性、绑扎的牢固性，确认无误后方可继续起吊。

A. 100　　　　　　B. 150　　　　　　C. 200　　　　　　D. 250

50. 土石方机械作业，严禁在离地下管线、承压管道（　　）m 距离以内进行大型机械作业。

A. 0.5　　　　　　B. 1　　　　　　C. 1.5　　　　　　D. 2

二、多项选择题

1. 材料堆放场地应平坦、不积水，地基应坚实。应设置支垫，并做好（　　）措施。

A. 防潮　　　　　　B. 防火　　　　　　C. 防盗　　　　　　D. 防倾倒

2. 绝缘材料应存放在有（　　）措施的库房内。

A. 防盗　　　　　　B. 防火　　　　　　C. 防爆　　　　　　D. 防潮

3. 天然花岗石建筑板材按表面加工程度分为（　　）。

A. 普型板　　　　　　B. 镜面板　　　　　　C. 细面板　　　　　　D. 粗面板

4. （　　）时，工业厂房屋面宜采用有组织排水。

A. 天窗跨度大于 10m

B. 湿陷性黄土地区的屋面

C. 采暖地区有露天起重机跨的一侧

D. 相邻屋面高差大于或等于 5m 时的高处檐口

5. 框架结构楼层的填充墙宜采用（　　），且应与框架梁、柱有拉结措施，并应采用与其匹配的砌筑砂浆砌筑。

A. 轻质砖　　　　　　B. 砌块　　　　　　C. 实心砖　　　　　　D. 空心砖

6. （　　）是最适宜加工车间地面面层的材料。

A. 细石混凝土　　　　B. 耐磨涂料　　　　C. 水磨石　　　　D. 天然石

7. 设计图中连续重复的构配件，当不易标明定位尺寸时，可在总尺寸的控制下，定位尺寸用（　　）表示。

A. 数值　　　　　　B. 相同拉丁字母　　　　C. "均分"　　　　D. "EQ"

8. （　　）宜标注阳台、平台、檐口、屋脊等处的标高。

A. 建筑物平面图
B. 建筑物立面图
C. 建筑物剖面图
D. 建筑物构造详图

9. 绘制总图时应绘制（　　）。

A. 指北针
B. 风玫瑰图
C. 指南针
D. 土方网格图

10. 建筑制图过程中，（　　）应采用线宽为 0.25b 的单点长画线。

A. 中心线
B. 对称线
C. 定位轴线
D. 剖切线

11. 施工单位应结合实际情况，为施工现场配置相应的安全设施，为施工人员配备合格的个人安全防护用品，并做好（　　）等管理工作。

A. 日常检查
B. 维护保养
C. 更新

D. 报废
E. 检验

12. 现场施工总平面图应按使用功能，划分为（　　）。

A. 办公区
B. 生活区
C. 生产加工区

D. 施工区
E. 停车区

13. 生产加工区可分为（　　）。

A. 混凝土区
B. 材料加工区

C. 设备材料存放区
D. 危险品库区

E. 休息区

14. （　　）应按定置区域堆（摆）放，材料堆放应铺垫隔离，标识清晰。

A. 土石方
B. 沙石
C. 水泥

D. 机械设备
E. 混凝土试块

15. 按照国网（基建/3）187—2019《国家电网有限公司输变电工程安全文明施工标准化管理办法》要求，施工中应严格遵守国家工程建设（　　）和保护环境法律法规，倡导绿色环保施工，尽量减少施工对环境的影响。

A. 节地
B. 节能
C. 节水

D. 节材
E. 节电

16. 施工现场应尽力（　　），避免造成深坑或新的冲沟，防止发生环境影响事件。

A. 保持地表原貌
B. 避免影响环境

C. 减少水土流失
D. 保持现场卫生

17. 对易产生扬尘污染的物料实施（　　）等措施，减少灰尘对大气的污染。

A. 敞开
B. 遮盖
C. 开放
D. 封闭

18. 建筑施工中的高处作业主要包括（　　）等基本类型。

A. 临边
B. 洞口
C. 攀登

D. 悬空
E. 交叉
F. 垂边

19. 从事高处作业的人员必须定期进行身体检查，诊断患有（　　）及其他不适宜高处作业的疾病时，不得从事高处作业。

A. 心脏病
B. 贫血
C. 高血压

D. 癫痫
E. 恐高症
F. 糖尿病

20. 高处作业人员应（　　）。

A. 头戴安全帽
B. 身穿紧口工作服

C. 脚穿防滑鞋　　　　　　　　　　D. 腰系安全带

E. 戴口罩

21. 根据《劳动法》，有下列情形之一的，用人单位可以解除劳动合同（　　　）。

A. 严重失职，营私舞弊，对用人单位利益造成重大损害的

B. 在试用期间被证明不符合录用条件的

C. 被依法追究刑事责任的

D. 在试用期间被证明不符合录用条件的

22. 根据《劳动法》，具有下列情形之一的，用人单位延长劳动者工作时间不受限制（　　　）。

A. 企业生产经营需要，与劳动者协商

B. 发生地震等其他自然灾害需紧急救援

C. 公共设施发生故障，影响公共利益必须及时抢修

D. 发生重大事故，威胁劳动者生命健康，需紧急处理

23. 根据《劳动法》，规定以下说法正确的是（　　　）。

A. 劳动者就业，不因民族、种族、性别、宗教信仰不同而受歧视

B. 妇女享有与男子平等的就业权利，在录用职工时，除国家规定的不适合妇女的工种或者岗位外，不得以性别为由拒绝录用妇女或者提高对妇女的录用标准

C. 残疾人、少数民族人员、退出现役的军人的就业，法律、法规有特别规定的，从其规定

D. 单位招用年满十四周岁，未满十六周岁的未成年人

24. 根据《劳动法》，用人单位有（　　　）侵害劳动者合法权益情形之一的，由劳动由劳动行政部门责令支付劳动者的工资报酬、经济补偿，并可以责令支付赔偿金。

A. 克扣或者无故拖欠劳动者工资的

B. 未按合同约定时间支付劳动者工资的

C. 拒不支付劳动者延长工作时间工资报酬的

D. 低于当地最低工资标准支付劳动者工资的

25. 根据《劳动法》，劳动争议发生后，当事人可以采取（　　　）方式解决劳动争议。

A. 协商　　　　　B. 调解　　　　　C. 仲裁　　　　　D. 向人民法院起诉

26. 装修工程内墙饰面砖的检验方法有：观察、（　　　）。

A. 检查产品合格证书　　　　　　　B. 进场验收记录

C. 复验报告　　　　　　　　　　　D. 性能检验报告

27. 土方开挖柱基、基坑、基槽的标高允许偏差为（　　　）mm。

A. 5　　　　　B. 0　　　　　C. -5　　　　　D. -10

28. 泥浆护壁成孔灌注桩钢筋笼主筋间距的允许偏差为（　　　）mm。

A. 5　　　　　B. 0　　　　　C. -5　　　　　D. -10

29. 端承桩的沉渣厚度应（　　　）mm。

A. 20　　　　　B. 30　　　　　C. 40　　　　　D. 50

30. 建筑外墙防水工程，砂浆防水层应坚固、平整，不得有（　　　）现象。

A. 空鼓　　　　　B. 开裂　　　　　C. 酥松

D. 起砂 E. 起皮

三、判断题

1. 材料、设备放置在围栏或建筑物的墙壁附近时，应留有 0.5m 以上的间距。 （ ）

2. 易燃、易爆及有毒有害物品等可存放在普通仓库内，但仓库的开关、插座应安装在库房外，并按有关规定严格管理。 （ ）

3. 丁、戊类厂房的第二安全出口疏散楼梯及附属建筑的室外疏散楼梯，必须采用钢梯。 （ ）

4. 工业厂房疏散楼梯总净宽度应按上层楼层人数最多层的疏散人数计算确定。 （ ）

5. 相邻的立面图或剖面图，宜绘制在同一水平线上，图内相互有关的尺寸及标高，宜标注在同一竖线上。 （ ）

6. 尺寸标注中的尺寸可分为总尺寸、定位尺寸和细部尺寸。 （ ）

7. 比例大于 1∶50 的建筑物平面图、剖面图，应画出抹灰层、保温隔热层等与楼地面、屋面的面层线，不宜画出材料图例。 （ ）

8. 相邻的立面图或剖面图不宜绘制在同一水平线上，图内相互有关的尺寸及标高不宜标注在同一竖线上。 （ ）

9. 刚体受三个共面但互不平行的力作用时，三力必汇交于一点。 （ ）

10. 把一物抬到高处，其重心在空间的位置不变。 （ ）

11. 实行施工总承包的工程项目，施工总承包企业应加强对施工现场分包人员劳动保护用品的监督检查。 （ ）

12. 劳动保护用品必须以实物形式发放，不得以货币或其他物品替代。 （ ）

13. 企业应加强对施工作业人员的安全教育培训，保证施工作业人员能正确使用劳动工器具。 （ ）

14. 施工作业人员有接受安全教育培训的权利，有按照领导要求使用劳动保护用品的权利。 （ ）

15. 各级人员进入生产、施工现场，应戴蓝色安全帽。 （ ）

16. 使用安全帽前应进行撞击试验。 （ ）

17. 安全带外观有破损的，上报备案后可继续使用。 （ ）

18. 安全带上的各种部件不得任意拆除。 （ ）

19. 采用平网防护时，严禁使用密目式安全立网代替平网使用。 （ ）

20. 在有害气体的室内或容器内作业，深基坑、地下隧道和洞室等空间，存在有毒气体或应急救援人员实施救援时，应当做好自身防护，人员进入前应进行气体检测，并应正确佩戴和使用防毒面具。 （ ）

习 题 参 考 答 案

一、单项选择题

1. B；2. A；3. C；4. A；5. C；6. B；7. C；8. A；9. B；10. D；11. A；12. D；13. C；14. D；15. A；16. A；17. D；18. B；19. B；20. A；21. D；22. D；23. D；24. A；25. D；26. D；27. D；28. B；29. D；30. D；31. A；32. D；33. C；34. C；35. A；36. A；37. D；

38. C；39. C；40. C；41. C；42. B；43. A；44. C；45. C；46. B；47. B；48. D；49. A；
50. A。

二、多项选择题

1. ABD；2. BD；3. BCD；4. BC；5. AB；6. AB；7. CD；8. ABC；9. AB；10. ABC；
11. ABCD；12. ABCD；13. ABCD；14. ABCD；15. ABCD；16. AC；17. BD；18. ABCDE；
19. ABCDE；20. ABCD；21. ABCD；22. BCD；23. ABC；24. ACD；25. ABCD；26. ABCD；
27. BCD；28. ABCD；29. ABCD；30. ABCDE。

三、判断题

1. （正确）；2. （错误）；3. （错误）；4. （正确）；5. （正确）；6. （正确）；7. （错误）；
8. （错误）；9. （错误）；10. （错误）；11. （错误）；12. （正确）；13. （错误）；14. （错误）；15. （错误）；16. （错误）；17. （错误）；18. （正确）；19. （正确）；20. （正确）。

第二节　土　方　施　工

一、单项选择题

1. 土方开挖柱基、基坑、基槽的标高允许偏差为（　　）mm。

 A. 0～－40　　　　　　B. 0～－50　　　　　　C. 0～－60　　　　　　D. 0～－70

2. 土方回填基底的处理，应符合设计要求，设计标高（　　）mm 以内的草皮、垃圾及软土应清除。

 A. 100　　　　　　B. 200　　　　　　C. 300　　　　　　D. 500

3. 土方回填坡度大于（　　）时，应将基底挖成台阶。

 A. 1：2　　　　　　B. 1：3　　　　　　C. 1：4　　　　　　D. 1：5

4. 施工区域不易积水。当积水坑深度超过（　　）mm 时，应设安全防护措施。

 A. 400　　　　　　B. 500　　　　　　C. 600　　　　　　D. 800

5. 当现场堆积物高度超过（　　）m 时，应在四周设置警示标志或防护栏；清理时严禁掏挖。

 A. 1.5　　　　　　B. 1.8　　　　　　C. 2　　　　　　D. 2.5

6. 基坑（槽）土方开挖施工中应检查平面位置、水平标高、压实度、排水系统、地下水控制系统、边坡坡率、预留土墩、分层开挖厚度、（　　），并随时观测周围环境变化。

 A. 含水率　　　　　　　　　　　　　　B. 压实系数

 C. 维护结构的变形　　　　　　　　　　D. 支护结构的变形

7. 采用集水明排的基坑，排水时集水井内水位应低于设计要求水位不小于（　　）m。

 A. 0.5　　　　　　B. 1.0　　　　　　C. 1.5　　　　　　D. 2.0

8. 对承重地下连续墙检验槽段数不得少于同条件下总槽段数的（　　）%。

 A. 10　　　　　　B. 15　　　　　　C. 20　　　　　　D. 25

9. 基槽开挖后，应进行基槽检验，当发现与勘察报告和（　　）不一致，或遇到异常情况时，应结合地质条件提出处理意见。

 A. 设计文件　　　　　　　　　　　　　B. 施工方案

 C. 施工组织世界　　　　　　　　　　　D. 项目管理实施规划

10. 变电站土方回填工程，基坑标高偏差（　　）mm。

A. 0～20　　　　　　B. 0～30　　　　　　C. 0～40　　　　　　D. 0～50

11. 重要的或特殊的土方工程，不宜安排在（　　）施工。

A. 冬期　　　　　　B. 雨期　　　　　　C. 夏季　　　　　　D. 春季

12. 当填土底面的天然坡度大于（　　）时，应验算其稳定性。

A. 20%　　　　　　B. 30%　　　　　　C. 40%　　　　　　D. 50%

13. 机械场地平整表面平整标高允许偏差为（　　）。

A. ±50mm　　　　B. ±60mm　　　　C. ±80mm　　　　D. ±100mm

14. 土方回填管沟表面平整度应≤（　　）。

A. 10mm　　　　　B. 20mm　　　　　C. 30mm　　　　　D. 40mm

15. 回填土表面平整度检查用2m靠尺、（　　）检查。

A. 塔尺　　　　　　B. 钢卷尺　　　　　C. 楔形塞尺　　　　D. 水平尺

16. 在基坑（槽）、管沟等周边堆土的堆载限值和堆载范围应符合基坑围护设计要求，严禁在基坑（槽）、管沟、地铁（　　）堆土。

A. 施工场地外　　　　　　　　　　B. 施工场地内

C. 建（构）筑物周边影响范围外　　D. 建（构）筑物周边影响范围内

17. 土方回填雨期施工时，对于局部翻浆或弹簧土可以采取换填、（　　）等方法处理。

A. 加深　　　　　　B. 浇水　　　　　　C. 掺砂　　　　　　D. 翻松晾晒

18. 边坡工程中的泄水孔边长或直径不宜小于（　　）mm，外倾坡度不宜小于5%；间距宜为2～3m。

A. 50　　　　　　　B. 100　　　　　　C. 150　　　　　　D. 200

19. 基坑工程边坡高度为3m，边坡破裂角为（　　）°，则边坡坡顶塌滑区边缘至坡底边缘的水平投影距离为1.73m。

A. 45　　　　　　　B. 60　　　　　　　C. 75　　　　　　　D. 90

20. 土方回填采用石方的基底填筑压实时，下列说法正确的是（　　）。

A. 分层填筑，分层压实　　　　　　B. 采用轻型振动压路机

C. 先振压后静压　　　　　　　　　D. 分层松铺厚度不宜大于1m

21. 土方回填边坡检查每20m取（　　）点。

A. 1　　　　　　　　B. 2　　　　　　　C. 3　　　　　　　D. 4

22. 路面基层标高允许偏差为（　　）mm。

A. 0～-40　　　　B. 0～-20　　　　C. 0～-10　　　　D. 0～40

23. 土方回填安排在雨期施工的工作面不宜过大，应（　　）。

A. 一次性完成　　　B. 分阶段完成　　　C. 分步骤完成　　　D. 降水后完成

24. 土方回填场地平整标高检查通过水准仪进行检查（　　）。

A. 轴线位移　　　　B. 平整标高　　　　C. 垂直度　　　　　D. 平整度

25. 基坑周围或坑道边设置明排井、排水管沟，应与（　　）保持足够距离。

A. 井口　　　　　　B. 侧壁　　　　　　C. 主排水管　　　　D. 沟底

二、多项选择题

1. 翻斗车行驶的坡道平整且（　　）不应小于（　　）。

A. 宽度   B. 深度   C. 2.2   D. 2.3

2. 修筑坑边道路时，必须由（   ）侧碾压。距路基边缘不得小于（   ）m。

A. 里侧向外   B. 外侧向里   C. 1   D. 1.5

3. 压路机碾压的工作面，应经过适当平整。压路机工作地段的（   ）坡度不应超过其最大爬坡能力，横坡坡度不应大于（   ）°。

A. 纵坡   B. 横坡   C. 15   D. 20

4. 土方回填（   ）表面平整度允许偏差应（   ）mm。

A. 柱基   B. 桩基   C. <20   D. ≤20

5. 人工场地平整场地（   ）允许偏差为（   ）mm。

A. 轴线   B. 标高   C. −20   D. −10

6. 基坑回填土（   ）允许偏差为（   ）mm。

A. 轴线   B. 标高   C. 0～−20   D. 0～−10

7. 路面基层平整度每（   ）取一点，逐点检查，不少于（   ）点。

A. 100～400m²   B. 100～200m²   C. 5   D. 10

8. 土方回填管沟平整度每20延长米抽查（   ）处，但不应少于（   ）处。

A. 1   B. 2   C. 3   D. 4

9. 土方回填基坑标高检查每（   ）m²取1点，每个基坑不少于（   ）处。

A. 20   B. 30   C. 1   D. 2

10. 土方回填边坡检查每（   ）m取（   ）点。

A. 10   B. 20   C. 1   D. 2

11. 场地平整压实系数应每层（   ）m²取（   ）处。

A. 100～400   B. 100～500   C. 1   D. 2

12. 采用机械压实时，宜先用（   ）、（   ）整平，（   ），（   ）。

A. 轻型推土机   B. 平地机   C. 低速预压   D. 使表面平实

13. 应尽量采用（   ）土填筑。当采用（   ）的土填筑时，应按土类有规则的分层铺筑，不得混杂使用。

A. 同类   B. 不同   C. 类似   D. 含水率高

14. 边坡工程的施工组织设计应包括下列基本内容：（   ）、工程概况、施工组织管理、施工准备、质量保证体系和措施、安全管理和文明施工。

A. 施工部署   B. 施工方案   C. 施工进度计划   D. 工程预算

15. 基坑（槽）土方开挖施工中应检查（   ）、地下水控制系统、边坡坡率、预留土墩、分层开挖厚度、支护结构的变形，并随时观测周围环境变化。

A. 平面位置   B. 水平标高   C. 压实度   D. 排水系统

三、判断题

1. 基坑（槽）土石方回填施工结束后，应进行标高及含水量控制检验。   （   ）

2. 土方回填不同土类应分别经过击实试验测定填料的最大干密度和最佳含水量，填料含水量与最佳含水量的偏差控制在±3%范围内。   （   ）

3. 土方回填每次碾压，机具应从中央向两侧进行。   （   ）

4. 在房屋旧基础或设备旧基础的开挖清理过程中，当旧基础埋置深度大于2m时，不宜

采用人工开挖和清除。　　　　　　　　　　　　　　　　　　　　　（　　　）

5. 不能进行回填土干密度的测量方法是称量法。　　　　　　　　　（　　　）

6. 填土工程质量检验评定标准中的主控项目包括标高和分层压实系数。（　　　）

7. 1000m² 的大基坑压实填土施工过程中，分层取样检验土的干密度和含水量，每层检验点数量至少选取 10 点。　　　　　　　　　　　　　　　　　（　　　）

8. 冬期施工室外平均气温在 0℃ 以上时，回填高度不受限制。　　　（　　　）

9. 雨期开挖基坑（槽）或管沟时，应在坑（槽）外侧围筑土堤或开挖排水沟，防止地面水流入坑（槽）。　　　　　　　　　　　　　　　　　　　　　（　　　）

10. 土方回填安排在雨期施工的工作面不宜过大，应一次性完成。　　（　　　）

习 题 参 考 答 案

一、单项选择题

1. B；2. D；3. D；4. B；5. B；6. D；7. A；8. C；9. A；10. A；11. A；12. A；13. A；14. B；15. C；16. D；17. D；18. B；19. B；20. A；21. A；22. A；23. A；24. B；25. B。

二、多项选择题

1. AD；2. AC；3. AD；4. AD；5. BC；6. BC；7. AD；8. AC；9. AC；10. BC；11. AC；12. ABCD；13. AB；14. ABC；15. ABCD。

三、判断题

1. (错误)；2. (错误)；3. (错误)；4. (正确)；5. (正确)；6. (正确)；7. (正确)；8. (正确)；9. (正确)；10. (正确)。

第三节 钢 筋 施 工

一、单项选择题

1. 当钢筋公称直径不大于（　　　）mm 时，相对肋面积不应小于 0.085%。

A. 14　　　　　　B. 8　　　　　　C. 10　　　　　　D. 12

2. 钢材的弹性模量约为混凝土的（　　　）倍；抗拉强度为混凝土的百余倍。

A. 4～6　　　　　B. 6～8　　　　C. 8～10　　　　D. 10 以上

3. 光圆钢筋末端应做（　　　）度弯钩，弯钩的弯后平直部分长度不应小于钢筋直径的 3 倍。

A. 90　　　　　　B. 180　　　　　C. 135　　　　　D. 270

4. 施工过程中应采取防止钢筋混淆、损伤或（　　　）。

A. 污染　　　　　B. 弯折　　　　C. 锈蚀　　　　　D. 倾倒

5. 钢筋加工前应将表面清理干净，表面有颗粒状、（　　　）及损伤的钢筋不得使用。

A. 标记　　　　　B. 剐蹭　　　　C. 油漆　　　　　D. 片状老锈

6. 钢筋搬运的固有风险级别是（　　　）级。

A. 1　　　　　　B. 2　　　　　　C. 3　　　　　　D. 4

7. 常用的钢筋切断机可切断钢筋最大公称直径为（　　　）mm。

A. 30　　　　　　B. 35　　　　　　C. 40　　　　　　D. 50

8. 向切断机送料时，应将钢筋摆直，避免（　　）。

A. 弯钩过长　　　　B. 随意送料　　　　C. 弯成弧形　　　　D. 端头翘起

9. 盘卷钢筋调直后应对 3 个试件先进行重量偏差检查，再取其中 3 个试件进行（　　）试验。

A. 含碳量　　　　B. 物理性能　　　　C. 力学性能　　　　D. 直径

10. 钢筋除锈可采用手工除锈和（　　）两种方法。

A. 真空除锈　　　　B. 机械除锈　　　　C. 药剂除锈　　　　D. 化学除锈

11. 钢筋除锈工作量不大或在工地设置的临时工棚中操作时，可用钢丝刷刷和（　　）。

A. 棉布擦　　　　B. 麻袋布擦　　　　C. 砂纸擦　　　　D. 铁丝刷刷

12. 钢筋调直可采用卷扬机和（　　）调直两种方法。

A. 一体机　　　　B. 调直机　　　　C. 切断机　　　　D. 弯曲机

13. 绑扎用的铁丝，直径不大于（　　）的钢筋采用 22 号铁丝。

A. 8　　　　B. 10　　　　C. 12　　　　D. 14

14. 钢筋调直可以采用冷拉方法调直和（　　）。

A. 现场调直　　　　B. 机械设备调直　　　　C. 热调直　　　　D. 化学调直

15. 光圆钢筋弯曲的弯弧内径不应小于钢筋直径的（　　）倍。

A. 2　　　　B. 2.5　　　　C. 3　　　　D. 3.5

16. 直径大于（　　）的 500MPa 级带肋钢筋弯曲的弯弧内径不应小于钢筋直径的 7 倍。

A. 20　　　　B. 22　　　　C. 28　　　　D. 32

17. 位于框架结构顶层端点处的梁上部纵向钢筋和柱外侧纵向钢筋，在节点角部弯折处，当钢筋直径为（　　）mm 以下时不宜小于钢筋直径的 12 倍。

A. 20　　　　B. 22　　　　C. 25　　　　D. 28

18. 同一连接区段纵向受拉钢筋的绑扎接头面积百分率规定，当工程中确有必要增大接头面积百分率时，对（　　）类构件，不应大于 50%。

A. 基础　　　　B. 梁　　　　C. 板　　　　D. 柱

19. 当绑扎的钢筋和预埋电线管的位置发生冲突时，以下错误的做法是（　　）。

A. 绕开预埋管的同时，确保保护层的厚度　　B. 竖向钢筋沿平面左右弯曲

C. 横向钢筋上下弯曲　　　　D. 切断钢筋

20. 绑扎独立柱时，箍筋间距的允许偏差为（　　）mm，其检查方法是用尺连续量三档，取其最大值。

A. ±20　　　　B. ±15　　　　C. ±10　　　　D. ±5

21. 当钢筋连接采用机械接头或焊接接头时，同一检验批内，对于梁、柱和独立基础，应抽查构件数目的 10%，且不应少于（　　）件。

A. 2　　　　B. 3　　　　C. 4　　　　D. 5

22. 饰面清水混凝土（　　）的钢筋端头应涂刷防锈漆，并宜套上与混凝土颜色接近的塑料套。

A. 定位筋　　　　B. 主筋　　　　C. 箍筋　　　　D. 拉结筋

23. 清水混凝土钢筋绑扎扎扣及尾端应朝向构件截面的（　　）。

A. 内侧　　　　B. 外侧　　　　C. 左侧　　　　D. 右侧

24. 第 1 根钢筋弯曲成型后与（　　）进行复核，符合要求后再成批加工。

A. 加工图　　　　　　B. 施工图　　　　　　C. 配料表　　　　　　D. 下料单

25. 钢筋安装的固有风险级别是（　　）级。

A. 2　　　　　　　　B. 3　　　　　　　　C. 4　　　　　　　　D. 5

二、多项选择题

1. 将同规格钢筋根据不同长度长短搭配，统筹排料：一般应（　　），以减少短头接头和损耗。

A. 先断长料　　　　　B. 先断短料　　　　　C. 后断长料　　　　　D. 后断短料

2. 弯曲细钢筋时，为了使弯弧一侧的钢筋保持平直，挡铁轴宜做成（　　）。

A. 可变挡架　　　　　B. 可变支架　　　　　C. 固定挡架　　　　　D. 固定支架

3. 基础底板的钢筋可以采用（　　）。

A. 八字扣　　　　　　B. 一字扣　　　　　　C. 井字扣　　　　　　D. 人字扣

4. （　　）等结构侧面的预埋件，应在模板支设前安装。

A. 柱　　　　　　　　B. 梁　　　　　　　　C. 墙　　　　　　　　D. 板

5. 准备好绑扎用的工具主要包括（　　）、石笔（粉笔）、尺子等。

A. 钢筋钩　　　　　　B. 全自动绑扎机　　　C. 撬棍

D. 扳子　　　　　　　E. 绑扎架

6. 植筋的施工钻孔的直径和深度应符合要求，其深度的允许偏差为（　　）mm，垂直度允许偏差为 5°。

A. +10　　　　　　　B. +20　　　　　　　C. −0　　　　　　　　D. −10

7. 两片焊接网末端之间钢筋搭接接头的最小搭接长度，采用（　　）。

A. 平搭法　　　　　　B. 叠搭法　　　　　　C. 扣搭法　　　　　　D. 接头法

8. 钢筋弯曲调整值与（　　）有关。

A. 钢筋弯弧内直径　　B. 弯曲度　　　　　　C. 钢筋直径　　　　　D. 弯钩增长度

9. 135°钢筋弯钩时，下列哪种不符合钢筋弯曲调整值（　　）d。

A. 3　　　　　　　　B. 4　　　　　　　　C. 5　　　　　　　　D. 6

10. 钢筋的弯钩形式有三种：（　　）。

A. 半圆弯钩　　　　　B. 斜弯钩　　　　　　C. 圆弯钩　　　　　　D. 直弯钩

11. 直径为 ϕ10 的钢筋，以下半圆弯钩钢筋弯钩长度（　　）mm 不符合要求。

A. 25　　　　　　　　B. 30　　　　　　　　C. 35　　　　　　　　D. 45

12. 直径为 ϕ14 的钢筋，以下斜弯钩钢筋弯钩长度（　　）mm 不符合要求。

A. 60　　　　　　　　B. 72　　　　　　　　C. 115　　　　　　　D. 118

13. 直径 8mm 箍筋采用量外包尺寸方法度量时，以下箍筋调整值（　　）mm 不符合要求。

A. 40　　　　　　　　B. 50　　　　　　　　C. 80　　　　　　　　D. 100

14. 箍筋调整值，即为（　　）两项之差或和。

A. 弯钩增加长度　　　B. 保护层厚度　　　　C. 箍筋调整值　　　　D. 弯曲调整值

15. 下列有关钢筋安装的预控措施，正确的是（　　）。

A. 框架柱主筋应使用临时支撑或缆风绳固定

B. 框架柱钢筋绑扎、焊接应填写《安全施工作业票 B》

C. 进行焊接作业时，严禁钢筋接触电源

D. 框架柱钢筋绑扎、焊接时，应搭设临时脚手架

三、判断题

1. 当钢筋公称直径大于 18mm 时，相对肋面积不应小于 0.065％。　　　（　　）

2. 螺钉端杆锚具适用于Ⅰ、Ⅱ级钢筋。　　　（　　）

3. 在施工中禁止将模板和钢筋绑扎牢固后进行吊运。　　　（　　）

4. 牵引辊槽宽，一般在钢筋穿过辊间之后，保证上下压辊间有 10mm 以内的间隙为宜。

（　　）

5. 拉筋用作剪力墙、楼板等构件中拉结筋时，两端弯钩可采用一端 120°，另一端 90°。

（　　）

6. 墩头的头型直径不宜小于钢丝直径的 2 倍，高度不宜小于钢丝直径。　　　（　　）

7. 弯起钢筋的弯折位置允许偏差为±25mm。　　　（　　）

8. 筏板基础中层双向钢筋网直径不宜小于 20mm，间距不宜大于 500mm。　　　（　　）

9. 纵向受力钢筋锚固长度允许偏差为－10mm。　　　（　　）

10. 绑扎箍筋、横向钢筋间距允许偏差为±200mm。　　　（　　）

习 题 参 考 答 案

一、单项选择题

1. D；2. B；3. B；4. C；5. D；6. D；7. C；8. C；9. C；10. B；11. B；12. B；13. C；14. B；15. B；16. C；17. D；18. B；19. D；20. A；21. B；22. A；23. A；24. C；25. C。

二、多项选择题

1. AD；2. AC；3. AC；4. ABC；5. ABCDE；6. BC；7. BC；8. AB；9. ABC；10. ABC；11. ABD；12. ABD；13. ACD；14. AD；15. ACD。

三、判断题

1.（错误）；2.（错误）；3.（正确）；4.（错误）；5.（错误）；6.（错误）；7.（错误）；8.（错误）；9.（错误）；10.（正确）。

第四节　模　板　施　工

一、单项选择题

1. 承重结构采用的钢材应具有抗拉强度、伸长率、屈服强度和（　　）、磷含量的合格保证。

A. 硫　　　　　　　B. 镁　　　　　　　C. 碳　　　　　　　D. 锌

2. 搁置于通用钢管模板支架顶端可调托座上的（　　），可采用木方、木工字梁、截面对称的型钢制作。

A. 次梁　　　　　　B. 板　　　　　　　C. 主梁　　　　　　D. 地面

3. 多个楼层间连续支模的底层支架拆除时间，应根据（　　）支模的楼层间荷载分配和混凝土强度的增长情况确定。

A. 连续　　　　　　B. 间断　　　　　　C. 不间断　　　　　D. 非连续

4. 模板（　　）多人同时操作时，应明确分工、统一信号、行动。

　　A. 安装　　　　　　　B. 拆除　　　　　　　C. 加固　　　　　　　D. 堆放

5. 模板拆除后应将其表面清理干净，对翘曲、（　　）、损伤部位应进行修复。

　　A. 灰尘　　　　　　　B. 长短　　　　　　　C. 变形　　　　　　　D. 染色

6. 模板结构或构件的树种应根据各地区实际情况选择（　　）好的材料，不得使用有腐朽、霉变、虫蛀、折裂的木材。

　　A. 质量　　　　　　　B. 性能　　　　　　　C. 刚性　　　　　　　D. 安全系数

7. 用于模板体系的原木、方木、板材可采用（　　）分级。

　　A. 目测法　　　　　　B. 实验法　　　　　　C. 归类法　　　　　　D. 探测法

8. 模板安装应保证混凝土结构构件各部分的形状、尺寸、相对位置准确，并应防止（　　）。

　　A. 坍塌　　　　　　　B. 漏浆　　　　　　　C. 破坏　　　　　　　D. 变形

9. 当采用不常用树种木材作模板体系中的主梁、次梁、支架立柱等的承重结构或构件时，对速生林材，应进行（　　）、防盗处理。

　　A. 防火　　　　　　　B. 防腐　　　　　　　C. 防虫　　　　　　　D. 防霉

10. 模板及其支架的设计应根据工程结构形式、荷载大小、地基土类别、（　　）、材料等条件进行。

　　A. 外立面形式　　　　B. 基础承载力　　　　C. 机械类别　　　　　D. 施工设备

11. 钢模板及配件的焊接，宜采用二氧化碳气体保护焊，焊缝外形应（　　）、均匀，不得有夹渣、咬肉、焊穿、裂纹等缺陷。

　　A. 完好　　　　　　　B. 准直　　　　　　　C. 无污染　　　　　　D. 光滑

12. 隔离剂不得沾污钢筋、（　　）、预应力筋和混凝土接槎处。

　　A. 垫片　　　　　　　B. 预埋件　　　　　　C. 模板　　　　　　　D. 支架

13. 固定在模板上的（　　）预埋件不得遗漏，且应安装牢固。

　　A. 预留孔洞　　　　　B. 马凳　　　　　　　C. 扣件　　　　　　　D. 螺栓

14. 模板及其支架设计时应具有足够的刚度、（　　）。

　　A. 厚度　　　　　　　B. 稳定性　　　　　　C. 强度　　　　　　　D. 宽度

15. 清水混凝土模板安装的阴阳角检查方法为游标卡尺、（　　）。

　　A. 2m 靠尺　　　　　B. 方尺　　　　　　　C. 卷尺　　　　　　　D. 塞尺

16. 大模板安装应确保施工中模板不变形、不错位、（　　）。

　　A. 不晃动　　　　　　B. 不顺直　　　　　　C. 不对称　　　　　　D. 不胀模

17. 大模板间的拼缝要平整、（　　），不得漏浆。

　　A. 顺直　　　　　　　B. 清洁　　　　　　　C. 严密　　　　　　　D. 坚硬

18. 一般柱、梁模板，宜采用柱箍和梁卡具作为支承件，断面较大的柱、梁、剪力墙，宜采用（　　）、钢楞。

　　A. 对拉螺栓　　　　　B. 预埋螺栓　　　　　C. 柱箍　　　　　　　D. 梁卡具

19. 角柱模板的支撑，还应在里侧设置能承受拉力、（　　）的斜撑。

　　A. 扭力　　　　　　　B. 弯矩　　　　　　　C. 剪力　　　　　　　D. 压力

20. 安装悬挑结构模板时，应搭设脚手架或悬挑工作台，并应设置（　　）、安全网，作业处的下方不得有人通行或停留。

    A. 护头棚   B. 升降梯   C. 防护栏杆   D. 安全带

    21. 影响混凝土模板的侧压力的因素有混凝土浇筑速度、凝结时间、振捣方式、坍落度、掺加剂、（   ）。

    A. 模板的自重、钢筋自重   B. 模板的强度

    C. 搅拌方式   D. 混凝土重力密度

    22. 当使用（   ）、木脚手板、竹串片脚手板双排脚手架的横向水平杆两端均应采用直角扣件固定在纵向水平杆上。

    A. 复合脚手板   B. 冲压钢脚手板

    C. 铝合金脚手板   D. 玻璃钢脚手板

    23. 当满堂支撑架高宽比大于（   ）或 2.5 时，满堂支撑架应在支架的四周、中部与结构柱进行刚性连接。

    A. 1   B. 2   C. 3   D. 4

    24. 支架立柱和竖向模板安装在湿陷性黄土、膨胀土、（   ）、膨胀土，应有防水措施。

    A. 黏土   B. 湿陷性黄土   C. 碱土   D. 粉质砂土

    25. 采用扣件式钢管作模板支架时，立杆底部宜设置底座、（   ）。

    A. 板带   B. 垫板   C. 模板   D. 垫块

二、多项选择题

    1. 拆除前应先检查基槽（坑）土壁（   ）等不安全因素时，应在采取安全防范措施后，方可进行作业。

    A. 能否上下   B. 龟裂   C. 发现有松软   D. 安全状况

    2. 钢模板和配件拆除后，应及时清理黏结的砂浆杂物和板面涂刷防锈油，对（   ）的钢模板及配件，应及时整形和修补。

    A. 变形   B. 损坏   C. 污染   D. 完好

    3. 钢模板连接件宜采用镀锌表面处理，镀锌厚度不应小于 0.05mm，（   ），不得有漏镀缺陷。

    A. 镀层厚度   B. 色彩应均匀   C. 表面应光亮细致   D. 光滑

    4. 装拆钢模板应有稳固的（   ），高度超过 3.5m 时，应搭设脚手架。

    A. 支撑   B. 专业设备   C. 登高工具   D. 脚手架

    5. 清水混凝土模板应有专用场地堆放，存放区应有（   ）、防火等措施。

    A. 排水   B. 防潮   C. 防水   D. 防压

    6. 为了保证清水混凝土的整体饰面效果，在（   ）或梁柱上常设有对拉螺栓孔眼，当不能或不需设置对拉螺栓时，采用设置假眼的方式进行处理。

    A. "L" 形墙   B. "Z" 字墙   C. "丁" 字墙   D. "I" 字墙

    7. 大模板承重支架搭设前，应对（   ）等进行检查验收，不合格产品不得使用。

    A. 钢管   B. 扣件   C. 脚手板   D. 可调托撑

    8. 大模板应进行样板间的试安装，经验证模板（   ）等准确后方可正式安装。

    A. 几何尺寸   B. 接缝处理   C. 零部件   D. 预埋件

    9. 承重支模架立杆（   ）三杆紧靠的扣接点称为主节点。

A. 纵向水平杆　　　　B. 横向水平杆　　　　C. 竖向水平杆　　　　D. 抛撑杆

10. 已知混凝土对模板的侧压力设计值为 $F=30\text{kN/m}^2$，对拉螺栓间距、（　　）均为 0.9m，选用 M16 穿墙螺栓，是验算穿墙螺栓强度值是 21.87kN。

A. 斜角　　　　　　　B. 竖向　　　　　　　C. 纵向　　　　　　　D. 横向

11. 满堂支架立杆间距为 0.9m×0.9m，则木质（　　）自重标准值取 1kN/m^2。

A. 主梁　　　　　　　B. 圈梁　　　　　　　C. 次梁　　　　　　　D. 支撑板

12. 计算承重支模架构件的（　　）时，应采用荷载效应基本组合的设计值。

A. 强度　　　　　　　B. 稳定性　　　　　　C. 连接强度　　　　　D. 刚度

13. 在纵、横方向，由不少于三排立杆并与（　　）等构成的脚手架称为满堂扣件式钢管脚手架。

A. 水平杆　　　　　　B. 水平剪刀撑　　　　C. 竖向剪刀撑　　　　D. 扣件

14. 大模板承重支架拆除前应全面检查满堂支架的（　　）等是否符合构造要求。

A. 支撑　　　　　　　B. 扣件连接　　　　　C. 连墙件　　　　　　D. 支撑体系

15. 支架是指支撑面板用的楞梁、（　　）和水平拉条等构件的总称。

A. 立柱　　　　　　　B. 连接件　　　　　　C. 斜撑　　　　　　　D. 剪刀撑

三、判断题

1. 普通清水混凝土墙、柱、梁的模板截面尺寸允许偏差为±3mm。　　　　　　（　　）

2. 饰面清水混凝土模板门窗洞口对角线允许偏差为 5mm。　　　　　　　　　（　　）

3. 跨度小于 8m 的梁底模拆除时的混凝土强度应大于等于设计值的 75%。　　（　　）

4. 梁、板模板应先拆除梁侧模，然后拆除板底模。　　　　　　　　　　　　（　　）

5. 钢模板修复后板面平整度允许偏差不应小于等于 1mm。　　　　　　　　　（　　）

6. 钢模宜放在室内或敞棚内，模板的地面应垫离地面 100mm 以上。　　　　（　　）

7. 清水混凝土模板面板选材需兼顾面板的光滑度、周转使用次数、清水混凝土饰面效果影响程度等因素。　　　　　　　　　　　　　　　　　　　　　　　　　（　　）

8. 模板拼缝处，另一块模板的边口应伸出 35～45mm。　　　　　　　　　　（　　）

9. 清水混凝土模板蝉缝表面应贴通长高密海绵条，外贴两层通长胶带纸。　　（　　）

10. 应根据清水混凝土模板编号进行安装，模板之间应连接紧密，模板拼接缝处应有防漏浆措施。　　　　　　　　　　　　　　　　　　　　　　　　　　　　　（　　）

习 题 参 考 答 案

一、单项选择题

1. A；2. C；3. A；4. B；5. C；6. A；7. A；8. B；9. B；10. D；11. D；12. B；13. A；14. C；15. D；16. D；17. C；18. A；19. D；20. C；21. D；22. B；23. B；24. B；25. B。

二、多项选择题

1. BCD；2. AB；3. ABC；4. CD；5. ABC；6. AC；7. ABCD；8. ABC；9. ABC；10. BD；11. ACD；12. ABC；13. ABCD；14. BCD；15. ABCD。

三、判断题

1.（正确）；2.（错误）；3.（正确）；4.（正确）；5.（错误）；6.（正确）；7.（错误）；8.（正

确）；9.（正确）；10.（正确）。

第五节　混　凝　土　施　工

一、单项选择题

1. 砂按细度分为粗、中、细三种规格，其粗砂细度模数为（　　　）。

A. 3.7～3.1　　　　B. 3.0～2.3　　　　C. 2.2～1.6　　　　D. 4.3～3.8

2. 天然岩石、卵石、或矿山废石经破碎、筛分等机械加工而成的，粒径大于（　　　）的岩石颗粒可称为碎石。

A. 4.5mm　　　　B. 4.65mm　　　　C. 4.75mm　　　　D. 4.85mm

3. 袋装水泥堆放的地面应垫平、架空垫起不小于（　　　），堆放高度不宜超过12包；临时露天堆放时，应用防雨篷布遮盖，防雨篷布应进行加固。

A. 0.2m　　　　B. 0.3m　　　　C. 0.4m　　　　D. 0.5m

4. 硅酸盐水泥、普通硅酸盐水泥可分为（　　　）强度等级。

A. 3　　　　B. 4　　　　C. 5　　　　D. 6

5. 混凝土配合比设计所采用的细骨料含水率应小于0.5%，粗骨料含水率应小于（　　　）。

A. 0.1　　　　B. 0.2　　　　C. 0.3　　　　D. 0.4

6. 对于矿物掺合料中碱含量，粒化高炉矿渣粉碱含量可取实测值的（　　　）。

A. 1/2　　　　B. 1/3　　　　C. 1/4　　　　D. 2/3

7. 在试拌配合比的基础上应进行混凝土强度试验，应采用（　　　）不同的配合比。

A. 一个　　　　B. 二个　　　　C. 三个　　　　D. 四个

8. 在电网工程建设当中混凝土配合比设计通常采用（　　　）。

A. 质量法　　　　B. 体积法　　　　C. 经验法　　　　D. 排除法

9. 混凝土拌制过程中当粗、细骨料的实际（　　　）发生变化时，应及时调整粗、细骨料和拌和用水的用量。

A. 含泥量　　　　B. 含水量　　　　C. 泥块含量　　　　D. 粒径

10. 当电网工程建设中水泥质量受到不利环境影响，或水泥出厂超过（　　　）时，应进行复验，并应按复验结果使用。

A. 一个月　　　　B. 二个月　　　　C. 三个月　　　　D. 四个月

11. 混凝土拌制生产过程中应检查原材料实际称量误差是否满足要求，每一工作班应至少检查（　　　）次。

A. 1　　　　B. 2　　　　C. 3　　　　D. 4

12. 未经处理的（　　　）严禁用于钢筋混凝土和预应力混凝土。

A. 地下水　　　　B. 地表水　　　　C. 再生水　　　　D. 海水

13. 混凝土运输车卸料前，搅拌运输车罐体宜快速旋转搅拌（　　　）以上后再卸料。

A. 10s　　　　B. 20s　　　　C. 30s　　　　D. 40s

14. 当采用（　　　）作为混凝土用水时，可不检验。

A. 地表水　　　　B. 地下水　　　　C. 饮用水　　　　D. 施工现场循环水

15. 在电网工程建设过程中需要见证检测的检测项目，（　　）应在取样及送检前通知见证人员。

A. 监理单位　　　　　B. 业主单位　　　　　C. 设计单位　　　　　D. 施工单位

16. 施工过程中发现混凝土结构缺陷时，对严重缺陷施工单位应制定专项修整方案，方案应经（　　）后再实施，不得擅自处理。

A. 业主审批　　　　　B. 论证审批　　　　　C. 设计审批　　　　　D. 监理审批

17. 当室外日平均气温连续 5 日稳定低于（　　）时，应采取冬期施工措施。

A. −5℃　　　　　　　B. 0℃　　　　　　　C. 5℃　　　　　　　D. 10℃

18. 拌制清水混凝土每次搅拌时宜比普通混凝土延长（　　）s。

A. 5～10　　　　　　B. 10～15　　　　　　C. 15～20　　　　　　D. 20～30

19. 清水混凝土拌和物从搅拌结束到入模前不宜超过（　　）min。

A. 30　　　　　　　　B. 60　　　　　　　　C. 90　　　　　　　　D. 120

20. 大体积混凝土第一至第四天测温频率每（　　）不应少于一次。

A. 2h　　　　　　　　B. 4h　　　　　　　　C. 6h　　　　　　　　D. 8h

二、多项选择题

1. 砂按产源分为天然砂、人工砂两类，其中属于天然砂的是（　　）。

A. 河砂　　　　　　　B. 湖砂　　　　　　　C. 山砂

D. 淡化海砂　　　　　E. 混合砂

2. 在自然条件作用下岩石产生（　　），而形成的粒径大于 4.75mm 的岩石颗粒。

A. 破碎　　　　　　　B. 风化　　　　　　　C. 分选

D. 运移　　　　　　　E. 堆（沉）积

3. 拌制混凝土用水泥品种与强度等级应根据（　　）要求，以及工程所处环境条件确定。

A. 设计　　　　　　　B. 监理　　　　　　　C. 业主　　　　　　　D. 施工

4. 对首次使用的混凝土配合比应进行开盘鉴定，开盘鉴定包括（　　）内容。

A. 原材料与配合比设计所用原材料一致

B. 出机混凝土工作性与配合比设计要求的一致

C. 混凝土强度

D. 混凝土凝结时间

E. 工程有要求时，尚应包括混凝土耐久性

5. 混凝土浇筑后选择养护方式应考虑（　　）。

A. 现场条件　　　　　B. 环境温湿度　　　　C. 构件特点

D. 技术要求　　　　　E. 施工操作

6. 大体积混凝土施工应合理选用混凝土配合比，宜选用水化热低的水泥，并宜掺加（　　）。

A. 粉煤灰　　　　　　B. 矿渣粉　　　　　　C. 高性能减水剂　　　　D. 早强剂

7. 冬期施工配制混凝土宜选用（　　）。

A. 复合硅酸盐水泥　　　　　　　　　　　B. 普通硅酸盐水泥

C. 硅酸盐水泥　　　　　　　　　　　　　D. 粉煤灰硅酸盐水泥

8. 冬期施工拌和混凝土（　　）不得直接加热，应事先储于暖棚内预热。

A. 粗骨料　　　　B. 细骨料　　　　C. 水泥

D. 外加剂　　　　E. 矿物掺和料

9. 立方体混凝土试模的规格有（　　）mm。

A. 50×50×50　　B. 100×100×100　　C. 150×150×150　　D. 200×200×200

10. 在混凝土中掺加毛石、块石时，块石不得集中堆放在（　　）。

A. 已绑扎的钢筋　　B. 脚手架　　　　C. 作业平台　　　　D. 地面

11. 预制构件可根据需要选择（　　）。

A. 洒水养护　　　B. 自然养护　　　C. 蒸汽养护　　　　D. 电加热养护

12. 混凝土结构外观一般缺陷对（　　）缺陷，应凿除胶结不牢固部分的混凝土，应清理表面，洒水湿润后应用1∶2～1∶2.5水泥砂浆抹平。

A. 露筋　　　　　B. 蜂窝　　　　　C. 孔洞

D. 夹渣　　　　　E. 疏松

13. 基础大体积混凝土采用后期强度作为评定依据，可采用龄期为（　　）的强度等级。

A. 7d　　　　　　B. 14d　　　　　C. 28d

D. 60d　　　　　　E. 90d

14. 浇筑框架、梁、柱、墙混凝土时，应架设（　　），不得站在梁或柱的模板、临时支撑上或脚手架护栏上操作。

A. 脚手架　　　　B. 硬质围栏　　　C. 作业平台　　　　D. 防护网

15. 大体积混凝土结构（　　）的测温，应与混凝土浇筑、养护过程同步进行。

A. 内部测温点　　B. 结构表面测温点　　C. 环境测温点　　　D. 养护测温点

16. 当原材料检测结果为不合格时，严禁对不合格的报告（　　）。

A. 备份　　　　　B. 抽撤　　　　　C. 替换　　　　　D. 修改

17. 当发生（　　）影响施工检测试验计划实施时，应及时调整检测试验计划。

A. 设计变更　　　　　　　　　　　B. 更换见证人员

C. 施工工艺改变　　　　　　　　　D. 施工进度调整

E. 材料和设备的规格、型号或数量变化

18. 混凝土浇水养护的时间：对采用（　　）拌制的混凝土，不得少于7d。

A. 矿渣硅酸盐水泥　　　　　　　　B. 火山灰质硅酸盐水泥

C. 硅酸盐水泥　　　　　　　　　　D. 普通硅酸盐水泥

E. 缓凝型外加剂

19. 复合硅酸盐水泥的强度分为（　　）。

A. 32.5　　　　　B. 32.5R　　　　C. 42.5

D. 42.5R　　　　　E. 52.5

20. 电网工程建设中混凝土结构浇筑的质量过程控制检查宜包括（　　）内容。

A. 混凝土输送、浇筑、振捣

B. 浇筑时模板的变形、漏浆

C. 混凝土浇筑时钢筋和预埋件（预埋管线、预留孔洞）位置

D. 混凝土试件制作

E. 混凝土养护

三、判断题

1. 建设用石分为卵石、碎石两类。 （　　）

2. 粗骨料最大公称粒径增大，混凝土最小含气量增大，由潮湿环境变为盐冻环境时，混凝土最小含气量变小。 （　　）

3. 硅酸盐水泥初凝时间应不小于 45min，终凝时间应不大于 390min。 （　　）

4. 在施工过程中无法获得水源的情况下，海水可作为混凝土拌和用水。 （　　）

5. 人工搅拌的混凝土可以采用泵送。 （　　）

6. 对于使用设计年限为 100 年的结构混凝土氯离子含量不得超过 50mg/L。 （　　）

7. 采用搅拌运输车运输混凝土，当混凝土坍落度损失较大不能满足施工要求时，凭经验可以在运输车罐体内加入减水剂。 （　　）

8. 见证人员仅需对取样过程进行见证，可不参与送检过程。 （　　）

9. 进场材料的检测试样可在进场前在供货商处取制。 （　　）

10. 试样应按照取样时间顺序连续编号，不得空号、重号。 （　　）

习 题 参 考 答 案

一、单项选择题

1. A；2. C；3. B；4. D；5. B；6. A；7. C；8. A；9. B；10. C；11. B；12. D；13. B；14. C；15. D；16. B；17. C；18. D；19. C；20. B。

二、多项选择题

1. ABCD；2. ABCDE；3. AD；4. ABCDE；5. ABCDE；6. ABC；7. BC；8. CDE；9. BCD；10. ABC；11. BCD；12. ABCDE；13. DE；14. AC；15. ABC；16. BCD；17. ACDE；18. ACD；19. CDE；20. ABCDE。

三、判断题

1.（正确）；2.（错误）；3.（正确）；4.（错误）；5.（错误）；6.（正确）；7.（错误）；8.（错误）；9.（错误）；10.（正确）。

第六节 砌 体 砌 筑

一、单项选择题

1. 混凝土多孔砖及混凝土实心砖不需浇水湿润，但在气候干燥炎热的情况下，宜在砌筑前对其喷水湿润。其他非烧结类块体的相对含水率（　　）%。

A. 40%～50%　　　　B. 50%～60%　　　　C. 60%～70%　　　　D. 70%～80%

2. 砌体灰缝砂浆应密实饱满，砖柱水平灰缝和竖向灰缝饱满度不得低于（　　）。

A. 80%　　　　B. 85%　　　　C. 90%　　　　D. 95%

3. 非抗震设防及抗震设防烈度为 6 度、7 度地区的临时间断处，当不能留斜槎时，除转角处外，可留直槎，但直槎必须做成凸槎，且应加设拉结钢筋，拉结钢筋应间距沿墙高不应超过（　　）mm，且竖向间距偏差不应超过 100mm。

A. 300　　　　B. 400　　　　C. 500　　　　D. 600

4. 对抗震设防烈度 6 度、7 度的地区，拉结钢筋应埋入长度从留槎处算起每边均不应小于（ ）mm。

    A. 500   B. 1000   C. 1500   D. 2000

5. 非抗震设防及抗震设防烈度为 6 度、7 度地区的临时间断处，当不能留斜槎时，除转角处外，可留直槎，但直槎必须做成凸槎，且应加设拉结钢筋，拉结钢筋端应有（ ）弯钩。

    A. 45°   B. 60°   C. 90°   D. 135°

6. 底层室内地面以下或防潮层以下的砌体，应采用强度等级高于或者等于（ ）的混凝土灌实小砌块的孔洞。

    A. C15（或 Cb15）   B. C20（或 Cb20）   C. C30（或 Cb30）   D. C10（或 Cb10）

7. 芯柱混凝土宜选用专用小砌块灌孔混凝土，每次连续浇筑的高度宜为半个楼层，但不应大于（ ）m。

    A. 1.0   B. 1.5   C. 1.8   D. 2.0

8. 芯柱混凝土宜选用专用小砌块灌孔混凝土，浇筑芯柱混凝土时，砌筑砂浆强度应大于（ ）MPa。

    A. 1.0   B. 1.5   C. 2.0   D. 25

9. 芯柱混凝土宜选用专用小砌块灌孔混凝土，浇筑芯柱混凝土时，每浇筑（ ）高度捣实一次，或边浇筑边捣实。

    A. 100～200mm   B. 200～300mm   C. 300～400mm   D. 400～500mm

10. 砌体水平灰缝和竖向灰缝的砂浆饱满度，按净面积计算应大于或者等于（ ）%。

    A. 80   B. 85   C. 90   D. 95

11. 砌筑毛石挡土墙应按分层高度砌筑，每砌（ ）为一个分层高度，每个分层高度应将顶层石块砌平。

    A. 1～2 皮   B. 2～3 皮   C. 3～4 皮   D. 4～5 皮

12. 砌筑毛石挡土墙应按分层高度砌筑，两个分层高度间分层处的错缝应不得小于（ ）mm。

    A. 70   B. 75   C. 80   D. 85

13. 挡土墙的泄水孔当设计无规定时，泄水孔应均匀设置，在每米高度上间隔（ ）左右设置一个泄水孔。

    A. 1m   B. 1.5m   C. 2m   D. 2.5m

14. 构造柱与墙体的连接，墙体应砌成马牙槎，马牙槎凹凸尺寸不宜小于 60mm，高度不应超过 300mm，马牙槎应先退后进，对称砌筑；马牙槎尺寸偏差每一构造柱不应超过（ ）处。

    A. 1   B. 2   C. 3   D. 4

15. 每一检验批次砌体，试块应大于或者等于 1 组，验收批砌体试块应大于或者等于（ ）组。

    A. 1   B. 2   C. 3   D. 4

16. 设置在灰缝内的钢筋，应居中置于灰缝内，水平灰缝厚度应大于钢筋直径（ ）以上。

    A. 4   B. 3   C. 2   D. 1

17. 某 500 千伏变电站砌筑填充墙时，轻骨料混凝土小型空心砌块和蒸压加气混凝土砌块的产品龄期应大于或者等于 28d，蒸压加气混凝土砌块的含水率不宜大于或者等于（　　）%。

A. 30　　　　　　　B. 40　　　　　　　C. 50　　　　　　　D. 60

18. 蒸压加气混凝土砌块、轻骨料混凝土小型空心砌块进场后应按品种、规格堆放整齐，堆置高度不宜超过（　　）m。

A. 1　　　　　　　B. 1.5　　　　　　C. 1.8　　　　　　D. 2

19. 毛石砌体外露面的灰缝厚度不宜大于（　　）mm。

A. 10　　　　　　　B. 20　　　　　　　C. 30　　　　　　　D. 40

20. 毛料石和粗料石的灰缝厚度不宜大于（　　）mm。

A. 10　　　　　　　B. 20　　　　　　　C. 30　　　　　　　D. 40

21. 细料石的灰缝厚度不宜大于（　　）mm。

A. 5　　　　　　　B. 10　　　　　　　C. 15　　　　　　　D. 20

22. 填充墙砌体轴线位移允许偏差为 10mm，每层垂直度（>3m）允许偏差为（　　）mm。

A. 5　　　　　　　B. 10　　　　　　　C. 15　　　　　　　D. 20

23. 填充墙砌体表面平整度允许偏差为 8mm，门窗洞口高、宽（后塞口）允许偏差为（　　）mm。

A. ±5　　　　　　B. ±8　　　　　　C. ±10　　　　　　D. ±15

24. 在厨房、卫生间和浴室等处采用轻骨料混凝土小型空心砌块和蒸压加气混凝土砌块砌筑墙体时，墙底部宜现浇混凝土坎台，其高度宜为（　　）mm。

A. 50　　　　　　　B. 100　　　　　　C. 150　　　　　　D. 200

25. 当填充墙与承重墙、柱、梁的连接钢筋时，如果采用化学植筋的连接方式，应进行实体检测。锚固钢筋拉拔试验的轴向受拉非破坏承载力检验值应为（　　）kN。

A. 3　　　　　　　B. 4　　　　　　　C. 5　　　　　　　D. 6

二、多项选择题

1. 砌体分为（　　）等砌体。

A. 混凝土实心砖　　B. 混凝土多孔砖　　C. 蒸压粉煤灰砖　　D. 蒸压灰砂砖

2. 砖砌体砌筑时，（　　）等块体的产品龄期不应小于 28d。

A. 混凝土实心砖　　B. 混凝土多孔砖　　C. 蒸压灰砂砖　　D. 蒸压粉煤灰砖

3. 混凝土小型空心砌块砌体工程分为（　　）等。

A. 普通混凝土小型空心砌块　　　　　　B. 轻骨料混凝土小型空心砌块

C. 蒸压粉煤灰小型空心砌块　　　　　　D. 混凝土多孔砖

4. 石砌体工程用于（　　）等砌体工程。

A. 毛石　　　　　　B. 毛料石　　　　　C. 粗料石　　　　　D. 细料石

5. 当使用（　　）砌体时，砖应提前 1~2d 适度湿润。

A. 蒸压灰砂砖　　　B. 蒸压粉煤灰砖　　C. 混凝土实心砖　　D. 混凝土多孔砖

6. （　　）表面用的砖，当外观检查时，其边角应整齐，色泽均匀。

A. 门窗　　　　　　B. 清水墙　　　　　C. 柱　　　　　　　D. 洞口

7. 竖向灰缝不应出现（　　）。

A. 通缝　　　　　　B. 瞎缝　　　　　　C. 透明缝　　　　　　D. 假缝

8. 按照同一生产厂家，（　　）每 10 万块各为一验收批作为批次的抽检数量。

A. 混凝土实心砖　　B. 混凝土多孔砖　　C. 蒸压灰砂砖　　　　D. 蒸压粉煤灰砖

9. 在（　　）等设备的卡具安装处砌筑的小砌块，宜在施工前用强度等级高于或者等于 C20（或 Cb20）的混凝土将其孔洞灌实。

A. 散热器　　　　　B．厨房　　　　　　C. 卫生间　　　　　　D. 办公室

10. 混凝土小型空心砌块砌体工程的检查方法为检查（　　）。

A. 水泥试验报告　　　　　　　　　　　B. 小砌块

C. 芯柱混凝土　　　　　　　　　　　　D. 砌筑砂浆试块试验报告

11. 砌体的组砌形式应按照（　　）。

A. 内外搭砌　　　　B. 上下错缝　　　　C. 拉结石、丁砌石交错设置

12. 配筋砌体的钢筋的（　　）应符合设计图纸要求。

A. 品种　　　　　　B. 规格　　　　　　C. 数量　　　　　　　D. 设置部位

13. 钢筋应检查其（　　）。

A. 验评记录　　　　　　　　　　　　　B. 合格证书

C. 钢筋性能复试试验报告　　　　　　　D. 隐蔽工程记录

14.（　　）的混凝土及砂浆的强度等级应符合设计图纸要求。

A. 构造柱　　　　　　　　　　　　　　B. 芯柱

C. 组合砌体构件　　　　　　　　　　　D. 配筋砌体剪力墙构件

15. 配筋砌体中受力钢筋的（　　）应符合设计图纸要求。通过现场观察进行检查每一检验批次抽查不应少于 5 处。

A. 连接方式　　　　B. 锚固长度　　　　C. 搭接长度　　　　　D. 焊接长度

三、判断题

1. 对轻骨料混凝土小砌块，应提前浇水湿润，块体的相对含水率宜为 40%～50%。
（　　）

2. 单排孔小砌块的搭接长度应为块体长度的 1/2；多排孔小砌块的搭接长度可适当调整但宜大于或者等于小砌块长度的 1/3，且不应小于 90mm。（　　）

3. 按照同一生产厂家，混凝土实心砖每 5 万块为一个验收批。（　　）

4. 混凝土砖砌体、普通混凝土小型空心砌块砌体、灰砂砖砌体的砌筑砂浆施工稠度应是 30～50mm。（　　）

5. 某工程砌筑围墙，所用砂浆最长使用时间为 4h。（　　）

6. 当砖砌体施工临时间断处补砌时，必须将接槎处表面清理干净，洒水湿润，并填实砂浆，保持灰缝平直。（　　）

7. 填充墙砌体轴线位移允许偏差为 10mm。（　　）

8. 使用蒸压加气混凝土砌块粘结砂浆砌筑蒸压加气混凝土砌块时，水平灰缝厚度和竖向灰缝宽度为 3～4mm。（　　）

9. 施工配筋小砌块砌体剪力墙，应采用专用的小砌块砌筑砂浆砌筑，专用小砌块灌孔混凝土浇筑芯柱。（　　）

10. 填充墙砌体分为蒸压加气混凝土砌块和轻骨料混凝土小型空心砌块等填充墙砌体

工程。　　　　　　　　　　　　　　　　　　　　　　　　　　　　　（　　）

习　题　参　考　答　案

一、单项选择题

1. A；2. C；3. C；4. B；5. C；6. B；7. C；8. A；9. D；10. C；11. C；12. C；13. C；14. B；15. C；16. A；17. A；18. D；19. D；20. B；21. A；22. B；23. C；24. C；25. D。

二、多项选择题

1. ABC；2. ABCD；3. AB；4. ABCD；5. AB；6. BC；7. BCD；8. BCD；9. ABC；10. BCD；11. ABC；12. ABCD；13. BCD；14. ABCD；15. ABC。

三、判断题

1.（正确）；2.（正确）；3.（错误）；4.（错误）；5.（错误）；6.（正确）；7.（正确）；8.（正确）；9.（正确）；10.（正确）。

第七节　装饰装修施工

一、单项选择题

1. 室内给水管道安装时，铜管连接可采用专用接头或焊接，当管径小于 22mm 时宜采用（　　），承口应迎介质流向安装。

　　A. 焊接　　　　　　　　B. 套管焊接　　　　　　C. 压接　　　　　　　　D. 接头连接

2. 室内给水与排水管道（　　）敷设时，两管间的最小水平净距不得小于 0.5m。

　　A. 平行　　　　　　　　B. 交叉　　　　　　　　C. 垂直

3. 安装水表时，满足水表外壳距墙表面净距的是（　　）mm。

　　A. 5　　　　　　　　　B. 20　　　　　　　　　C. 40　　　　　　　　　D. 50

4. 质量大于（　　）kg 软线吊灯，应增设吊链（绳）。

　　A. 0.5　　　　　　　　B. 1　　　　　　　　　　C. 1.5　　　　　　　　　D. 2

5. 在人行道等人员来往密集的场所安装的灯具，无围栏防护时灯具底部距地面高度应在（　　）m 以上。

　　A. 1　　　　　　　　　B. 1.5　　　　　　　　　C. 2.5　　　　　　　　　D. 3

6. 照明配电箱（板）应安装牢固，垂直度偏差不应大于（　　）。

　　A. 0.5‰　　　　　　　B. 1‰　　　　　　　　　C. 1.5‰　　　　　　　　D. 2‰

7. 同一室内安装的插座高度差不宜大于 5mm。并列安装的相同型号的插座高度差不宜大于（　　）mm。

　　A. 1　　　　　　　　　B. 2　　　　　　　　　　C. 3　　　　　　　　　　D. 4

8. 下列满足水泥混凝土面层的厚度要求的是（　　）mm，面层兼垫层的厚度按设计要求，但不应低于 60mm。

　　A. 10　　　　　　　　　B. 20　　　　　　　　　C. 40　　　　　　　　　D. 50

9. 细石混凝土面层采用的石子的粒径不应大于 15mm。石子含泥量不应大于（　　）%。

　　A. 1　　　　　　　　　B. 2　　　　　　　　　　C. 3　　　　　　　　　　D. 4

10. 水泥混凝土面层施工前应进行基层清理，若楼板表面有油污，下列选项中可用（　　）％浓度的火碱溶液清洗干净。

　　A. 10　　　　　　B. 15　　　　　　C. 20　　　　　　D. 25

11. 陶瓷马赛克地面施工时，充筋后用1∶3干硬性水泥砂浆，下列选项中满足铺设厚度的是（　　）mm，用顺标筋将砂浆刮平，木抹子拍实，抹平整。

　　A. 10　　　　　　B. 15　　　　　　C. 25　　　　　　D. 30

12. 喷水湿润，水要渗入墙面（　　）mm，墙面不得有明水。

　　A. 5　　　　　　B. 15　　　　　　C. 20　　　　　　D. 25

13. 在水性涂料涂饰工程中，下列选项满足喷涂施工喷射距离的是（　　）mm，喷嘴距离过远，则涂料损耗多。

　　A. 600　　　　　B. 700　　　　　C. 800　　　　　D. 900

14. 铝合金门窗框与洞口墙体连接固定的连接片表面宜做（　　）。

　　A. 接地处理　　　B. 防腐处理　　　C. 打磨处理　　　D. 连接处理

15. 大理石面层、（　　）面层铺设前，板块的背面和侧面应进行防碱处理。

　　A. 花岗岩　　　　B. 瓷砖　　　　　C. 水磨石　　　　D. 地板

16. 铝合金门窗安装时，门窗对角线长度小于等于（　　）mm时的允许偏差为4mm。

　　A. 1500　　　　B. 2000　　　　C. 2500　　　　D. 3000

17. 塑钢门窗安装时，门、窗框外形宽、高尺寸长度小于等于（　　）mm的允许偏差为2mm。

　　A. 1500　　　　B. 2000　　　　C. 2500　　　　D. 3000

18. 每一照明单相分支回路的电流不宜超过（　　）A，所接光源数不宜超过25个。

　　A. 140　　　　B. 15　　　　　C. 16　　　　　D. 20

19. 砖面层所用板块产品进入施工现场时，应有（　　）检测报告。

　　A. 型式检验　　B. 抗渗性能　　C. 放射性限量合格　　D. 出场检验

20. 墙、柱间的阳角应在墙、柱面抹灰前用（　　）以上的水泥砂浆做护角，其高度自地面以上不小于2m。

　　A. M7.5　　　　B. M10　　　　C. M15　　　　D. M20

21. 灰饼宜用M15水泥砂浆抹成（　　）mm见方形状，抹灰层总厚度不宜大于20mm。

　　A. 30　　　　　B. 40　　　　　C. 50　　　　　D. 60

22. 砂浆的强度等级有（　　）种。

　　A. 2　　　　　B. 3　　　　　C. 4　　　　　D. 5

23. 水泥混凝土面层为混凝土时，采用滚筒人工滚压时，下列选项满足滚筒要交叉滚压遍数要求的是（　　），直至表面泛浆为止。

　　A. 1　　　　　B. 2　　　　　C. 4　　　　　D. 6

24. 活动地板面层的活动板块与横梁接触搁置处应达到（　　）、严实。

　　A. 四角平整　　B. 无翘起　　　C. 稳固　　　　D. 不起灰

25. 砖面层与下一层的结合应牢固，无空鼓，但每自然间或标准间的空鼓砖不应超过总数的（　　）％。

A. 2　　　　　　　B. 3　　　　　　　C. 4　　　　　　　D. 5

二、多项选择题

1. 室外给水管道安装时，给水管道不得直接穿越（　　）等部位。

A. 建筑物　　　　　B. 化粪池　　　　　C. 污水井　　　　　D. 道路

2. 变电站场区露天安装的灯具及附件、紧固件、底座和与其相连的导管、接线盒等应有（　　）措施。

A. 防水　　　　　　B. 防尘　　　　　　C. 防风　　　　　　D. 防腐蚀

3. 砖面层质量验收标准中要求踏步面层应做（　　）。

A. 清洁处理　　　　　　　　　　B. 防滑处理

C. 打磨处理　　　　　　　　　　D. 防滑条应顺直、牢固

4. 对砖面层的表面坡度的检查方法有（　　）。

A. 水平尺　　　　　B. 泼水　　　　　　C. 用坡度尺　　　　D. 蓄水检查

5. 垫层分段施工时接槎处应注意接槎处做成坡型，每层接槎处的水平距离应错开（　　）m，接槎处不应铺设在地面荷载较大部位。

A. 0.3　　　　　　B. 0.5　　　　　　C. 1.0　　　　　　D. 1.5

6. 基层表面允许偏差中，表面平整度为 10mm，标高为 ±10mm 的垫层有（　　）。

A. 水泥混凝土　　　B. 四合土　　　　　C. 炉渣　　　　　　D. 三合土

7. 水泥混凝土面层在工业与民用建筑中应用较多，在一些承受较大机械磨损和冲击作用较多的（　　）等建筑地面中使用比较普遍。

A. 工业厂房　　　　B. 一般辅助生产车间　C. 车库　　　　　　D. 仓库

8. 铺贴地面砖时，宜采用干硬性水泥砂浆，厚度为（　　）mm，然后用水泥膏（2～3mm 厚）满涂块料背面，对准挂线及缝子，将块料铺贴上，用小木锤着力敲击至平正。

A. 10　　　　　　　B. 15　　　　　　　C. 20　　　　　　　D. 25

9. 同一建筑物、构筑物内，开关的通断位置应一致，（　　）。

A. 操作灵活　　　　B. 有序错位　　　　C. 应有明显区别　　D. 接触可靠

10. 水泥砂浆面层施工时，水泥砂浆的虚铺厚度宜高于灰饼（　　）mm。

A. 1　　　　　　　B. 2　　　　　　　C. 3　　　　　　　D. 4

11. 下列选项满足活动地板国家现行有关标准的规定有（　　）。

A. 耐老化　　　　　B. 防潮　　　　　　C. 阻燃

D. 耐污染　　　　　E. 防滑

12. 活动地板面层需进行跨接，下列选项中需要连通跨接的有（　　）。

A. 金属横梁　　　　B. 金属架　　　　　C. 金属框　　　　　D. 金属面板

13. 自流平地面的特点有洁净、美观、耐磨、抗重压，除找平功能之外，水泥自流平还可以起到（　　）的重要作用。

A. 防潮　　　　　　B. 防滑　　　　　　C. 抗菌　　　　　　D. 美观

14. 下列材料中硬化耐磨面层可以采用的有（　　）。

A. 金属渣、屑　　　B. 纤维　　　　　　C. 石英砂　　　　　D. 金刚砂

15. 洗浴间砖面层擦缝、勾缝应采用（　　）的水泥。

A. 同品种　　　　　B. 同强度等级　　　C. 高一强度等级　　D. 同颜色

三、判断题

1. 卫生器具安装高度的规定中，居住和公共建筑的盥洗槽安装高度为 800mm。（　）

2. 室外给水系统管网必须进行水压试验，管材为塑料管时，试验压力下，稳压 1h 压力降不大于 0.05MPa，然后降至工作压力进行检查，压力应保持不变，不渗不漏为合格。（　）

3. 吸顶或墙面上安装的灯具固定用的螺钉或螺栓不应少于 4 个。（　）

4. 质量大于 1kg 软线吊灯，应增设吊链（绳）。（　）

5. 当设计无要求时，开关面板底边距地面高度宜为 1.3～1.4m。（　）

6. 同一室内安装的插座高度差不宜大于 5mm，并列安装相同型号的插座高度差不宜大于 1mm。（　）

7. 铺设水泥混凝土面层前 1d 浇水湿润，表面积水应予扫除。（　）

8. 当水泥砂浆地面基层为预制板时，宜在面层内设置防裂钢筋网，宜采用直径 $\phi 3$～$\phi 5$ @150～200mm 的钢筋网。（　）

9. 对松动及灰浆不饱满的拼缝或梁、板下的顶头缝，用硅酮耐候密封胶填塞密实。（　）

10. 涂抹石膏抹灰砂浆时，一般不需要进行界面增强处理。（　）

习 题 参 考 答 案

一、单项选择题

1. B；2. A；3. B；4. A；5. C；6. C；7. A；8. C；9. A；10. A；11. C；12. B；13. A；14. B；15. A；16. C；17. A；18. C；19. C；20. D；21. C；22. D；23. C；24. A；25. D。

二、多项选择题

1. BC；2. AD；3. BD；4. BCD；5. BC；6. ABCD；7. AB；8. AB；9. AD；10. CD；11. ABCD；12. AC；13. AC；14. ABCD；15. ABCD。

三、判断题

1.（正确）；2.（正确）；3.（错误）；4.（错误）；5.（正确）；6.（正确）；7.（正确）；8.（正确）；9.（错误）；10.（正确）。

参 考 文 献

［1］ 卢光斌. 土木工程力学［M］. 2版. 北京：高等教育出版社，2019.

［2］ 魏艳萍，梁荐喆. 建筑材料与构造［M］. 2版. 北京：中国电力出版社，2023.

［3］ 刘垚，马巧英，明太. 工程制图［M］. 4版. 北京：中国电力出版社，2022.

［4］ 魏艳萍. 建筑识图与构造［M］. 4版. 北京：中国电力出版社，2022.

［5］ 王佩云，肖绪文. 建筑施工手册［M］. 5版. 北京：中国建筑工业出版社，2011.

［6］ 国家电网公司人力资源部. 电力工程力学［M］. 北京：中国电力出版社，2010.